Schneier 的安全忠告

[美] 布鲁斯 · 施奈尔 著
Bruce Schneier
陆璋帆 杨帆 张保成 译

WE HAVE ROOT

Even More Advice from
Schneier on Security

图书在版编目（CIP）数据

Schneier 的安全忠告 /（美）布鲁斯·施奈尔（Bruce Schneier）著；陆璋帆，杨帆，张保成译. -- 北京：机械工业出版社，2021.9
（网络空间安全技术丛书）
书名原文：We Have Root: Even More Advice from Schneier on Security
ISBN 978-7-111-69103-7

I. ① S… II. ① 布… ② 陆… ③ 杨… ④ 张… III. ① 计算机网络 - 网络安全 - 研究
IV. ① TP393.08

中国版本图书馆 CIP 数据核字（2021）第 188309 号

本书版权登记号：图字 01-2020-4209

Schneier 的安全忠告

出版发行：机械工业出版社（北京市西城区百万庄大街 22 号 邮政编码：100037）

责任编辑：赵亮宇 责任校对：殷 虹
印 刷：三河市宏图印务有限公司 版 次：2021 年 9 月第 1 版第 1 次印刷
开 本：186mm×240mm 1/16 印 张：14.5
书 号：ISBN 978-7-111-69103-7 定 价：99.00 元

客服电话：（010）88361066 88379833 68326294 投稿热线：（010）88379604
华章网站：www.hzbook.com 读者信箱：hzjsj@hzbook.com

译 者 序

布鲁斯·施奈尔（Bruce Schneier）是一名国际知名的安全专家，在密码学、隐私保护等方面都造诣颇深。《经济学人》杂志曾经称他为安全大师，澳大利亚媒体也曾把他评为十大科技作家之一，这些都足以彰显他在信息安全业界的殿堂级人物地位。布鲁斯·施奈尔出版了多本脍炙人口的计算机书籍，每本都称得上是经典著作。其中时间最早、影响力巨大的就是他于1994年出版的《应用密码学》（*Applied Cryptography*）一书。这次能参与其新著作的翻译工作，我们既深感荣幸，也感到重任在身。

本书是布鲁斯·施奈尔第三本安全文章系列合集，涵盖了从2013年7月到2017年12月期间他在诸多媒体上公开发表的文章。这些文章选题广泛，既有对物联网、密码技术的现状（相对于文章发布的时间）和发展潮流的讲解，也有对隐私、监控等非纯技术性话题的深度思考和讨论。尤其是在信息技术已经深入每个人生活的今天，这些话题足以引起人们的重视和思考，这对于普通民众来说极具意义。

本书共分为10章，主要从政治领域、军事领域、经济领域、科技领域等多个方面来讲述网络安全对于国家和社会的重要性及影响力。网络安全既可能影响到国家政治和安全，也可以作为一种“武器”广泛用于军事领域，不仅深刻地影响到现代社会的经济发展与商业模式，更是影响到信息技术的发展及其在社会中的普及应用。

本书的行文风格仍然符合布鲁斯·施奈尔的一贯作风，即通过朴实无华的语言来向大众介绍信息安全技术的原理以及对社会和民众的影响。本书更像是一种安全方面的散文，阐述了作为一名技术专家，如何让普通民众更加容易地理解信息安全如何影响我们的日常生活，如何渗透到社会的每个角落。这本书不仅体现了作者对于安全、隐私这些领域的深入思考，同时也启迪着信息安全行业从业者该如何发展和应用网络安全，如何去影响民众和社会，如何让科技更好地为人类服务。因此，本书既适合信息安全行业的从业人员阅读，也适合对信息安全有兴趣的读者。

本书由陆璋帆、杨帆、张保成完成翻译。首先要感谢机械工业出版社华章公司的各位编辑老师为我们的译稿提出专业、中肯的意见，让译文更加流畅。其次要感谢工作中的领导和同事给予帮助。最后要感谢我们的家人，是他们在背后默默地支持我们，让我们在工作之余能够全身心地投入到本书的翻译工作中。

由于译者水平和精力有限，书中难免存在翻译生涩或不当之处，欢迎广大读者批评指正。

前　　言

我为什么要写这些文章

我写这些随笔是因为我很享受这个过程。写作很有趣，并且我也很擅长写作。我很喜欢分享。在受欢迎并且有影响力的报刊或者杂志上发表文章可以获得更多的读者。在 1200 字的字数限制内向大众解释一些东西可以很好地锻炼我的思维。

以上原因并不是全部——我写这些是因为这很重要。

我认为自己是个科技专家。科技是复杂的，需要专业知识才能更好地加以理解。科技的世界充满了意外、紧急情况和棘手的问题。在我们用不同方法使用技术的大背景下，它们就是复杂的社会技术系统。这些社会技术系统中也充满了更多的难题。理解这一切是困难的：我们需要理解底层技术和更广泛的社会内容。向大众解释这些就更难了。但这是技术人员需要做的事情。

我们必须这么做，因为理解这些很重要。

真正重要的不是技术部分而是整个社会技术系统。记者乔舒亚·科普斯坦（Joshua Kopstein）在 2011 年的国会演讲稿中写道："不明白互联网是如何运作的已经不行了。"他是对的，但他也错了。互联网之所以强大，正是因为你不需要了解它是如何运作的。你可以使用它，就像使用任何其他特殊的、难以理解的技术一样。同样，国会不需要通过了解互联网是如何运作的来更好地立法。只有知道如何运作才能立法并不是我们所期待的。我们知道，政府可以在不精通空气动力学的情况下制定航空法，在不精通医学的情况下制定卫生法，在不精通气象学的情况下应对气候问题。

科普斯坦正确的地方是，政策制定者需要了解足够多的关于互联网如何运作的知识，以便明白科技给社会带来的影响。当他们储备的知识不足时，可以参考技术专家的建议，就像他们在处理航空、医疗以及气候剧变带来的问题时的做法一样。当政策制定者为了自己的目的而忽视科学技术，或者当他们听从说客的建议时，技术政策将开始偏离轨道。作为技术人员，我们的工作就是向更广泛的受众解释我们的工作，不仅是科技工作，还包括如何让科技和社会结合。我们在这方面有独特的视角。

这也是一个重要的观点。科普斯坦说的“已经不行了”也是对的。以前不了解互联网如何运作还可以，但现在不行了。从某种程度上讲，互联网和信息技术是社会的基础。在某些方面，这是一个惊喜。在一开始的时候，人们设计和建造的互联网系统并不重要。收发电子邮件、文件传输、远程访问、访问网页，甚至是电商在过去都是锦上添花般的存在。这些技术在科技人员眼里可能很重要，但对社会来说并不重要。现在情况发生了根本性的变化，互联网对社会来说变得非常重要。社交媒体对于发布观点至关重要，网络对于商业来说至关重要。更重要的是，互联网现在以一种直接的物理方式影响着世界。在未来，随着物联网（IoT）越来越深入我们的社会，互联网将直接影响到人们的生活和财产。当然，这也使得一种前所未有的、无处不在的监视手段成为可能。

这是政策制定者和其他所有人需要了解的。这也是我们需要解释的。

我们可以帮助弥补这一差距的方法之一是为读者书写关于技术的文章。无论我们的专业是安全和隐私，还是人工智能和机器人技术、算法、合成生物学、食品安全学、气象学，或是面向社会的任何其他主要科学，作为技术人员，应该分享我们所知道的。

这正是目前逐渐被大众所熟知的公共利益技术的一个方面。公共利益技术是一个广义的术语，涉及在政府内部或外部从事公共政策工作的技术专家，为公共利益从事技术项目的人员，在技术和政策交叉领域教授课程的学者，等等。在一个社会重大问题及解决方案与科技密不可分的世界中，这正是我们所需要的。

这是我的第三卷文集，时间跨度是 2013 年 7 月到 2017 年 12 月。其中包括我十几年来一直研究的隐私和监视等方面的文章。它包括一些对我来说很新鲜的话题，比如物联网。其中包括爱德华·斯诺登（Edward Snowden）的 NSA 文件被公开期间所写的文章。这本书所做的就是把它们做成按主题编排的、易于携带的纸质书的形式，这样放在你的书架上看起来也不错。

在我的职业生涯中，我已经写了 600 多篇专栏文章。如果不是各位读者的支持，我无法坚持下来。谢谢大家。

作者简介

布鲁斯·施奈尔是国际知名的安全技术专家，被《经济学人》称为安全大师。他是 14 本书（包括畅销书 *Click Here to Kill Everybody*）以及数百篇随笔和学术论文的作者。他的博客文摘 Crypto-Gram 及安全博客 Schneier on Security 拥有 25 万以上粉丝。施奈尔还是哈佛大学伯克曼·克莱因互联网与社会中心的研究员，哈佛大学肯尼迪学院公共政策讲师，电子前沿基金会、AccessNow 和 Tor 项目的董事会成员，以及 EPIC 和 VerifiedVoting.org 的顾问委员会成员。他的博客地址是 www.schneier.com，推特号是 @schneierblog。

目　　录

第 1 章

犯罪、恐怖主义、间谍活动、战争

网络冲突与国家安全

最初发表于《联合国纪事》(2013 年 7 月 18 日)

每当讨论国家网络安全政策时，就会反复出现同样的故事。不管这些例子被称为网络战争、网络间谍、黑客行为还是网络恐怖主义，它们都会影响国家利益，我们需要相应地呼吁人们进行某种形式的国家网络防御。

不幸的是，我们很难确定网络空间中的攻击者及其动机。结果，各国将所有严重的网络攻击归为网络战争。这扰乱了国家政策，加剧了网络空间的军备竞赛，最终导致牵涉其中的国家的动荡。即使我们对网络安全采取更强有力的执法政策，并努力使网络空间非军事化，我们也需要遏制关于网络战争的言论。

让我们考虑两种具体情况：

- 2007 年，在俄罗斯联邦和爱沙尼亚之间的政治紧张时期，许多爱沙尼亚的网站，包括爱沙尼亚议会、政府各部、银行、报社和电视台运营的网站，遭受了一系列拒绝服务网络攻击。据相关报道，尽管基于某些间接证据，有人将这些袭击归咎于俄罗斯，但俄罗斯政府从未承认参与其中。一位住在塔林的对爱沙尼亚的行动不满的人因参与这些袭击，在爱沙尼亚法院被判有罪。
- 2010 年在伊朗，震网（Stuxnet）计算机蠕虫严重破坏甚至摧毁了纳坦兹铀浓缩设施中的离心机，目的是挫败伊朗的核计划。对该蠕虫的分析表明，它是一种设计良好且执行良好的网络武器，由于该蠕虫需要高度的工程设计，这表明它背后很可能是由国家来支持设计制作的。进一步的调查报告指出，美国和以色列可能是蠕虫的设计者和部署者，尽管这两个国家都没有对此表示正式认可。

通常，你可以通过武器确定攻击者是谁。当你看到一辆坦克在街上行驶时，你知道有军队参与其中，因为只有军队才能负担得起坦克。在网络空间中却是不同的。网络空间中，技术正在广泛传播其功能，每个人都使用相同的武器：黑客攻击、网络罪犯、出于政治动机的攻击，国家间谍、军队甚至潜在的网络恐怖分子。他们都能利用相同的漏洞，使用相同的黑客工具，采用相同的攻击策略并留下相同的痕迹。他们都能窃听或窃取数据，都能进行拒绝服务攻击。他们都在探索网络防御漏洞，并尽力掩盖自己的足迹。

尽管如此，了解攻击者仍至关重要。作为社会成员，有几种不同类型的组织可以保护我们免受攻击。我们可以打电话给警察局或军队，可以请国家反恐机构或公司律师提供帮助，或者可以通过各种商业产品和服务来捍卫自己的安全。根据情况，所有这些都是合理的选择。

任何用于防御的法律制度都需要明确两件事：谁在攻击你以及为什么。不幸的是，当你在网络空间中受到攻击时，你最难确定的就是这两点。并不是一切攻击都可以定义为网络战争。事实是，在网络冲突中，越来越多的战争技术手段被使用。这使国防和国家网络防御政策的执行变得困难。

对于此，一个明显的趋势是假设最坏的情况。如果每次攻击都可能是外国军队实施的战争行为，那么合乎逻辑的假设是，军队必须负责所有网络防御，而对于军事问题则寻求军事解决方案。这是我们从世界许多领导人那里听到的言论：网络战争已经开始，我们每个人都在其中。但这是不对的。网络空间没有战争，但网络中有大量的犯罪活动，其中一些是有组织的，也有很多是国际性的。针对国家、公司、组织和个人的出于政治动机的黑客行为是存在的。也存在间谍活动，这些间谍有些是单独行动的，有些属于国家间谍组织。有些组织也采取了进攻性的行动，从探测彼此的网络防御到使用实际造成损害的网络武器，如震网病毒。

“战争”一词实际上有两个定义：让人想起枪支、坦克和前进的军队的字面意义上的战争，以及犯罪战争、贫困战争、毒品战争和反恐战争中的修辞意义上的战争。“网络战争”一词既指字面意义的战争，也有修辞意义，这在讨论网络安全和网络冲突时是一个非常重要的术语。

发声很重要。对于警察来说，我们是其要保护的公民。对于军队来说，我们是需要管理的百姓。从战争的角度来看，网络安全体系的构建进一步强化了这样的观念，即面对威胁我们无能为力，我们需要政府（实际上是军队）来保护我们。

战争引发的问题影响了全世界的政策辩论。从政府控制互联网的概念，到全面的监视和窃听便利化，再到消除匿名的呼吁，不同国家提出的许多措施在战时可能有意义，但在和平时期却没有意义。除了像反毒品或恐怖战争一样，没有获胜条件，就意味着将人们置于永久的紧急状态。我们看到世界上的军事力量正在抢占网络空间。我们正处于网络战争军备竞赛的初期。

这种军备竞赛源于未知和恐惧：不清楚对方的能力，担心对方的能力强于自己。网络武器一旦存在，就会有动力使用它们。震网病毒破坏了其预定目标以外的网络。互联网系统中任何军方插入的后门都将使我们更容易受到犯罪分子和黑客的攻击。

网络空间的战争军备竞赛导致了世界的不安定。大事件的发生只是时间问题，这可能是某位低级军官的草率行动导致的，或者是某个为国家服务的黑客故意为之，也可能是偶然的原因引起的。如果目标国家进行报复，我们将陷入一场真正的网络战争。

我并不是说网络战争是完全虚构的。战争规模不断扩大，任何未来的战争都有可能涉及网络空间部分。各国在其军队内部建立网络空间指挥部并为网络战争做准备是有意义的。同样，网络间谍活动不会很快消失。间谍活动很早就出现了，甚至与文明一样古老，网络空间中有很多有用的信息，各国无法利用黑客工具来获取信息。

我们需要抑制战争言论，加强国际网络安全合作。我们需要继续谈论网络战争条约。我们需要建立加入网络空间的规则，包括如何确定攻击源于何处，并明确定义哪些行为属于攻击行为，哪些不属于。我们需要了解网络雇佣兵的角色以及非国家行为者的角色。网络恐怖主义仍然是媒体和政治领域虚构的，但是它有可能成为现实。我们需要在基础架构中建立弹性机制。许多网络攻击，无论起源如何，都利用了网络中的薄弱环节。这些薄弱环节越少，我们就越安全。

网络空间的威胁是真实存在的，但是军事化的网络空间弊大于利。自由开放的互联网对我们来说太重要了，不能因为我们的恐惧而牺牲它。

反恐任务扩大

最初发表于 TheAtlantic.com（2013 年 7 月 16 日）

我不断听到美国政府保证仅会在恐怖主义案件中对美国公民进行监听。当然，恐怖主义是一种特殊的犯罪，其恐怖的性质被认为是允许采取一些过分的预防恐怖主义手段的理由。但是这种推理方式存在一个问题：任务扩大。“恐怖主义”和“大规模杀伤性武器”的定义正在扩大，这些巨大的权力正在被使用并将继续用于犯罪而不仅限于恐怖主义。

早在2002年，《爱国者法案》（*Patriot Act*）就将“恐怖主义”的定义扩大到包括各种“正常”暴力行为以及非暴力抗议活动。“恐怖分子”一词的定义覆盖的范围广泛得令人惊讶。自从“9·11”恐怖袭击以来，这个词已被用于形容实际上并不足以称为恐怖分子的人。

最令人震惊的例子是，2012年，三名反核和平主义者穿过了橡树岭核弹厂的铁丝网围栏。他们最初是因非法入侵罪被捕的，但由于核弹厂设施存在令人尴尬的漏洞，政府不断加重对他们的指控。现在，示威者被判犯有暴力和恐怖主义罪行，并被判入狱。

同时，田纳西州的一名政府官员声称，抱怨水质可被视为恐怖主义行为。值得称赞的是，他后来因这些言论而被降职。

提出恐怖主义威胁概念的时间比一连串疯狂的反恐行为出现的时间要早。从根本上讲，这意味着要威胁人们以恐吓他们，包括用假枪对准某人、威胁引爆炸弹等。去年，由于一些被误解的推文，两名爱尔兰游客被拒绝进入洛杉矶机场。

另一个含义扩大的术语是“大规模杀伤性武器”。法律中对此术语囊括的范围定义得出乎意料地广泛，其中包括所有可以爆炸的东西。著名的政治科学家和恐怖主义–恐惧怀疑论者约翰·穆勒（John Mueller）评论道：

> “据我了解，不仅手榴弹是大规模杀伤性武器，没有弹头的儿童火箭也是。另外，如果烟花的制作者在设计时想将烟花当作大规模杀伤性武器，就可以将其视为大规模杀伤性武器，但如果以前被设计为武器，但后来又重新被设计成烟花，并且在某些情况下由陆军部长出售或赠予你，则不会如此……
>
> 从法律上讲，所有火炮以及几乎所有装有枪口的武器都有可能成为大规模杀伤性武器。它确实使萨姆特堡受到的轰炸变得更加险恶，更不用说美国的星条旗实际上是对美国海岸大规模杀伤性武器袭击的记录了。”

波士顿马拉松爆炸案发生后，一位评论员以这种方式描述了我们对术语的使用：

“在美国，恐怖主义暴力的含义在很大程度上是‘公共暴力，一些人竟胆敢用枪支以外的武器发动袭击’……用枪屠杀大量普通人的罪犯往往被当成与大的政治环境脱节的精神病患者。”可悲的是，这里面有很多是事实。

即使对恐怖主义的定义越来越广，我们也必须明确定义的边界在哪里。我们已经在其他领域使用了这些监视系统。一系列秘密的法院判决扩大了美国国家安全局（NSA）的窃听权力，使之可以监听“可能参与核扩散、间谍活动和网络攻击的人”。2008年的一项法律中一个“鲜为人知的规定”将“外国情报”的定义扩展到包括“大规模杀伤性武器”，正如我们刚刚看到的那样，这一范围过于宽泛了。

《大西洋月刊》（*Atlantic*）上发表的一篇文章开玩笑般地提出了一个问题：“如果PRISM如此好，为什么要停止恐怖主义？”作者的目的是讨论第四修正案的价值，即使它会使警察效率降低。但这实际上是一个很好的问题。一旦NSA对所有美国人进行监视，它就能收集和处理我们所有的电子邮件、电话、短信、Facebook帖子、位置数据、实物邮件、财务交易记录等信息，那为什么国家安全局仅仅把这些数据用于反恐呢？如果是用来解决其他令人发指的罪行，例如绑架，或者针对儿童的犯罪，这样做很容易得到公众的支持。在此基础上，将NSA监视系统纳入持续的毒品战争中也会更容易。那么保证可以定期访问NSA的数据库将非常重要。又或者是为了识别非法移民，毕竟我们已经在这个监视系统上投入了很多资金，需要从中获得尽可能多的利益。

接下来就是《大西洋月刊》文章中提及的琐碎示例：加速和非法下载。这种“逐渐过渡”论点在很大程度上是推测性的，但是我们已经开始出现这种倾向了。

刑事案件中的被告要求访问NSA数据，以此证明他们是无罪的。公正廉明的政府又怎么能拒绝这样的请求呢？

更有趣的是，NSA可能创建了有史以来最好的备份系统。

虽然技术的发展略慢，但是政治意图却可以快速变化。2000年，我在*Secrets and Lies*一书中谈到了警察采用监视技术：“一旦使用了该技术，就总会想使用它。而且，由于糟糕的治安环境，使用这项技术可以大大缓解警察的压力。”今天，我们正在各处部署监视系统，使用它们的诱惑将是压倒性的。

叙利亚电子军网络攻击

最初发表于《华尔街日报》网站（2013年8月29日）

叙利亚电子军于本周再次发动攻击，破坏了《纽约时报》、Twitter、《赫芬顿邮报》等的网站。

政治黑客并不是什么新鲜事。早在商人和犯罪分子使用互联网技术之前，出于政治原因，黑客就已经开始了网络入侵。多年来，我们见证了英国与爱尔兰，以色列与阿拉伯国家，印度与巴基斯坦等国之间的对抗。

2007年发生了一个重大事件，当时爱沙尼亚政府在与俄罗斯发生外交冲突后，随即遭到了网络攻击。这被看作第一次网络战争，但克里姆林宫否认了俄罗斯政府参与其中。唯一能够确认的参与其中的人是一名居住在爱沙尼亚的年轻人。

扒开这些国际事件中的任何一个，你会发现这些政治事件就像一群孩子在玩游戏。叙利亚电子军似乎并不是一支真正的军队。我们甚至不知道它是否是由叙利亚人组成的。而且，平心而论，我不知道他们的年龄。从他们攻击的细节来看，很明显他们没有直接针对《纽约时报》和其他网站。据报道，他们入侵了一个名为Melbourne IT的澳大利亚域名注册商，并借此破坏了许多知名网站的服务。

去年，我们在黑客组织“匿名者”（Anonymous）那里看到了同样的策略：随机入侵，如果入侵成功，就为这些入侵行为寻找政治原因。这样的做法使得它的水平看起来比其真实技术水平高得多。

这并不意味着政府发动的网络攻击不是问题，也不是说网络战争是可以忽略的事情。美国一直在世界各地发动网络攻击，相关报道称，在2010年，美国就与以色列一道，采用了一种先进的计算机病毒（Stuxnet）攻击了伊朗的核设施系统。

对于普通公司而言，防御这些攻击与你之前所做的保护自己在网络空间中不受攻击的事情没有什么不同。如果你的网络是安全的，你就不会被那些只想帮助自己国家的一般黑客攻击。

情报的局限

最初发表于CNN.com（2013年9月11日）

我们最近获悉，美国情报机构至少连续三天接到警告说，有政府正准备对自己的人民发动化学袭击，但却无法制止。至少这是白宫的情报简报所揭示的内容。凭借美国国家情报机构——CIA、NSA、NRO 以及其他机构的综合能力，我们事先得到消息不足为奇，但目前尚不清楚美国政府是否共享了自己的情报。

更有趣的是，美国政府在得到这些情报后并未采取行动（例如发动先发制人的打击），其原因让人们感到好奇。

有几种可能的解释，但这些解释都指向情报信息和国家情报机构的根本问题。

第一种可能性是，我们虽然有这些情报数据，但是没有完全理解它的含义。这是众所周知的大数据分析处理问题。正如我们一次又一次地了解到的那样，大数据的分析处理很困难。我们的情报机构每天收集数十亿条彼此独立的数据。事后，我们很容易追查之前的数据并注意到导致事件发生的那些彼此独立的数据。但是在此之前，想进行判断要困难得多。这些数据中的绝大多数指向随机方向，或者根本没有指向任何方向。几乎所有的数据彼此之间都没有关系。

与其将这些情报数据视为一幅幅彼此独立的图片，不如将其视为数以百万计的彼此叠置的未编号图片。哪些图片是互相关联的？我们不知道。将这些数据转换为实际的有价值的信息是一个非常困难的问题，再加上我们的信息搜集系统涉及的范围如此之广，这将变得更加困难。

第二种可能性是，尽管我们获得了有关阿萨德计划的一些信息，但没有足够的把握依据这些信息采取行动。这可能是最合理的解释。我们不能单凭暗示、预感或可能性采取行动。我们甚至可能无法依据概率采取行动，而是必须百分百确定。但是当涉及情报时，事情将很难确定。可能总会有其他未知情况发生，比如情报的真伪无法确定，又或者一些事情我们无法通过窃听、监视或借助卫星获悉。同样，当事件发生之后，我们的这些情报又显而易见。

第三种可能性是，尽管我们确认了信息的准确性，但是依然无法采取行动，因为那样会泄露“来源和方法”。这可能是最令人沮丧的解释。想象一下，假设我们能够窃听到一些机密对话，并且对计划了如指掌。如果我们对他们采取行动，就会泄露我们在对他们进行窃听这一事实。结果，被窃听者可能会改变自己的交流方式，我们的窃听手段也就失去了作用。这听起来似乎有悖常理，但在通常情况下，能够长期成功地监视某人，要比从这些窃听中得到的信息重要得多。

在第二次世界大战期间，这种窃听能力至关重要。战争期间，英国人能够破解德国的 Enigma 加密机并窃听德国的军事通信。但是尽管同盟国得到了很多情报，他们也只会在存在另外一种情报获得途径的情况下使用这些情报。他们甚至偶尔会提供一些看上去比较合理的解释。让德国人意识到其加密机已经被破解实在太冒险了。

第四种可能性是，我们无法做任何有帮助的事情。我们不可能发动先发制人的打击，而且这些打击也不一定会成功。唯一可行的方案是警告对方，但是这样做也可能于事无补。或者，可能对方对我们也不是非常信任，进而不会采取对应措施。因此，一般情况下，监听到信息的一方不会采取任何措施。

所有这些解释都指出了情报的局限性。NSA 就是一个例子。NSA 通过收集到的数据数量来衡量其成功与否，而不是通过综合分析得到的信息或获得的知识来衡量。但是知识才是更重要的。

NSA 认为收集的数据越多越好，为了收集数据值得做任何事情，但是这是错误的。收集的数据的价值是递减的，而 NAS 在很久以前应该就意识到了这一点，但是 NAS 似乎不愿意为此减少数据的收集。

尽管波士顿马拉松爆炸案袭击者留下了非常明显的互联网踪迹，而且他的哥哥还在恐怖分子的监视名单中，但 NSA 还是没有发现他。由于 NSA 一直在窃听全世界的情报，你可能会认为，它至少能跟踪列在恐怖分子监视名单上的人员，但事实显然不是这样。

我不知道 CIA 是怎么衡量其成功的，但它没有成功预测冷战的结束。

更多的数据并不等同于更有价值的信息。当事后诸葛亮要容易得多。信息不一定能使政府采取行动。即使我们知道一些情报，但是为了防止泄露我们收集情报的方法，我们宁愿不采取任何行动，而且这些情报大多并没有让我们采取行动的价值。这些是关于情报的悖论，是时候让我们开始记住它们了。

当然，我们需要诸如 CIA、NSA、NRO 等组织。情报是国家安全的重要组成部分，无论在战争时期还是和平时期，情报都是非常有价值的。但这只是众多安全工具中的一种，并且存在巨大的成本和局限性。

我们刚刚从最近泄露的“黑预算”中获悉，美国每年在国家情报方面的支出为 520 亿美元。我们需要认真研究一下国家花钱收集的情报的真实价值。

计算机网络渗透与计算机网络攻击

最初发表于 TheAtlantic.com（2014 年 3 月 6 日）

当爱德华·斯诺登（Edward Snowden）透露 NSA 在全球计算机网络上所做的事情时，我们使用了温和的语言来描述美国的行动，诸如刺探活动、情报收集等。我们强调这是和平时期的活动，很多国家都在做。

今天的网络间谍活动与冷战前互联网时代的网络间谍活动不同。窃听不再是被动的。这与以前坐在一个人旁边，偷听别人的谈话不同。它也不再是被动地监听通信电路，更多的是主动入侵对方的计算机网络，并安装用于接管该网络的恶意软件。

换句话说，这是黑客行为。网络间谍是网络攻击的一种形式。这是一种典型的攻击行为。它侵犯了另一个国家的主权，而我们这样做却很少考虑其外交和地缘政治成本。

美军经常使用缩写，他们定义了两个关于网络安全的术语。CNE 代表“计算机网络渗透”，也就是间谍；CNA 代表“计算机网络攻击”，这包括旨在摧毁或使敌方网络瘫痪的行动。一定程度上，这是蓄意毁坏。

CNE 和 CNA 不只有美国在做，很多国家都在做。我们知道其他国家正在增强其进攻性的网络战能力。我们发现了来自其他国家或地区的复杂的监控软件，比如 GhostNet、Red October、The Mask。由于这些恶意软件很难溯源，因此我们不知道这些监控软件是由哪些国家开发的。我们最近了解到有一种称为 RCS 的黑客工具已被多个国家使用。

当中国公司华为试图向美国出售网络设备时，美国政府认为这些设备是“国家安全威胁”。美国政府担心这些交换机存在后门，中国政府可以利用这些后门窃听和攻击美国网络。现在我们知道，向中国销售的美国制造的设备中反而有 NSA 预留的后门。

问题是，从攻击对象的角度来看，除了最终结果之外，CNE 和 CNA 看起来是一样的。就像网络罪犯想要盗走你的钱时所做的一样，现在的这些监视系统也会入侵计算机并安装恶意软件。就像震网病毒一样，攻击发起方使用此网络武器并在 2010 年使伊朗的纳坦兹核设施瘫痪。

正如微软总法律顾问布拉德·史密斯（Brad Smith）所说的：“实际上，政府的监听现在有可能构成一种‘持续的高级威胁’，以及复杂的恶意软件和网络攻击。”

正如2011年欧盟网络安全政策文件所述：

> “……从技术上讲，CNA需要CNE是有效的。换句话说，网络战争的准备工作很可能最初就是网络间谍活动，或者仅仅是伪装成这样的东西。”

我们无法分辨其他国家的意图，同样他们也无法分辨我们的。

美国社会目前争论的焦点在于允许NSA做什么，以及如果对NSA进行限制，是否会在某种程度上增加其他国家的实力。但是这样的争论是错误的。我们不应该选择是被NSA监视还是被他国监视。我们应该选择让用户处于时刻受到保护的网络世界，而不是让用户时刻担心受到网络攻击。

只要网络间谍等同于网络攻击，那么如果我们将NSA的工作重点放在保护互联网免受这些攻击上，我们就会更加安全。没错，我们无法在世界范围内进行相同级别的网络访问，但是我们将保护全世界的网络（包括我们自己的网络）免受窃听和更具破坏性的攻击。我们将保护我们的网络系统免受政府、非国家行为者和罪犯的侵害。我们会让世界更加安全。

网络空间中的进攻性军事行动，无论是CNE还是CNA，都应该由军队负责。在美国，这就是网络指挥部。此类行动应被视为进攻性军事行动，应获得执行部门最高层的批准，并应遵守各种国际公约。

如果我们要攻击另一个国家的电子基础设施，则应像对待其他国家发动的攻击一样对待它。它不再只是间谍活动，而是网络攻击。

iPhone加密和加密战争的回归

最初发表于CNN.com（2014年10月3日）

上周，苹果公司宣布将修复iPhone中的一个严重安全漏洞。过去，iPhone的加密技术只能保护用户的少量数据，而苹果公司则能够绕过其加密算法获得其余数据的访问权。

从现在开始，所有iPhone里的数据都受到保护。犯罪分子、政府或不良员工将无法访问这些数据。政府也将无法强制要求苹果公司提供用户数据。现在用户的iPhone数据更加安全。

听到美国执法部门的回应，你会以为苹果公司的举动预示了不可阻挡的犯罪浪潮。瞧，联邦调查局（FBI）一直在利用该漏洞进入人们的iPhone。用法学教授奥林·科尔（Orin Kerr）的话说："一项阻碍合法搜查的政策如何为公共利益服务？"

这就是事实：你无法建立只有好人才能通过的后门。加密可以防止网络犯罪分子、行业竞争对手和FBI的攻击。你要么容易受到其中任何一方的窃听，要么不被任何人窃听。

为好人建立的后门经常被坏人使用。2005年，一些不知名的组织秘密使用了希腊手机系统内置的合法拦截功能。2006年，意大利也发生了同样的事情。

2010年，Google为满足美国政府监视要求而置于Gmail中的拦截系统被破坏。我们手机系统中的后门正在被FBI或其他不知名的机构利用。

这并不能阻止FBI和司法部制造恐慌。司法部长埃里克·霍尔德（Eric Holder）用潜在的绑架案和性侵案警告大众。

FBI刑事调查部门的前负责人甚至更进一步，使用既是绑架罪犯又是性侵犯的案例进行警告，当然，还有恐怖分子的案例。

联邦调查局局长詹姆斯·科米（James Comey）声称，苹果公司的举动允许人们"将自己置于法律之外"，并援引被无数次提及的"儿童绑架者"案例。芝加哥警察局探长约翰·埃斯卡兰特（John J. Escalante）更是扬言："iPhone将成为恋童癖者的首选手机。"

但这些言论都危言耸听。在2013年获得通信拦截许可的3576项重大犯罪中，只有一项涉及绑架。而且更重要的是，没有证据表明加密会严重妨碍刑事调查。2013年，加密使警方9次碰壁，而2012年为4次，但调查仍以其他方式得以进行。

这就是FBI耸人听闻的故事在经过公众审查后逐渐失去说服力的原因。FBI前副主任曾提出，如果FBI不能解密iPhone，就无法抓获绑架者，但是他数小时后就撤回了该说法，因为那不是事实。

我们以前见过这样的做法。在20世纪90年代的加密战争中，FBI的局长路易斯·弗里斯（Louis Freeh）和其他人反复使用约翰·高蒂（John Gotti）的例子来说明为什么窃听电话的能力如此重要。但是关于高蒂的证据是使用房间窃听器而不是电话窃听的方式来收集的。那些同样令人恐惧的犯罪案例当时也被流传。那时，我们称恋童癖者、绑架者、毒贩和恐怖分子为Infocalypse的"四骑士"。现在也没有什么改变。

强大的加密技术已经存在多年了。苹果公司的FileVault和Microsoft的BitLocker都对计算机硬盘驱动器上的数据进行了加密。PGP用于加密电子邮件，OTR（Off-the-Record）协议为即时通信提供加密保护。HTTPS Everywhere可以加密你浏览过的数据。Android手机已经内置了加密功能。实际上，有成千上万种没有后门的加密产品，有些已经存在了数十年。即使美国禁止进口此类产品，市场上也将充满外国公司的加密产品，因为我们中的许多人对数据安全都有强烈的需求。

几十年来，执法部门一直在抱怨。在20世纪90年代，它们说服国会通过了一项法律，要求电话公司确保即使电话在数字化后仍然可以被窃听。它们试图禁止电话使用强加密算法并希望获取后门权限以便于窃听。FBI在2010年再次禁止电话使用强加密算法，但是仍然以失败告终。现在，它们将再次尝试。

我们需要为此而抗争。强加密算法使我们免受各种威胁。它保护我们免受黑客和犯罪分子的侵害，保护我们的业务免受竞争对手和外国间谍的侵害，保护政府中的人们免遭逮捕和拘留。这不只是我在谈论，甚至FBI也建议你加密数据以确保安全。

那么对于执法呢？最近几十年来，科技赋予执法人员前所未有的能力来监视我们并访问我们的数据。我们的手机为他们提供了我们运动的详细历史记录。我们的通话记录、电子邮件历史记录、好友列表和Facebook页面会告诉他们我们与谁有联系。在互联网上追踪我们的数百家公司会告诉他们我们在想什么。无处不在的摄像头可以捕捉到我们的面部特征，而且大多数人都将iPhone数据备份到iCloud上，FBI仍然可以获取该数据。这确实是进行监视的黄金时代。

在考虑了这个问题之后，奥林·科尔（Orin Kerr）权衡了技术与法律两项因素并重新考虑了他的立场。我认为他这样做是对的。

鉴于当下的形势，我们既需要技术手段，又需要法律法规来恢复政府权力与我们的安全/隐私之间的传统平衡。其他公司也应该效仿苹果公司，将数据加密设计成易于使用的默认设置来保护用户的隐私。在警方要求我们降低数据安全性之前，他们需要提供更多因为没有这么做而危害他人的证据。

攻击归因和网络冲突

最初发表于《基督教科学箴言报》（2015年3月4日）

索尼影业（Sony Pictures）被黑客入侵的事件曝光后，在网络安全社区和奥巴马政府之间引起了激烈争论。网络安全社区的人并不接受华盛顿声称的朝鲜是罪魁祸首的说法。

黑客入侵索尼这样的事实令人惊讶甚至有点令人恐惧。

但是，这凸显的事实是，我们生活在一个无法轻易分辨住在地下室的夫妇与专业的、甚至有政府资助的黑客之间的差异的世界。这种模糊性对各国在互联网时代如何执行外交政策具有深远的影响。

秘密军事行动并不新鲜。恐怖主义可能很难溯源，特别是国家资助的恐怖主义。网络空间的不同之处在于，攻击者可以很容易地掩盖自己的身份，并可以匿名攻击各种各样的人和机构。

在现实世界中，你通常可以通过武器来识别攻击者，是谁做的显而易见。但这样简单的区分方式不适用于网络空间。

据相关报道，2010 年，美国和以色列使用网络武器攻击了伊朗的一个核设施，这次攻击行动多年来都是机密。在互联网上，技术被广泛地传播和分享。从孤独的黑客到犯罪分子，再到假想的网络恐怖分子，再到国家的间谍和士兵，每个人都在使用类似的工具和策略。互联网流量不包含寄信人地址，攻击者很容易通过无辜的第三方发动攻击，从而掩盖自己的踪迹。

与索尼被入侵事件类似的是由黑客组织“匿名者”的成员在 2011 年对一家名为 HBGary Federal 的公司进行的攻击。同年，“匿名者”的其他成员威胁北约，2014 年，还有其他人宣布他们将攻击 ISIS。无论你如何看待该组织的能力，这都是一件令人震惊的事——一群黑客可以威胁国际军事同盟。

即使受害者努力对网络攻击进行溯源，该过程也可能需要很长时间，大部分时间可能都花在了试图找出应对方法上。

这种延迟使国防政策的执行变得困难。微软的斯科特·查尼（Scott Charney）指出了这一点：“当你受到人身攻击时，你可以呼吁各种组织为你辩护，比如警察，军人，在你所在国家或地区从事反恐安全工作的人，你的律师。采用法律途径要了解两件事——谁在攻击你以及为什么。不幸的是，当你在网络空间中受到攻击时，你通常无法明确这两点。”

保护索尼是谁的责任呢？因为袭击者不明，所以是由军方来保护吗？因为属于战争行为，所以是 FBI 的责任？还是索尼公司自己的问题？在谁都不知道攻击者是谁时，又是谁的责任呢？这些只是我们没有好的对策的问题的一部分。

当然，无论攻击者是谁，索尼都需要有足够的安全措施来保护自己。对于网络攻击的受害者来说，谁是攻击者是很难确定的。无论攻击是由几个黑客发动的还是某个国家发动的，造成的损害都是实打实的。

但是，在地缘政治领域，溯源至关重要。但溯源很困难，找到溯源的证据更加困难。由于FBI的大部分证据都是机密的，而且可能是由NSA提供的，因此无法解释为何如此确定是谁发动的攻击。正如我最近写的："该机构可能掌握有关此次攻击计划的情报。例如，讨论该攻击的电话录音，关于每周攻击进展的PPT，甚至更机密的文件。"公开发布任何内容都会暴露NSA获得这些情报的"来源和方法"，这些"来源和方法"被视为非常重要的秘密。

不同类型的溯源需要不同级别的证据。在索尼案中，我们看到美国政府并没有公开足够的证据来说服公众。但是，如果政府期望公众支持任何报复行动，则政府将需要公开足够的证据来说服他们。今天，公众对美国情报机构的信任度很低，尤其是在2003年伊拉克拥有大规模毁灭性武器的情报被证伪之后。

以上这些意味着，我们正处于攻击者与想要识别他们的机构之间的军备竞赛之中：欺骗和欺骗检测。在军备竞赛中，美国以及其盟友（在其范围内）在电子窃听方面的支出超过了世界其他地区的总和，与其他任何国家相比，我们拥有更多的技术公司，并且互联网的体系结构使得全球大部分流量都通过NSA可以窃听的网络进行传输。

2012年，当时的美国国防部长莱昂·帕内塔（Leon Panetta）公开表示，美国（大概是NSA）在发现网络攻击的来源方面取得了重大进展。我们不知道这是否意味着他们已经取得了根本性的技术进步，或者间谍活动是否如此出色以至于他们正在监视这些计划。其他美国政府官员私下里说，他们已经解决了溯源问题。

我们不知道其中有多少是真实的又有多少是吹嘘的。即使没有确切证据，美国也能"自信"地指责其认为的索尼事件中的攻击者，这实际上符合美国的最大利益，因为它向世界其他地区发出了一个强烈的信号："别以为你可以在网络空间隐藏自己。无论你做任何事情，我们都知道是你。"

强大的溯源可以产生威慑力。爱德华·斯诺登泄露的NSA的资料对此提供了帮助，因为这些资料描绘了一个几乎无所不知的NSA的形象。

但是事实并非如此，这使我们重返军备竞赛。黑客和政府具有相同的能力，政府可以伪装成黑客或其他政府，情报机构收集的许多证据仍然是秘密的，这些使我们的世界充满了危险。

所以，各国有自己进行欺骗和欺骗检测的秘密武器，并希望能从对方身上获得好处。这就是现在的世界，我们需要为面对这种情况做好准备。

体育场的金属探测器

最初发表于《华盛顿邮报》(2015 年 4 月 14 日)

现场观看美国职业棒球大联盟比赛的球迷今年有了一种新的体验：球场上安装了金属探测器。这些探测器被吹捧为一种反恐设施。它们虽然看起来不错，但是却对我们的安全没有什么帮助。基于推卸责任、CYA 思维和恐惧，我们不得不经过它们的检测。

作为安全措施，这些新设备有些可笑。球场金属探测器的检测比机场检查站金属探测器的检测宽松得多。这些设备不是很敏感，口袋里装着电话和钥匙的人可以正常通过，而且没有 X 光机。箱包的搜索方法与以前相同。想要避开探测器的球迷也可以选择接受人工检测。

没有证据表明这项新措施可以使任何人更安全。只要有票，比赛中途球迷可以毫不费力地将枪偷偷带进体育场。炸弹在拥挤的检查站爆炸与在看台上爆炸造成的危害是一样的。这些措施充其量只能有效阻止那些拿着枪或刀进入体育场的棒球迷。如果最近在棒球比赛中出现了大批球迷开枪和用利器刺伤他人的事件，那么这样做可能是个好主意，但是并没有出现这种情况，因此花费大量的时间和金钱来对抗这些臆想的威胁是不值得的。

但是想象中的威胁是高管们在本赛季唯一需要阻止的威胁。事实上没有任何真实的恐怖威胁或相关情报。在 2013 年波士顿马拉松爆炸案发生后，美国职业棒球大联盟的高管们经过与国土安全部讨论，在球场上强制安装了这一设施。因为如你所知，那也是一场体育赛事。

这种含糊不清的协商制度和同样含糊不清的威胁确保任何组织都不用对此变化负责。美国职业棒球大联盟可以宣称联盟和球队与国土安全部“密切合作”。国土安全部可以声称这是美国职业棒球大联盟的倡议。两者都可以放松了，因为如果发生某些事情，至少它们做了一些事情。

这是我以前见过的一种态度：“必须做些事情。这是必须做的事。因此，我们必须这样做。”不管做的这些事是否有意义。

实际上，这就是 CYA 安全，并且在“9·11”事件后的美国普遍存在。安全措施是否有意义，是否具有成本效益或是否减轻实际威胁已不再重要。重要的是，你已认真对待威胁。因此，如果发生任何事情，你不会因无所作为而受到指责。好吧，这就是安全性，至少责任人的职业生涯是安全的。

我并不是说这些官员只关心他们的工作，而根本不关心对恐怖主义的预防，我是说他们所关心事项的优先级是歪曲的。他们想象出模糊的威胁，并提出了旨在解决这些威胁的相应的模糊的安全措施。他们自己不用面对任何麻烦或不便。他们不是那些不得不面对漫长的队伍和混乱的大门的人，他们也不是那些必须早到以避免新政策在整个联盟引起混乱的人。而且，从赛事主办方的角度出发，如果球迷被没收了他们自带的食物和饮料，并因为早到而在特许经营的摊位上花了更多的钱，那就更好了。

在撰写本文时，我听到了对此的反对意见。你不知道这些措施不会有效！如果发生什么事该怎么办？难道我们不需要竭尽全力保护自己免受恐怖主义袭击吗？

那是最坏的想法，而且很危险。这会导致错误的决策、不良的设计和糟糕的安全性。更好的方法是切实评估威胁，判断安全措施的有效性并考虑其成本。这种冷静理性的态度能让我们意识到，一些人员聚集的场合是难免的，我们应该花更多的时间和资源来提前发现恐怖分子的阴谋，而不是将所有资源投入这些作用不大的措施上去。

到目前为止，粉丝们已经对这些不便的措施非常不满，但是大多数人还是接受了这些新的安全措施。而这正是问题所在：我们大多数人对此都不太在意。我们选择忍受这些措施，或者待在家里。参加棒球比赛不是政治行为，金属探测器也不值得兴师动众地抵制。但是也有一种潜在的恐惧感。如果是以安全的名义，我们将接受它。只要我们的领导人还惧怕恐怖分子，他们就将继续维持安全局势。同样，我们也要接受以安全为名强加于我们的措施。我们得接受 NSA 对所有美国人的监视，毫无意义的机场安全程序，以及棒球场、足球场上的金属探测器。我们将继续浪费金钱，对非理性的恐惧反应过度。

我们现在非常擅长自我恐吓。

勒索软件的未来

最初发表于《华盛顿邮报》(2017 年 5 月 16 日)

勒索软件并不新鲜，但它竟越来越受欢迎，并让人们有利可图。

这个过程很简单：你的计算机感染了病毒，该病毒会加密你的文件，直到你支付赎金为止。这是一种极端的网络勒索。罪犯提供了有关如何付款的分步指导，有时甚至为不确定如何购买比特币的受害者提供了帮助热线。价格设得足够便宜，人们可以支付而不是选择放弃：在很多情况下，价格是几百美元。设计这些系统的人都了解他们的市场，而且这是一个有利可图的市场。

最近，感染了 150 多个国家和地区的 Windows 操作系统的勒索软件 WannaCry 登上了新闻头条，但它似乎并不比其他勒索软件更强大或更昂贵。这个勒索软件的来历特别有趣：它基于 NSA 开发的程序中的漏洞，可用于对许多版本的 Windows 操作系统进行攻击。反过来，NSA 的代码于 2014 年被一个名不见经传的黑客组织“影子经纪人”(Shadow Brokers) 窃取，并于 4 月向公众发布。

Microsoft 在一个月前修补了这一漏洞，这大概是在收到 NSA 的警告后立刻进行的。但是该漏洞影响了 Microsoft 不再支持的 Windows 的较早版本，并且仍然有很多人和组织没有定期对其系统进行升级。这样，无论谁写的 WannaCry (可能是任何人，从一个人到一个有组织的犯罪集团)，都可以使用 Windows 系统来感染计算机并勒索用户。

这给用户带来的教训是显而易见的：及时给系统安装最新的补丁并定期备份数据。这样做不仅可以防御勒索软件，对大多数情况来说也是有好处的。但是这样做已经过时了。

一切都变成了计算机。你的微波炉变成可以使东西变热的计算机。冰箱变成了一台可保持低温的计算机。你的汽车和电视，你所在城市的交通信号灯，以及国家的电网，在一定程度上都变成了计算机。这就是备受关注的物联网 (IoT)。它来了，它来的速度比你想象的要快。随着这些设备连接到 Internet，它们变得更容易受到勒索软件和其他恶意软件的威胁。

发生下面的情况只是时间问题：人们在他们的汽车屏幕上收到消息说引擎已被禁用，重新打开引擎将花费 200 美元，或在他们的手机上收到类似的消息，告知他们连接互联网的门锁被锁了，如果想今晚进屋，请支付 100 美元。或者如果他们希望其嵌入式心脏除颤器继续工作，则需要支付更多费用。

这不只是理论上的。研究人员已经展示了针对智能恒温器的勒索软件攻击，乍一看这只像是令人讨厌的事情，但如果室外温度足够低，则可能导致严重的财产损失。如果受攻击的设备没有屏幕，那么你就会在控制该设备的智能手机应用中收到消息。

黑客甚至不需要自己想出这些点子，代码被盗的政府部门早就这么做了。泄露的CIA攻击工具之一是针对具有联网功能的三星智能电视的。

更糟糕的是，通常的解决方案不适用于这些嵌入式系统。你没有办法备份冰箱的软件，并且如果攻击针对的是设备的功能而不是其存储的数据，那么也无法确定该解决方案是否仍然有效。

这些设备将能使用很长时间。与我们每隔几年就需要更换一次的电话和计算机不同，汽车至少可以使用十年。我们希望我们的设备能够运行20年或更长时间，我们的恒温器能够运行的时间甚至更长。

当制造智能洗衣机（或仅是其计算机部件）的公司停业，或者换句话说，它们不再支持旧型号时，会发生什么？WannaCry影响的Windows版本最早可追溯到Windows XP（Microsoft不再支持该版本）。虽然已经不再支持这些旧型号，但Microsoft还是发布了针对那些旧系统的补丁程序，那是因为它既有相关的工程技术人才，又有足够的资金来这样做。

如果是低成本的物联网设备，那么这种情况就不会发生了。

这些设备的价格便宜，制造它们的公司也没有专门的安全工程师团队来制作和分发安全补丁。从物联网经济学的角度考虑，也不允许人们这样做。更糟糕的是，其中许多设备都不可修补。还记得去年秋天Mirai僵尸网络感染了数十万台连接互联网的数字视频录像机、网络摄像头和其他设备，并发起了大规模的拒绝服务攻击，导致许多热门网站无法访问吗？一旦受到攻击，大多数这样的设备就无法用新软件修复。更新你的DVR的方法常常是丢弃它并购买新的。

解决方案并不简单，也不是很完善。市场不会在没有得到帮助的情况下自己解决这个问题。安全性是很难针对未来可能出现的威胁进行评估的特性，并且消费者长期以来一直青睐那些能提供可轻松使用的功能和将产品快速推向市场的公司。我们需要将责任分配给那些编写不安全的软件的公司，这些软件会伤害到人们，甚至可能发布要求公司在整个生命周期内维护软件系统的法规。我们可能需要关键物联网设备的最低安全标准。如果NSA能更多地保护我们的信息基础设施，减少其安全漏洞，而不是利用这些漏洞来窃听，那么情况将有所改善。

我知道目前这在政治上听起来是不可能的，但是我们无法生活在一个无论是我们拥有的设备还是国家的基础设施一再被罪犯攻击，并向我们勒索赎金的世界。

第2章

旅行安全

入侵飞机

最初发表于CNN.com（2015年4月16日）

试想这样一个场景：一名恐怖分子在地面入侵了一架商用飞机，从驾驶员手中抢夺了飞机的控制权，并操纵飞机撞向地面。如果《虎胆龙威》（Die Hard）重拍的话，这听起来更像是电影中的情节。但这实际上是美国政府问责局（Government Accountability Office，GAO）在新的现代飞机安全漏洞报告中所提出的众多可能情况之一。

这确实有可能发生，但按目前互联网上暴露出的风险来看，其发生的概率并不大。我更担忧的是越来越多的普通设备会遭到更多攻击，此外，我也更担心进行多国网络军备竞赛。这种竞赛会让参与方通过收集更多的攻击手段，而非加强本国网络防御能力来获得战略上的优势。我一方面担心未来实施网络攻击的门槛可能变得很低，另一方面也担心那些“高手”在积蓄力量，以国家为对象策划攻击。如果这些问题无法解决，那么对未来十年，我同样感到担忧。

首先来看一下与飞机相关的。GAO指出的问题是安全专家十多年来一直在谈论的问题。新生产的波音787梦想客机、空客A350及A380都提供了一个单独的网络供飞行员来获取导航，同时这个网络也能为乘客提供Wi-Fi连接。随之而来的风险就是，黑客能够在客舱中，甚至在地面，用Wi-Fi连接来入侵航空电子设备并远程操控这架飞机。

这个报告并没有详细解释这个黑客如何完成整个入侵，而且目前也没有发现黑客可利用的漏洞。但我们得这么想，所有信息系统都存在漏洞，或者说我们无法用最专业的工程技术来设计并构建一个完美无缺的网络和信息系统，所以我们相信这种类型的攻击理论上是存在的。

以前的飞机上使用的是更安全的独立的网络。

当想到这个常出现在电影或小说里的惊悚情节时，我们发现这只是众多关键问题中的一个：计算机作为基础设施运行过程中很重要的一个部分，在互联的趋势下，也越来越容易受到攻击。我们已经在婴儿监护仪、汽车、医疗设备和其他所有可以连接互联网的设备上发现了漏洞。今年2月，丰田因软件漏洞问题召回了190万辆普锐斯汽车。我们的智能恒温器、智能灯泡和其他所有联网的设备可能都存在类似漏洞。物联网将计算机带入了生活和社会的方方面面，但这些计算机连接在网络上，也带来了各类安全风险。

因为这些设备都联网工作，一个设备被攻击，也会影响其他设备。现在，你家路由器上的一个漏洞可能危及你的整个家用网络。你家具有联网功能的冰箱上的一个漏洞可以被用作进一步攻击的跳板。

这些进一步的攻击就像现在互联网上计算机和智能手机受到的攻击那样，只不过这些攻击可能无处不在。这些设施都处于同一个网络，并且都是关键的基础设施。

有一些攻击是需要有大量预算及组织支持才能进行的，不会随便对民众开展，但这也足以让人觉得毛骨悚然了。据报道，朝鲜可能在去年对索尼进行了大规模的网络攻击。有报道称，2010年，美国和以色列政府涉嫌通过一系列的漏洞植入震网病毒来破坏分离核材料时用到的至关重要的离心机设备，从而使伊朗纳坦兹核电站瘫痪。事实上，美国在将互联网武器化方面所做的工作比其他国家更多。

不过政府的优势只是稍纵即逝的。今天还是NSA的机密项目，明天可能就会变成博士的论文和黑客的工具。所以，尽管现在除了波音公司的工程师以外，其他人还不可能有能力远程入侵波音787上的航空电子设备，但未来就未必了。

这一切都意味着我们必须开始考虑物联网的安全问题，不管是对今天的飞机还是未来的智能服装。我们不能重蹈覆辙，像之前那样对计算机和互联网带来的风险置之不理，然后花数年时间来弥补和黑客间技术上的差距。我们必须把安全作为万物互联的一个内置属性。

为了实现这样的目标，相关重点企业一方面需要达成共识，另一方面也需要投入大量资源去研究相关技术。在立法方面，要强制设定一些物联网设备准入互联网的规定。在网络服务提供商层面，也要能为这样的设备提供安全的服务。这不是通过市场本身能够解决的问题，因为有太多因素使人忽视安全性，希望有人能够解决这个问题。

一个国家应该优先考虑防御而不是攻击。但现在NSA和美国网络指挥部宁愿互联网保持这样一种不安全的状态，这样它们就能更好地窃听和攻击敌人。但这种策略也是双刃剑：别人的网络有漏洞的时候，很难保证我们的网络里没有。作为全世界互联网化程度最高的国家之一，我们其实面临更大的风险。NSA最好能够将注意力放在安全防御技术的研究和基础设施的加固上，以抵御攻击。

我们再想一下GAO的噩梦场景：黑客在地面上通过漏洞入侵了飞机的Wi-Fi系统并获得访问飞机网络的权限，然后利用隔离乘客和飞行设备的网络防火墙漏洞成功进入飞行控制系统，之后通过其他一系列漏洞来禁止飞行员进行操作，并且自己成功控制整个飞机。

这个场景能够成立，是因为飞机上有不安全的计算机和网络，而时至今日，如果使用由政府秘密开发的“震网”来瘫痪目标的话，情况就不一定是这样了。

当然，这个特定的小说或电影情节可能永远都不会成真，但其他类似的情节很可能会上演。我只是希望不论发生什么我们都有足够的安全专家来处理这些问题。

重新审视机场安全

最初发表于CNN.com（2015年6月5日）

我从新闻报道里得到了一组震惊的数据：美国运输安全管理局（TSA）在最近一次的机场安全“红队”测试中，漏检了95%的枪支和炸弹。显然，我们每年交给TSA 70亿美元，但并未获得相应的权益。

但这里也有另外一个结论，会让多数人担忧，但或许这是一个不错的消息：我们无须花费70亿美元来使机场更安全。这些数据显示，机场面临的恐怖主义袭击风险没有那么大，我们应该把安全级别降低到“9·11”事件发生之前的状态。

我们不需要完美的机场安全，只是希望机场可以阻止那些想要绕过安检设备混入机场的不怀好意的人。如果你因为携带枪支或炸弹被捕，TSA会指控你并会通知FBI。在这种情况下，即使抓获恐怖分子的概率不高，也足以阻止一个理智的恐怖分子进入机场。95% 的漏报率太高了，但是 20% 就不是很高了。

对于那些一直关注 TSA 的人来说，95% 这个数字并不令人惊讶。TSA 从建立以来已经在类似的测试中多次败下阵来，包括 2003 年完全漏报，2006 年纽瓦克自由国际机场的漏报率是 91%，2007 年洛杉矶国际机场的漏报率是 75%，2008 年的漏报率更高，而这些还仅仅是对外发布的数据。我能确定，为了避免尴尬，TSA 还有更多类似的恐怖数据隐而不发。

之前 TSA 对此的狡辩是，这些数据仅仅来自各个独立的机场，或者不是基于对真实的恐怖主义行为的模拟。这在当时几乎就可以确定是不正确的，现在 TSA 甚至不能再对此进行狡辩了。目前这些测试已经在各个机场开展，被测试者也不需要使用类似忍者藏暗器那样特别隐秘的技术来实施这些测试。

这与我们所知道的小道消息相符，TSA 实际上漏检了很多武器。我认识的很多人都曾不小心带着小刀通过安检，还有人曾不小心将枪带上了飞机。TSA 每年都发布关于检测到的枪支的数据。去年这个数字是 2212，但这并不能体现 TSA 漏检了 44 000 把手枪。一把手枪如果仅仅是不小心放在包里的话，它被检测到的难度应该远远低于被精致包装过的手枪。但我们现在都知道了，偷运武器并不困难。

所以为什么漏报率这么高呢？报告中没有说明这一点，但我希望 TSA 能够对其原因做一次详细、全面的调查。我猜这可能是由多方面因素引起的，一部分因为一直盯着安全监视屏幕确实毫无乐趣可言，而且大多数的报警又都是误报。在这种情况下，让人持续保持警惕也相当困难，漏报确实不可避免。

另一部分因为技术上的缺陷。我们知道，当前的监控探测技术很难检测出塑胶炸弹 PETN，而恐怖分子往往都喜欢把它们藏在内衣当中，而且可拆卸武器更容易通过安检。此外，一些允许通过安检的物品在一定情况下也可以作为威力很大的武器。

TSA 在抵御恐怖主义威胁方面做得很差，他们能保持这种状态这么久的唯一原因就是，其实没有那么多恐怖袭击。

但是即使有这么多真实或潜在的漏报，自“9・11”事件以来，也没有一起针对飞机的恐怖袭击发生。如果有很多恐怖分子想等我们放松警惕时实施恐怖袭击，那么这么多年以来我们应该已经看到相关的攻击成功或失败的报道。“9・11”事件之后还没有听说过有人用刀或枪来劫持飞机。没有一架飞机因为恐怖袭击而爆炸。

恐怖分子比我们想象的要罕见得多，实施一次恐怖袭击也要比我们想象的困难得多。我明白这个结论是反直觉的，也与我们每天从政治领导人那里听到的论述相反。

但这是数据显示的。

这不意味着我们不需要机场安检，而是我们需要通过建立安全机制来制止那些愚蠢和冲动的人，但过多的投入也是一种浪费。真正聪明的少数恐怖分子能够绕过所有的检测设备或者选择一个更加容易的目标，大多数愚蠢的恐怖分子不管怎样都会被我们拦下。

聪明的恐怖分子非常少见，我们只有通过两种手段来处理：一是我们需要对乘客保持警惕，以识别出那些把炸弹藏在鞋子和内衣里的恐怖分子；二是我们需要一些智能技术和调查手段，我们就是靠这些抓到伦敦那些使用液体炸弹的恐怖分子的。

机场安检存在的真正问题是，只有当恐怖分子将目标设为飞机时才有效。我基本上反对那种对恐怖分子攻击战略和目标加以猜测的方案，因为当我们检查固体可疑物时，恐怖分子会把它们换成液体，如果我们保护机场，恐怖分子很可能去攻击剧院。这是一场糟糕的“游戏”，因为我们无法取胜。

我希望 TSA 能够减少漏报，同时也应该认识到实际的安全风险并不需要 70 亿美元的预算。我更愿意看到这些钱能够花在智能技术和调查方面，确保安全不是猜测恐怖分子的下一步到底要做什么，而是无论恐怖分子的下一步是什么，我们都能有的放矢、游刃有余。

第3章

物　联　网

攻击你的设备

最初发表于 CNN.com（2013 年 8 月 15 日）

上周末，得克萨斯州的一对夫妇突然发现他们孩子卧室里的婴儿电子监护仪被攻击了。据当地一家电视台报道，这对夫妇说他们听到孩子卧室传来陌生的声音，检查之后发现有人远程控制了摄像头并进行了语言上的攻击。孩子的父亲立刻拔下了监视器的电源。

这意味着什么？现在消费者的电子设备都已连接到互联网了，那么它们的安全性怎么样呢？

答案是不太好，而且多年来情况一直很糟糕。在所有类型的网络摄像头、各种摄像机、植入的医疗设备、汽车甚至智能厕所中都存在安全漏洞，更不用说游艇、ATM、工业控制系统和军用无人机了。

这些设备长期以来都是有可能被黑客入侵的。但大多数人不知道这样的事实，这让从事安全工作的人感到惊讶。

为什么它们容易被黑客攻击？因为安全问题很难解决。这需要专业知识，并且需要时间。大多数公司不在乎安全问题，因为多数购买安全系统和智能设备的客户对此并不关心。既然购买婴儿电子监护仪的普通顾客不会特别关注产品是否安全，那制造商为什么要花大量资金来确保设备安全性良好呢？

更糟糕的是，消费者会对比两台相互竞争的婴儿监护仪，一台价格更高，安全性也更高，另一台价格低廉，但安全性也低，然后消费者常常会购买价格更便宜的监护仪。如果消费者没有足够的专业知识来做出明智的选择的话，那么便宜的监护仪可能更容易被买走。

许多黑客事件的发生都是因为用户没有正确配置或安装其设备，但这确实应是制造商的责任。这些设备应该是为普通消费者生产的，其安全配置应该是默认设置的或者是足够简单的，而不是仅面向安全专家。

这类事情在社会的其他方面也存在，我们有各种各样的机制来处理它。政府监管就是其中之一。例如，我们当中很少有人能够区分真正的药品和假药，因此 FDA 规定了哪些药品可以出售以及厂家可以宣称这些药品具有哪些疗效。专门的产品测试就是另外一回事了。我们可能无法一目了然地分辨出优质和劣质汽车，但是可以阅读各种测试机构的报告。

这些机制却不太适用于计算机安全领域，不仅是因为该行业变化很快，还因为这种测试既困难又昂贵。结果是，我们都购买了许多含有漏洞的嵌入式计算机产品。随着这些计算机连接到互联网，安全问题将变得更加严重。

这里的问题不仅是你的婴儿监护仪可能会被黑客入侵，而且是几乎每一个“智能”的设备都可能被入侵，并且由于消费者不在乎，市场无法解决这些问题。

****

这篇文章以前发表在 CNN.com 上。我根据要求在大约半小时内写完了它，但我对它并不满意。我应该更多地谈论具有良好安全性的经济学以及黑客的经济学。关键是，我们不必担心聪明的黑客会找到这些漏洞，而应该担心那些使用聪明黑客编写的软件的愚蠢黑客。嗯，下次吧。

嵌入式系统的安全风险

最初发表于 Wired.com（2014 年 1 月 6 日）

就嵌入式系统的安全性而言，目前形势非常严峻。嵌入式系统指的是在硬件设备中嵌入的特定计算系统，例如物联网设备。这些嵌入式计算机有很多漏洞，目前还没有修补它们的好方法。

这与 20 世纪 90 年代中期的情况没什么不同，当时个人计算机的安全性已达到危险级别。软件和操作系统中漏洞很多，而且没有很好的方法来修补它们。软件公司试图将这些漏洞信息进行保密，而不是迅速发布安全更新补丁。而且在发布更新时，也很难让用户安装它们。在过去的二十年中，由于全面披露（发布漏洞以迫使公司更快地发布补丁程序）和自动更新（自动在用户计算机上安装更新的过程）的结合，这种情况发生了变化。虽然结果并不完美，但比以往任何时候都要好。

但是这一次，问题变得更加严重了，因为情况有所不同：这些设备都已连接到互联网。我们的路由器和调制解调器中的计算机比 20 世纪 90 年代中期的 PC 强大得多，并且物联网将使计算机成为各种消费类设备。与 PC 和软件行业相比，生产这些设备的行业甚至没有能力解决此问题。

如果不能尽快解决这个问题，我们将面临安全灾难，因为黑客发现攻击路由器比攻击计算机容易得多。在最近的 Def Con 上，一位研究人员研究了三十个家用路由器，并且成功入侵了其中的一半，包括一些非常受欢迎的和常见品牌的产品。

要理解该问题，你需要了解嵌入式系统市场。

通常，这些系统由 Broadcom、Qualcomm 和 Marvell 等公司生产的专用计算机芯片提供支持。这些芯片价格便宜，利润微薄。除了价格之外，区别制造商的方式还包括查看芯片特性和带宽。制造商通常将 Linux 操作系统的版本以及一系列其他开源和专有组件及驱动程序放到芯片上。他们在发货前进行了尽可能少的工程设计，并且在非必要情况下几乎没有动力去更新软件。

系统制造商往往也是原始设备制造商（ODM），一般是别的公司的代工厂，它们通常不会在成品上标明自己的品牌名称，并且往往根据价格和需求来选择芯片，进而生产路由器或者服务器等设备。它们也不会做很多的设计研发。最终的销售公司可能会在设备上添加一个用户界面或者一些新功能，并确保功能一切正常，这样就万事大吉了。

此过程的问题在于，没有一个实体有动机和专业知识来进行专业的安全类研发，甚至没有能力在软件出厂后对其进行修补。芯片制造商正忙于交付该芯片的下一个版本，而 ODM 则正忙于升级其产品以与下一个芯片配套使用。维护较旧的芯片和产品并不是芯片制造商的首要任务。

而且尽管设备是新的，但是软件却是旧的。例如，我们从一项针对普通家用路由器的调查发现，这些路由器上使用的是四至五年前的老旧组件，比如路由器的 Linux 操作系统是四年前的版本，而 Samba 软件至少是六年前的版本。这些老旧软件可能已经更新了所有安全补丁，但也很可能没有。没有人愿意做这份工作。一些组件太旧了，不再需要打补丁。但是这些补丁特别重要，因为随着系统的老化，发现安全漏洞将“更容易”。

更糟的是，通常无法修补软件或将组件升级到最新版本，因为完整的源代码往往是不能直接使用的。是的，它们是有 Linux 和任何其他开源组件的源代码，但是许多设备驱动程序和其他组件只有可执行文件，根本没有源代码。这是问题中最难解决的部分：没有人可以修补仅仅以二进制形式显示的代码。

即使可能有补丁，它们也很少得以应用。用户通常必须手动下载并安装相关补丁。但是，由于用户从未收到有关安全更新的提示，并且没有手动管理这些设备的专业知识，因此用户不会主动更新系统。有时网络服务提供商（ISP）可以远程修补路由器和调制解调器，但这很少见。

其结果是在过去的五到十年中，有数以亿计的未修补和不安全的设备一直在互联网上运行着。

黑客已经开始注意到这些设备了。恶意软件 DNS Changer 攻击了家用路由器以及计算机。在巴西，黑客为了敲诈勒索，破坏了 450 万台 DSL 路由器。上个月，赛门铁克（Symantec）公司报告了一种针对路由器、摄像机和其他嵌入式设备的 Linux 蠕虫病毒。

这些仅仅是一个开始。脚本小子仅仅需要一些黑客工具就可以成功入侵并控制这些设备。

物联网的普及会让这个问题变得更突出，因为互联网——以及我们的家庭和自身——会充斥着各种各样的新的嵌入式设备，而针对这些设备的升级维护同样困难，甚至根本无法修补它们的漏洞。但是路由器和调制解调器的问题比较特殊，因为它们处在用户和互联网之间，所以关闭这些设备不是明智的选择，并且它们比其他嵌入式设备的功能更强大、更通用，这些设备 7×24 小时地在家里运行，自然而然地会带来很多问题。

我们之前讨论过 PC 的安全问题并且现在基本上解决了这个问题。但是，通过披露漏洞来迫使供应商解决问题的方法不再适用于嵌入式系统。上次的问题主要出在计算机上，这些计算机大部分没有联网并且病毒传播速度也非常缓慢。今天的情况不同了：设备数量快速增长，漏洞也越来越多，病毒在互联网上传播得也越来越快，相比之下只有很少的安全技术专家为这些设备厂商修复漏洞来保护用户安全，再加上部分安全漏洞根本无法修补，所有这些都使物联网设备的安全问题愈发严重。

设备集成的功能越来越多，但是却缺乏安全更新，再加上不太好的市场动态对更新带来阻碍，导致我们目前正面临着一场灾难。灾难降临只是时间问题。

我们必须解决这个问题。我们不得不对嵌入式系统供应商施加压力，要求它们更好地设计自己的系统。我们需要使用开源软件而不是二进制代码来构建这些嵌入式系统！这样只要设备还在使用，第三方供应商和ISP就可以及时提供安全工具和软件更新。我们需要自动更新机制来对这些嵌入式系统进行升级更新。

经济学规律表明，大型ISP是推动变革的动力。不管是否是ISP的责任，网络崩溃之后ISP都应该承担责任——必须向用户发送新的硬件设备，因为这是更新路由器或调制解调器的唯一方法。这些新的设备会浪费ISP从这个客户这里赚取的一年的利润。如果ISP不想办法解决这个问题，那么情况只会变得更糟，而且代价也更高。设计更好的嵌入式系统的开销比支付由此产生的安全灾难的损失要便宜得多。

三星电视监视观众

最初发表于CNN.com（2015年2月11日）

本周早些时候，我们了解到三星电视能够通过音频设备获取用户信息。如果你有三星的可联网智能电视，你可以打开语音指令功能，这省去了找遥控器、按按钮和滚动菜单的麻烦。但要实现这一功能，电视就必须能“听”到你所说的一切。你所说的内容不仅由电视处理，它还可以通过互联网进行远程处理。

这一发现让人们感到惊讶，但其实不应该如此。我们周围的事物越来越计算机化，与互联网联系得越来越紧密。然而这些设备大多数都在“听”。

当然，在我们打电话或进行音视频通话时，智能手机和计算机都会听到我们的声音。麦克风一直存在于这些设备中，黑客、政府或聪明的公司有很多方法可以在我们不知情的情况下打开麦克风。有时我们自己也会打开麦克风。如果我们有iPhone，语音处理系统Siri只有在我们按下iPhone的按钮时才会听我们说话。三星电视和带有“嘿，Siri”功能的iPhone一直开启着监听功能。启用了“OK Google”功能的安卓设备和亚马逊的语音激活系统Echo也是如此。在你使用Facebook App时，它可以打开你智能手机中的麦克风。

即使你不说话，我们的计算机也在“关注”你。Gmail能“听”你写的所有东西，并根据这些信息向你推荐广告。这可能会让你觉得你从来都不孤单。Facebook对你在这个平台上写的所有内容做了同样的事情，甚至能获取你正在输入但还没有发布的信息。我们认为Skype不监听，但《明镜周刊》(*Der Spiegel*) 指出，自2011年以来，来自该服务的数据“已被NSA的相关人员获取”。

NSA当然会监听。它监听得更直接，它还监听这些一直监听你的公司。我们真的不希望被如此密切地监听。

不仅仅是设备在听，我们的大部分数据是通过互联网传输的。三星在其政策声明中称其为“第三方”。它后来透露，第三方指的是一个你从未听说过的公司Nuance，这家公司把声音转换成文本。三星承诺将立即删除这些数据。大多数其他公司都没有这样的承诺，事实上，它们会把你的数据保存很长一段时间。当然，政府也会存储这些数据。

这些数据对于犯罪分子来说是一个“宝库”，我们一次又一次地了解到，数以千万计的客户记录数据被多次窃取。上周，有报道称黑客侵入了Anthem Health等公司并获取了约8000万名客户的个人记录。去年被入侵的是家得宝（Home Depot）、摩根大通（JP Morgan）、索尼（Sony）等。Nuance公司的安全性比这些公司更好吗？我当然不这么认为。

在某种程度上，我们接受了所有这些监听。三星公司的长达1500字的隐私政策中只有一句话是我们大多数人都不会读的：“请注意，如果您所说的字词包含个人信息或其他敏感信息，则该信息将包含在数据中，通过使用语音识别软件捕获并传输给第三方。”其他服务可能很容易发出类似的警告：“请注意，您的电子邮件提供商知道您对同事和朋友说的话，并且请注意，假设你们都有智能手机，您的手机将知道您的位置以及与谁在一起。”

物联网中充满了“听众”。较新的汽车包含可记录速度、方向盘位置、踏板压力甚至轮胎压力的计算机，因此保险公司希望监听。当然，你的手机会始终在开机时记录你的确切位置，甚至可能在你关闭手机时也能记录。如果你有智能恒温器，它会记录房屋的温度、湿度、环境光以及附近的活动。你佩戴的健身追踪器会记录你的运动和一些生命体征，许多计算机医疗设备也是如此。更不用说加上安全摄像头和记录仪的无人机和其他监控飞机了，我们几乎无时无刻不在被观察、跟踪、测量和监听。

在互联网公司和政府的作用下，这是一个无时无刻不在监视的时代，而且由于它主要是在后台进行的，因此我们很难真正意识到。

这样的情况必须改变。我们需要规范监听行为，包括收集的内容和使用这些内容的方式。但这要等到我们全面了解监听的情况后才能实现：谁在听，他们用这些信息做了什么。三星将监听细节隐藏在了其隐私政策中（之后对其进行了更清晰的修改）。而我们之所以能注意到这些，是因为*Daily Beast*的记者偶然发现了它。在智能电视不监听的情况下在客厅中自由交谈，或者在Google或政府不监听的情况下通过邮件进行交流，这些事情的价值需要我们认真讨论。隐私是言论自由的先决条件，而失去隐私将对我们的社会造成巨大打击。

大众汽车与作弊软件

最初发表于CNN.com（2015年9月28日）

在过去的六年中，大众汽车一直在对其柴油车的排放测试中作弊。这些汽车中的计算机能够检测到是否正在进行测试，并可以临时更改其发动机的工作方式，从而使它们看上去比实际情况更环保。当不进行测试时，它们排出的污染物是测试时的40倍。问题曝光后，大众汽车的首席执行官辞职，并且大众汽车将面临昂贵的召回成本、巨额罚款甚至更严重的后果。

测试作弊在美国公司中有着悠久的历史。这在汽车排放控制和其他场景中经常发生。在大众汽车案例中，作弊功能被预先编程到控制汽车排放的算法中。

计算机让人们能够以新的方式作弊。由于作弊行为被封装在软件中，因此恶意行为可能对测试本身影响不大，但由于该软件以“智能”的方式实现了正常对象所不具备的功能，因此该作弊可能更微妙、更难检测。

我们已经有智能手机制造商在处理器基准测试中作弊的例子：检测何时进行测试并人为地提高性能。其他行业也存在这样的情况。

物联网时代正在来临。许多行业都在向自己的设备中添加微型计算机，这将为制造商带来新的作弊机会。灯泡里的微型计算机可能会使监管机构以为它更节能；温度传感器可能会使购买者误以为食品储存的温度是更安全的；投票机似乎运行得很好，除了11月的第一个星期二，那天它们会偷偷地将几个百分点的选票从一个政党的候选人切换给另一政党的候选人。

我担心的是，一些公司高管不会将大众汽车的故事看作反面教材，而是将其视为可以逃避六年处罚的例子。

而且他们会用更聪明的手法作弊。对于大众汽车所有的这种行为，一旦人们认真地去调查它，那么就很容易发现。更聪明的做法是使作弊看起来像是一次意外——软件整体质量太差，以至于产品发布时会有成千上万的问题。

这些问题中的大多数不会影响产品正常运行，这就是你的软件通常运行良好的原因。其中一些功能确实如此，这就是为什么你的软件偶尔会出现故障并需要不断更新。让作弊软件看起来像一个编程错误，可以让作弊行为更像是一种意外。而且不幸的是，这种可否认的作弊比人们想象得要容易。

计算机安全专家认为，情报部门多年来一直在做这种事情，无论是否经过软件开发人员的同意。

对于这类问题，我们不能用传统的计算机安全解决方案来解决。传统的计算机安全性旨在防止外部黑客入侵你的计算机和网络。该汽车软件可以阻止车主调整自己的发动机以使其运行得更快，但在此过程中会排放更多的污染物。我们需要应对的是一个截然不同的威胁：在设计阶段就编写了它不应该有的行为。

我们已经知道如何保护自己免受公司不良行为的影响。里根在谈到核条约时曾说过：“ Trust，but verify（信任，但要核查），”我们需要能够验证与我们的生活息息相关的软件。

软件验证分为两部分：透明度和监督。透明意味着我们可以获取源代码来进行分析。这样做的必要性显而易见。如果制造商可以隐藏代码，则隐藏作弊软件要容易得多。

但是，使用开放源代码软件的人都知道，透明度并不能有效地减少作弊或提高软件质量。这只是第一步。必须分析代码。而且由于软件是如此复杂，因此分析不能仅限于每隔几年进行一次的政府测试。我们也需要私人分析。

美国和德国私人实验室的研究人员发现了大众汽车的作弊行为。因此，透明度不仅意味着向政府监管机构及其代理公司提供该源代码，还意味着将代码提供给所有人。

在软件世界中，透明度和监督都受到威胁。这些公司经常以这些软件是专有软件为由拒绝公开其源码，并且会尝试去压制这些找到问题的安全研究员。这些公司的理由虽然也是合理的，但是公众的利益和安全要高于商业利益。

专有软件正越来越多地用于关键应用中：投票机、医疗设备、呼吸分析仪、配电系统、决定其人是否可以登机的系统。我们将对生活的更多控制权交给了软件和算法。透明是验证它们没有欺骗我们的唯一方法。

某些企业高管也通过作弊来攫取利润。上周我们看到了另一个例子：现已解散的美国花生公司前首席执行官斯图尔特·帕内尔（Stewart Parnell）因故意运送被沙门氏菌污染的产品而被判处28年徒刑，这个刑期看似过分，但他的作弊导致9人死亡，还有更多人患病。

软件只会使这样的渎职行为更容易实施且难以证明。很少有人了解这样的阴谋。这些作弊行为可以提前完成，而不需要在临近测试时间时实施或到现场实施。而且如果该软件在很长时间内都未被检测到，那么这些公司的员工甚至会忘记它们的存在。

我们需要对控制我们生活的各种软件进行完善的测验，让这些软件对公众更加透明。

DMCA和物联网

最初发表于TheAtlantic.com（2015年12月24日）

从理论上讲，物联网是家用电器、家用物品甚至衣服内的微型计算机互联形成的网络，有望使你的生活更轻松，工作效率更高。这些计算机将通过互联网搜集家庭和公共场所的环境数据并根据接收到的信息做出相应的调整。从理论上讲，这些互相连接的传感器将满足你的各种需求，帮助你节省时间、金钱和精力。

除非制造这些连接器的公司的行为与消费者的利益背道而驰，例如飞利浦科技公司最近通过其智能环境照明系统Hue所做的——Hue由可与灯泡远程通信的中央控制器组成。在12月中旬，飞利浦推出了软件更新，使该系统与其他制造商生产的灯泡不兼容，其中包括以前得到支持的灯泡。

投诉几乎立刻蜂拥而至。Hue系统应该与行业标准ZigBee兼容，但是飞利浦的Hue系统却不支持符合ZigBee标准的灯泡。几天之后，飞利浦就做出了让步并恢复了兼容性。

但是，Hue系统的故事（一家公司使用防复制技术排挤竞争对手）并不是一个新故事。许多公司建立了专有标准，以确保其客户不会将其他公司的产品与自己的产品一起使用。例如，Keurig在其单杯咖啡包里面嵌入代码，并设计其咖啡机仅兼容含有这些代码的咖啡包。惠普对其打印机和墨盒做了同样的事情。

为了制止竞争对手，只需对专有标准进行逆向工程并制造兼容的外围设备（例如，另一家咖啡制造商将 Keurig 的代码放在自己的容器上），这些公司的做法依据的是 1998 年的法律，即 DCMA（Digital Millennium Copyright Act）。最初通过该法律是为了防止人们盗版音乐和电影。尽管它在这方面做得不好（使用 BitTorrent 的人都可以证明这一点），但它在抑制安全性和兼容性方面却做得很出色。

具体地说，DMCA 包含一项反规避条款，该条款禁止公司规避“有效保护对受版权保护作品的访问”的“技术保护措施”。这意味着未经飞利浦许可创建与 Hue 兼容的灯泡，未经 Keurig 许可生产与 K 杯兼容的咖啡盒，或未经 HP 许可制造与 HP 打印机兼容的墨盒，都是非法的。

到目前为止，在计算机世界中我们已经对这种情况习以为常了。在 20 世纪 90 年代，微软采用了一种称为“拥抱，扩展，熄灭”的策略，在该策略中，微软逐渐为已经遵守广泛使用的标准的产品增加了专有功能。最近的一些例子是：亚马逊的电子书格式无法在其他公司的阅读器上使用，从苹果 iTunes 商店购买的音乐无法用其他音乐播放器播放，每个游戏机都有自己专有的游戏卡带格式。

因为公司可以通过这种方式来加强其反竞争行为的力度，所以很多事情无法实现，即使这些事情可以给消费者带来极大的便利。你无法给自己的人工耳蜗定制软件，也无法对温控器进行编程，或设计含有微型计算机的智能的芭比娃娃。汽车修理厂无法设计出可以与各种汽车计算机适配的优秀的诊断系统。约翰·迪尔（John Deere）声称所有由其公司售出的拖拉机的软件系统都归它所有，这意味着购买这些拖拉机的消费者被禁止修理或修改他们的财产。

随着物联网的日益普及，这种反竞争行为也将越来越普遍，这与我们制造这些智能机器的目的背道而驰。无论制造商是哪家，我们都希望灯泡与中央控制器兼容。我们希望我们的衣服能够与洗衣机直接“交互”，汽车能够自动识别交通标志。

当各个公司为了自身的利益不兼容其他公司产品，甚至为了使竞争对手无法通过逆向工程兼容自己的产品而不惜使用法律手段时，我们就无法做到这一点。为了使物联网能发挥最大的价值，其他行业需要向汽车行业看齐，消费者可以去商店购买各种由不同制造商生产的汽车替换零件。相反，由于各个公司试图通过专利来建立垄断，物联网行业将上演行业标准大战。

现实世界的安全与物联网

最初发表于 Vice Motherboard（2016 年 7 月 25 日）

涉及物联网的灾难故事风靡一时。这些故事大多涉及汽车（有人驾驶和无人驾驶）、电网、水坝和隧道通风系统等。上个月，《纽约杂志》(*New York Magazine*) 上发表了一篇特别生动、逼真、具有科幻色彩的小说，小说里描述了一场对纽约的汽车、供水系统、医院、电梯和电网的黑客攻击。在这个故事中，黑客攻击造成数千人死亡，混乱也随之而来。尽管其中一些场景过于夸大，但这些风险都是真实存在的。针对小说中描写的黑客攻击，目前的计算机网络安全防御措施还没有很好的应对方案。

经典的信息安全是一个三元组：机密性、完整性和可用性。它也被称为 CIA，我们可能很容易把它和美国中央情报局混为一谈。但基本上，我可以对你的数据做的三件事是窃取它（机密性）、修改它（完整性）或阻止你获取它（可用性）。

到目前为止，互联网上的各种威胁主要与机密性有关。这些威胁造成的损失是非常昂贵的。一项调查估计，每次数据泄露平均会造成 380 万美元的损失。它们可能令人尴尬，例如 2014 年苹果公司 iCloud 的名人照片被盗，以及 2015 年 Ashley Madison 的失窃。它们可能造成破坏，例如，2014 年，索尼公司被窃取了成千上万份内部文件，黑客从摩根大通窃取了约 8300 万个客户账户的数据，这甚至可能影响国家安全。

在物联网上，完整性和可用性威胁要比机密性威胁严重得多。可以窃听你的智能门锁从而知道谁在家，这是一回事。如果门锁可以被黑客入侵，并且由黑客打开门或阻止你打开门，那完全是另一回事。可以接管你的汽车控制权的黑客比可以窃听你的对话或跟踪你汽车位置的黑客要危险得多。

随着物联网和网络物理系统的普及，我们已经赋予了互联网“手”和“脚”：直接影响物理世界的能力。过去对数据和信息的攻击已经变成了对我们自身和实物的攻击。

当今的威胁包括黑客可以入侵飞机的计算机网络而使飞机坠毁，以及黑客可以远程劫持汽车，无论汽车是否是停好、熄火或者正在高速公路上飞驰。我们担心电子投票机中的计数被人为操纵，恒温器被黑客入侵导致水管结冰，医疗设备被入侵而导致远程谋杀。从字面上看，可能性是无限的。物联网将允许黑客发起我们甚至无法想象的攻击。

风险的增加来自三方面：系统的软件控制，系统之间的互联以及自动或自治系统。让我们依次了解一下。

软件控制。物联网把一切都变成了计算机。这为我们提供了强大的功能和灵活性，但同时也带来了不安全感。随着越来越多的事情受到软件控制，这些嵌入了微型计算机的设施也将面临各种各样的攻击。但是，由于其中许多设备既便宜又耐用，因此许多适用于计算机和智能手机的补丁程序和更新系统也将无法适用。目前，修补大多数家用路由器的唯一方法是扔掉它们并购买新的。而且，以前我们每隔几年更换一次计算机和电话，以此来保证这些设备的安全性，但这样的做法不适用于冰箱和恒温器：平均而言，消费者每隔 15 年会更换一次计算机或电话，但对后者，则很长时间不会更换。普林斯顿大学最近的一项调查发现，互联网上有 50 万个不安全的设备。这个数字即将爆炸式增长。

互联。当这些系统相互连接时，其中一个系统的漏洞会导致对其他系统的攻击。我们已经看到 Gmail 账户因三星智能冰箱中的漏洞而受到攻击，医院 IT 网络因医疗设备中的漏洞而受到损害，Target 公司因其 HVAC 系统中的漏洞而受到黑客攻击。系统中充满了外部组件，这些外部组件以不可预见的和潜在的有害方式影响其他系统的安全性。当特定系统与其他系统结合使用时，对它们来说似乎是将无害的事情变得有害。结果就是一个没有人看到而且也没有人负责修复的漏洞间接导致了其他系统的漏洞。物联网将使可利用的漏洞变得更加普遍。这是简单的数学结论。如果 100 个系统都相互交互，则大约有 5000 个交互和这些交互导致的 5000 个潜在漏洞。如果 300 个系统都在相互交互，则为 45 000 个交互。如果有 1000 个系统，则有 1250 万个交互。它们中的大多数将是良性的或无害的，但是其中一些将是非常有害的。

自治。我们的计算机系统越来越具有自主性。这些系统可以用来买卖股票，打开和关闭熔炉，调节通过电网的电流，并且在无人驾驶汽车的情况下，自动驾驶数吨重的汽车到达目的地。基于各种原因，自治是很重要的，但是从安全角度来看，这意味着攻击的影响可以立即、自动和无处不在地生效。我们越是依赖这些功能强大的计算机系统，攻击就可以越快地对各种设施造成破坏，而我们也越难及时发现潜在的威胁。

我们正在构建功能越来越强大且有用的系统。随之而来的副作用是它们越来越危险。仅仅一个漏洞就迫使克莱斯勒（Chrysler）在 2015 年召回了 140 万辆汽车。过去几十年来大规模的计算机病毒感染事件多次发生，我们对此已经司空见惯，但当万物互联的物联网时代来临，如果再次爆发病毒感染事件，其后果将是灾难性的。

政府相关部门已经逐渐意识到这些问题了。去年，国家情报局局长詹姆斯·克拉珀（James Clapper）和国家安全局局长迈克·罗杰斯（Mike Rogers）都在国会上警告人们这些威胁会带来什么样的危害。他们都认为我们目前的形势非常危险。

DNI 在 2015 年的全球威胁评估中这样说：“有关网络威胁的大多数探讨都集中在信息的机密性和可用性上；网络间谍破坏机密性，而拒绝服务攻击和数据删除攻击破坏的是可用性。在将来，我们可能还会看到更多形式的网络攻击，这些形式的攻击将在保证信息完整性（即准确性和可靠性）的同时具备改变或操纵数据信息的能力，而不像传统形式的攻击那样对信息进行删除或破坏对其的访问。如果政府高级官员（文职和军人）、公司高管、投资者或其他人不能信任所接收的信息，那么他们决策时将受到极大的影响。”

DNI 2016 年的威胁评估包括类似的内容：“未来的网络攻击肯定会更加强调在保证数据完整性（即准确性和可靠性）的同时，对其进行更改或操纵，从而影响决策，减少人们对系统的信任甚至造成严重的物理损失。在公共事业和医疗保健等环境中广泛采用 IoT 设备和 AI 只会加剧这些潜在影响。”

安全工程师正在研究可以减轻这种风险的技术，但是如果没有政府的参与，许多解决方案将无法部署。这不是市场可以解决的问题。像数据隐私一样，风险和解决方案对于大多数人和组织而言，技术性太强，不易理解。市场化竞争实际上在鼓励公司向客户、用户和公众隐瞒自己系统的不安全因素，互联可能导致无法将数据泄露与危害联系在一起，而且公司的利益与客户的利益往往是不一致的。

政府需要发挥更大的作用：制定标准，监管合规性以及在公司和网络之间实施解决方案。尽管《白宫网络安全国家行动计划》（White House Cybersecurity National Action Plan）中说出了一些正确的话，但进展还远远不够，因为我们当中许多人对政府主导的解决方案持恐惧态度。

下一任总统可能将被迫应对导致多人丧生的大规模的互联网灾难。我希望他既能明确政府可以做而这个行业不能做的事情，又能有政治意愿来实现它。

Dyn DDoS 攻击的教训

最初发表于 SecurityIntelligence 网站（2016 年 11 月 1 日）

前几日，有人对域名提供商 Dyn 发动了大规模分布式拒绝服务（DDoS）攻击，这场攻击导致许多著名网站无法访问。DDoS 攻击既不是新的攻击手段，其原理也不复杂。攻击者对受害目标发送大量流量数据，导致受害者的系统运行缓慢甚至最终崩溃。也有一些变种攻击方式，但基本上，这是攻击者和受害者之间在流量数据上的战斗。如果防御者具有更好的接收和处理数据的能力，则防御者将获胜。如果攻击者抛出的数据量高于受害者可以处理的数据量，那么攻击者将获胜。

攻击者可以建造巨型数据炮，但这很昂贵。在互联网上寻找数百万台无辜的计算机则要划算得多。这是 DDoS 攻击的“分布式”部分，几十年来它都是这样运行的。网络罪犯攻击互联网上的计算机，并将它们组成僵尸网络。然后，他们利用僵尸网络对单个受害者发起攻击。

你可以想象它在现实世界中是如何工作的。如果我可以诱骗成千上万的人同时订购比萨，然后将它们快递到你家里，那么我就可以堵塞你家所在的街道并阻止正常的通行。如果我可以欺骗数以百万计的人，我甚至可以将你的房子压垮。这就是 DDoS 攻击，一种简单的蛮力攻击。

如你所料，DDoSers 具有多种动机。这种攻击最初是一种炫耀的方式，然后迅速转变为一种威吓方式，又或者只是为了报复不喜欢的人。最近，它们已成为抗议的工具。2013 年，黑客组织 Anonymous 请求白宫承认 DDoS 攻击是合法的抗议形式。罪犯已将这些攻击作为勒索手段，其实不必真的发动攻击，只要让目标害怕被攻击就足够了。军事机构也正在考虑将 DDoS 作为其网络战武器库中的工具。2007 年针对爱沙尼亚的 DDoS 攻击就被认为是网络战争行为。

针对 Dyn 的 DDoS 攻击并不是什么新鲜事，但它说明了计算机安全方面的一些重要趋势。

这些攻击技术已经非常成熟，并且很多人都可以使用。攻击者甚至可以免费下载功能齐全的 DDoS 攻击工具。甚至有犯罪集团提供 DDoS 服务租赁业务。针对 Dyn 使用的攻击技术是在一个月前首次使用的，它被称为 Mirai，自从其源代码在四个星期前发布以来，已有十二个以上的僵尸网络集成了该代码。

此次针对 Dyn 的 DDoS 攻击可能不是由政府发起的。肇事者很可能是普通黑客，这是他们对 Dyn 的报复行为，因为 Dyn 帮助 Brian Brebs 找到了两名以色列黑客，这两个黑客控制着一个 DDoS 租用网络并且最后被 FBI 逮捕。最近，我写了一篇文章介绍了一个 DDoS 攻击事件，似乎是一个国家对另一个国家的互联网基础设施公司实施了 DDoS 攻击。但是，老实说，我们不太确定。

这很重要。成熟的攻击软件让普通人也具备了攻击能力。一流的攻击者往往会分析攻击原理并根据原理编写出攻击软件。之后，任何人都可以使用它。政府实施的攻击和普通罪犯发动的攻击之间甚至没有多大区别。2014 年 12 月，安全界进行了一场激烈的辩论，辩论的内容是对索尼的大规模攻击究竟是由拥有 200 亿美元军事预算的国家发动的，还是在某个地方的地下室里由几个人发动的。只有在互联网上我们才无法对此加以区分，因为在互联网上，每个人可能都使用相同的工具，采用相同的技术和战术。

这些 DDoS 攻击越来猛烈。针对 Dyn 的 DDoS 攻击创下了 1.2 Tbps 的纪录。之前的纪录保持者是一个月前针对网络安全记者 Brian Krebs 发动的 DDoS 攻击，其峰值达到了 620 Gbps。这种规模的攻击足以使传统网站宕机。这样规模的攻击在一年前是闻所未闻的。现在，它出现的频率越来越高。

攻击 Dyn 和 Brian Krebs 的僵尸网络主要由不安全的物联网设备组成，如网络摄像头、数字录像机、路由器等。这也不是什么新鲜事，我们早已经看到 DDoS 僵尸网络使用了具有联网功能的冰箱和电视，不同的是现在这些设备的规模更大了。2014 年的新闻是成千上万的物联网设备被用作 DDoS 攻击，但现在针对 Dyn 的 DDoS 攻击使用了数以百万计的设备。分析人士预计，物联网将使互联网上的设备数量增加 10 倍或更多。预计这些攻击也会增加。

问题在于这些物联网设备是不安全的，并且这种情况可能会持续很久。传统的网络安全的市场经济不适用于物联网安全市场。在评论上个月的 Brain Krebs 袭击事件时，我写道：

> “市场无法解决此问题，因为买卖双方都不在乎。想一想在针对 Brian Krebs 的攻击中使用的所有闭路电视摄像机和 DVR。这些设备的所有者不在乎被利用。他们根本不认识 Brian，而且这些设备价格便宜，并且被攻击后也不影响使用。这些设备的卖家也不在乎——他们现在在销售更新更好的型号，而传统的买家只关心价格和功能。这种问题没有市场化的解决方案，因为不安全感被经济学家称为外部性：这是影响他人的购买决定的结果。它有点像无形的污染。”

公平地讲，经过这次攻击，一家制造了不安全设备的公司召回了它们的网络摄像头，但这更像是一种噱头。如果真的有公司召回了很多设备，我会感到惊讶。我们已经知道，公开设备中存在漏洞对企业声誉造成的损害并不大，而且不会持久。考虑到这一点，在市场经济条件下，厂商宁愿牺牲安全性也不愿牺牲价格和上市时间。

网络带宽越大，针对 DDoS 攻击的预防效果越好，与此同时，如果运营商能有效识别和拦截 DDoS 攻击流量，那么防御效果将更显著。但是骨干网运营商没有动力这样做。他们不会受到 DDoS 攻击带来的伤害，并且提供对抗 DDoS 攻击的服务时也无法为服务计费。因此，他们更愿意让受害者自己防御 DDoS。在许多方面，这类似于垃圾邮件问题。这些问题最好在骨干网中处理，但是考虑到经济因素，最终这些问题被转嫁到普通用户身上。

我们不太可能通过立法来强制骨干网公司清除 DDoS 攻击或垃圾邮件，就像我们不太可能通过立法迫使物联网设备制造商确保其系统安全一样。我的观点是：

> 这一切意味着，除非政府介入并解决问题，否则物联网仍将不安全。当市场失灵时，政府是唯一的解决方案。政府可以要求物联网制造商遵守安全法规，迫使他们确保其设备的安全，即使消费者可能并不关心这些。政府应该使制造商承担责任，并允许像 Brian Krebs 这样的人起诉他们。这些措施会增加设备不安全的成本，并使公司有动力花钱保证设备安全。

最终是普通消费者承担费用。这就是我们在计算机安全方面的主要工作。由于我们使用的硬件、软件和网络是如此不安全，因此我们必须向整个行业付费才能保障其安全性。

你可以购买一些解决方案。许多公司提供 DDoS 防护，尽管它们通常仅能对较旧、较小的攻击进行防御。它们将来也会增加其产品的防护能力，尽管对于许多用户而言，其成本可能高得惊人。用户需要了解自己面临的风险。如果需要，请购买这些防御措施，但同时也要了解其局限性。要知道如果攻击流量足够大，DDoS 攻击就很可能成功，而且 DDoS 攻击的流量峰值也一直在增加。对此我们需要提前做好准备。

物联网监管

最初发表于《华盛顿邮报》(2016 年 11 月 3 日)

上个月末，Twitter、Pinterest、Reddit 和 PayPal 等著名网站宕机了差不多一天。

这些网站宕机的原因是遭到了分布式拒绝服务攻击，受到这种攻击的原因既包括技术漏洞，也包括市场和政策的失败。随着物联网的日益普及，如果我们想保护自身的安全，就需要政府积极地参与进来，加强对这些至关重要甚至威胁生命的技术的监管。这不再是是否需要的问题，而是何时开始的问题。

首先，事实上这些网站瘫痪是因为其域名提供商 Dyn 公司被攻击而无法正常提供服务。我们不知道到底是谁发动了该攻击，但很可能是一个黑客所为。无论谁发起了针对 Dyn 的分布式拒绝服务攻击，最终都利用了大量（可能是数百万个）物联网设备（如网络摄像头和数字录像机）的漏洞控制了它们，并最终将它们整理成一个僵尸网络并发动了攻击。僵尸网络用网络流量轰炸了 Dyn，并最终使 Dyn 崩溃。当它崩溃时，数十个网站也就无法正常访问了。

你在互联网上的安全性取决于数百万个联网的设备的安全性，这些设备是由你从未听说过的公司设计和出售给消费者的，消费者对这些设备的安全性并不关心。

导致这些设备不安全的技术方面的原因很复杂，但是市场机制的不完善也是其重要原因。物联网将全球数千万种设备连接在了一起并赋予这些设备计算能力。这些设备将影响我们生活的方方面面，因为它们无处不在，比如汽车、家用电器、恒温器、灯泡、健身追踪器、医疗设备、智能路灯和人行道广场。这些设备许多都是廉价的，它们在海外设计和制造，然后在国内贴牌和销售。由于成本因素，这些设备的制造商往往无法像大型计算机或者手机制造商一样雇佣专业的安全技术人才并保证设备的安全性。我们昂贵的计算机有安全更新，但是这些廉价的设备没有，并且许多设备甚至无法打补丁。而且不像我们的计算机和电话，它们甚至会使用几年甚至数十年。

Dyn 攻击说明的另一个市场问题是，这些设备的卖方和买方都不关心漏洞修复问题。这些设备的所有者不在乎，因为他们想要一个价格适中，功能强大的网络摄像头(或者恒温器或冰箱)。即使这些设备被攻击并组成了僵尸网络，但是它们仍然可以正常工作，消费者甚至不知道它们是不是正在被利用。这些设备的销售商也不在乎，因为他们已经在销售更新、更好的产品了。这些设备的漏洞无法对消费者或者经销商产生直接影响，因此没有市场化的解决方案。这是一种看不见的污染。

而且，像污染一样，唯一的解决方案就是监管。政府可以对物联网制造商实施最低安全标准，迫使他们确保其设备安全，即使他们的客户对此并不关心。如果制造商的设备被用于 DDoS 攻击，政府可以允许像 Dyn 这样的公司起诉他们，并让制造商承担一定的责任。具体的细节需要经过详细的探讨来确定，但是这两种选择中的任何一种都会增加不安全的成本，并给这些设备的制造商施加一定的压力来保证其设备的安全性。

的确，这是美国解决国际问题的一个方案，并且没有哪一项美国法规能够影响在南美销售亚洲制造的产品，即使该产品仍可用来对美国网站发起攻击。制作软件的主要成本来自研发。如果美国以及其他一些主要市场对物联网设备实施严格的互联网安全法规，那么制造商如果要向这些市场销售产品，将被迫升级其安全性。因为维护软件的两个不同版本是没有意义的，所以只要这些制造商提高了这些软件的安全性，那么无论这些设备在哪个市场销售，其安全性都将提升。这确实是几个国家联合行动就可以推动全球变化的领域。

无论你对监管与市场化解决方案有何看法，我相信最终结果都是一样的，那就是政府终将对物联网进行监管，因为物联网面临的风险太大。现在，计算机能够以更加直接和实际的方式影响我们的世界。

安全研究人员已经展示了远程控制联网的汽车的能力。他们也已经发现了针对家用恒温器的勒索软件以及植入的医疗设备中的漏洞，甚至可以入侵投票机和发电厂。在最近发表的一篇论文中，研究人员展示了如何组合利用智能灯泡中的多个漏洞并最终控制它们，这样的话，攻击者可能是城市中的每一个人。这些设备中的安全漏洞可能导致人员伤亡和财产损失。

没有什么比恐惧更能刺激美国政府了。还记得 2001 年吗？在“9 · 11”恐怖袭击之后，美国创立了国土安全部，这是一个仓促且欠考虑的决定，十多年来我们一直在努力修正这一决定。致命的物联网灾难同样会促使我们的政府采取行动，而这些行动很可能是未经过深思熟虑的。我们的选择不是政府是否介入，而是是否选择一个聪明的政府介入。我们现在必须开始考虑这一点。监管是必要的，同时也是重要的和复杂的，并且即将到来。我们不能忽视这些问题，否则将后悔莫及。

通常，软件市场要求产品必须能快速发布且便宜，安全性往往是次要考虑因素。这样做是没关系的，前提是软件无关紧要，比如电子表格偶尔崩溃是可以接受的。但是，导致汽车崩溃的软件错误就完全是另一回事了。物联网中的安全漏洞是广泛且深入存在的，如果任由市场自行解决，安全漏洞将无法修复。我们需要积极讨论良好的监管解决方案，否则灾难终将使我们遭受重创。

安全与物联网

最初发表于《纽约杂志》(2017年1月27日)

去年10月21日，你的数码录像机（或者跟你的DVR相似的设备）导致Twitter无法访问。有人利用你的DVR以及数百万个不安全的网络摄像头、路由器和其他联网的设备发起了攻击，并引发了连锁反应，最终导致Twitter、Reddit、Netflix和许多网站无法访问。你可能没有意识到你的DVR具有这种能力，但是事实确实如此。

所有计算机都是可入侵的。这与计算机市场和技术都息息相关。我们愿意选择功能齐全而且价格便宜的软件，但这样做的代价是这些软件缺乏安全性和可靠性。你的计算机被入侵并被黑客用来攻击Twitter，这是市场调节机制的失败。直到现在，这种失败在很大程度上都是可以被忽略的。但随着计算机逐渐渗透到我们的家庭、交通工具、企业中，这些市场调节失败将无法容忍。我们唯一的解决方案将是监管，而迫切希望在灾难面前“有所作为”的政府将把监管强加给我们。

在本文中，我想概述技术和政治上的问题，并指出一些监管解决方案。在当今的政治环境中，监管可能是一个不太好的词，但在安全领域是一个例外。随着计算机带来的威胁越来越大，越来越有灾难性，监管将不可避免。现在是时候开始考虑它了。

我们还需要扭转将一切都连接到互联网的趋势。我们需要认真考虑哪些设备可以连接互联网，哪些不能，因为这些联网的设备可能给我们的生命和财产安全带来巨大威胁。

如果我们弄错了，计算机行业将会像制药行业或飞机行业那样被严格监管。但是如果我们做对了，就能维持给我们带来诸多好处的互联网创新环境。

****

未来的物联网设备与其说是将计算机嵌入其中，不如说是具备特殊功能的计算机。

你的现代化冰箱是一台可保持低温的计算机。同样，你的烤箱是一台能用于加热的计算机。自动柜员机是一台装有现金的计算机。你的汽车不再是内部装有某些计算机的机械设备，而是一台带有四个轮子和一个引擎的计算机。实际上，它是一个分布式系统，包含一百多个计算机，四个轮子和一个引擎。当然，在2007年iPhone问世时，你的手机已经成了全功能的通用计算机。

我们也穿戴计算机：健身追踪器和支持计算机的医疗设备，当然，也包括我们无时无刻不在用的智能手机。我们的房屋拥有智能恒温器、智能电器、智能门锁，甚至智能灯泡。这些设备在工作时都与摄像头、检测客户动向的传感器以及其他所有设备联网。城市建设者开始在道路、路灯、人行道广场以及智能电网和智能交通网络中嵌入智能传感器。核电站实际上只是一台能发电的计算机，而且与我们刚才列出的其他设备一样，它们都是联网的。

互联网不再仅仅是我们连接的网络。相反，它是一个我们生活在其中的计算机化、网络化和互联的世界。这就是我们所说的物联网。

从广义上讲，物联网包括三个部分。收集人类数据和周围环境数据的传感器，如智能恒温器、街道和高速公路传感器，以及随处可见的带有运动传感器和GPS位置接收器的智能手机。然后是“智能”器件，用于分析数据的含义以及如何处理，这包括这些设备上的以及越来越多的云中的计算机处理器，以及存储这些信息的内存。最后，还有一些执行器会影响我们的环境。智能恒温器的目的不是记录温度，而是用于控制熔炉和空调的温度。无人驾驶汽车会收集有关道路和环境的数据，以将自己安全地引导到目的地。

可以将传感器视为互联网的眼睛和耳朵，将执行器视为互联网的双手和脚，将智能部分想象成大脑。我们正在建立一个能感知、思考和行动的互联网。

这是对机器人的经典定义。我们甚至没有意识到我们正在建造一个世界大小的机器人。

可以肯定的是，它不是传统意义上的机器人。我们眼中传统意义上的机器人是将传感器、处理器和执行器一起封装在金属外壳中，而世界规模的机器人是分布式的。它没有单一的身体，并且其某一部分由不同的人以不同的方式进行控制。它没有中央“大脑”，没有单一的目标或重点。它甚至不是我们故意设计的，而是用我们日常使用的物品建造的。它是我们的计算机和网络在现实世界中的延伸。

这个世界大小的机器人实际上不仅仅是物联网。它结合了数十年的计算趋势：移动计算，云计算，始终在线计算，巨大的个人信息数据库，物联网（或更准确地说是网络物理系统）自治和人工智能。尽管它仍然不是很智能，但它会变得更智能。通过我们正在构建的互联网络，它将变得更强大，更有能力。

同时，它也变得越来越危险。

****

与计算机一样，计算机安全已经存在了很长时间。虽然安全确实不是原始互联网设计的一部分，但自从它出现以来，我们一直在努力实现这一目标。

我从事计算机安全领域相关工作已有30多年：首先是密码学领域，然后是计算机和网络安全领域，现在是通用安全技术领域。我见证了计算机的日益普及，同时也是计算机系统安全问题和解决方案的早期参与者。我要告诉你所有这一切，因为过去计算机安全是专业技能领域，但现在几乎影响了到一切。现在，计算机安全就是一切安全。但是，有一个关键的区别：威胁变得越来越大。

传统上，计算机安全分为三类：机密性、完整性和可用性。在大多数情况下，我们对计算机安全的关注主要围绕机密性。在数据泄露和监视事件频发的当下，我们更关注自己的数据以及隐私。

但是威胁往往以多种形式出现，比如：

- 可用性威胁：可以删除我们的数据的计算机病毒，或加密我们的数据并要求交付解锁密钥的勒索软件。
- 完整性威胁：黑客通过系统漏洞可以篡改数据，小到可以修改班级成绩，大到可以修改银行账户中的金额。其中一些威胁非常严重。勒索软件对某些医院的关键医疗文件进行加密，这些医院为了解密这些文件已向罪犯支付了数十万美元。摩根大通（JPMorgan Chase）每年在网络安全方面的支出为5亿美元。

今天，完整性和可用性威胁比机密性威胁要严重得多。一旦计算机开始以直接和物理的方式影响世界，我们的生命和财产就会面临真正的风险。计算机崩溃并丢失Excel数据和起搏器崩溃并使用户失去生命之间存在根本的区别。这毫不夸张。最近，研究人员在St. Jude Medical的植入式心脏设备中发现了严重的安全漏洞。我们赋予了互联网手和脚，很快它就将具备“拳打脚踢”的能力。

举一个具体的例子：现代汽车——那些带轮子的计算机。转动方向盘不再改变方向，踩油门也不会改变速度。你在汽车中进行的每一个动作都由计算机处理，并由该计算机进行实际控制。中央计算机控制着仪表板。收音机里也有一个计算机。汽车引擎中有约20台计算机。这些都是联网的，并且越来越自治。

现在，让我们罗列一下安全威胁。我们不希望车载导航系统被用于大规模监视，也不想麦克风被用于大规模监听。我们可能希望在接到911电话时能通过车载导航得知汽车的位置，或者用于收集有关高速公路拥堵的信息。我们不希望人们侵入自己的汽车来绕过排放控制的限制，我们也不希望制造商或经销商像大众那样做。我们想让警察能够远程安全地停止正在行驶的汽车，如果警察具备这样的能力，那么高速追逐将成为过去。但是我们绝对不希望黑客能够做到这一点。我们绝对不希望他们在没有警告的情况下让每辆快速行驶的车刹车失灵。当逐渐从由人工驾驶的汽车过渡到具有各种驾驶员辅助功能的汽车甚至是完全无人驾驶的汽车时，我们不希望这些关键组件发生任何变化。我们不希望有人不小心撞坏了你的车，更不要说故意这样做了。同样，我们不希望有人能够操纵导航软件来改变你的路线，也不希望有人使用门锁控件来阻止你打开门。这样的例子，我可以列出很多。

安全需求各种各样，而一旦出问题，那么就可能导致被非法监视或者被勒索软件勒索甚至人员的大量伤亡。

****

我们的计算机和智能手机之所以安全，是因为 Microsoft、Apple 和 Google 等公司花费大量时间和金钱在其代码发布之前就对代码进行了完备的测试，并在发现漏洞后迅速对其进行修补。这些公司可以聘请大量专业的安全人才，因为这些公司直接或间接地从他们的软件中赚了很多钱，并且这些公司也会在软件安全性上互相竞争。不幸的是，对于数字录像机或家用路由器等嵌入式系统而言，情况并非如此。这些系统的销售利润要低得多，并且通常是由第三方构建的。所涉及的公司根本不具备确保其安全的专业知识。

在最近的一次黑客会议上，一位安全研究人员分析了 30 多个家用路由器，并可以成功入侵其中的一半，其中包括一些最受欢迎和最常见的品牌。去年 10 月迫使 Reddit 和 Twitter 等著名网站无法访问的 DDoS 攻击就是由网络摄像头和数字录像机等设备中的漏洞引起的。8 月，两名安全研究人员演示了针对智能恒温器的勒索软件攻击。

更糟糕的是，这些设备中的大多数都没有修补方法。像 Microsoft 和 Apple 这样的公司会不断为你的计算机提供安全补丁。虽然有些家用路由器在技术上是可修补的，但是必须以只有专家才会的复杂的方式进行。对你来说更新你 DVR 固件的唯一可行方法是买新的。

就像我多次提及的，市场无法解决此问题，因为买卖双方都不在乎。拒绝服务攻击中使用的网络摄像头和 DVR 的所有者并不关心。他们的设备价格便宜，仍然可以使用，并且他们不知道遭受攻击的任何受害者。这些设备的卖家不在乎：他们现在在销售更新更好的型号，而原始买家只关心价格和功能。这种问题没有市场化的解决方案，因为不安全感是经济学家所说的外部性：这是影响他人的购买决定的结果。它有点像无形的污染。

****

安全是攻击者和防御者之间的军备竞赛。科技改变攻击者和防御者之间的平衡，从而干扰军备竞赛。了解这种军备竞赛如何在互联网上展开对于理解我们正在建造的世界级机器人为何如此不安全以及如何保护它至关重要。为此，我整理了五个事实，它们源于我们对计算机和互联网安全性的了解。它们将很快影响到各地的安全军备竞赛。

第一个事实：在互联网上，攻击比防御容易。

造成这种情况的原因很多，但最主要的原因是这些系统的复杂性。更高的复杂性意味着更多的人参与其中，有更多的零件、更多的交互作用，存在更多的设计和开发过程中的错误，以及更多隐藏了不安全因素的事物。计算机安全专家喜欢谈论系统的攻击面——攻击者可能瞄准的所有可能点，这些点必须得到保护。复杂的系统意味着攻击面很大。防御者必须保护整个攻击面，而攻击者只需找到一个漏洞（一种不安全的攻击途径），然后选择攻击方式和时间即可。这根本不是一场公平的战斗。

还有其他原因使攻击比防御更容易。攻击者具有防御者通常缺乏的自然敏捷性。他们不会考虑担心法律、道德或伦理约束。他们没有权力机构制约，并且可以更快地利用技术创新。攻击者还具有先发优势。我们在主动安全方面通常表现得很糟糕，在攻击真正发生之前，我们很少采取预防性安全措施。因此，攻击者可以获得更多优势。

第二个事实：大多数软件编写得不好并且不安全。

我们编写的糟糕的软件让问题更加复杂。编写良好的软件既昂贵又耗时，比如运行在飞机航空电子设备中的软件。我们不想要那个。在大多数情况下，虽然软件写得不够好，但是已经足够用了。我们宁愿使用有 bug 的软件，也不愿支付优质软件所需的费用。我们不在乎我们的游戏是否经常崩溃，或者业务应用程序是否偶尔会出现异常情况。因为即使这些软件崩溃，基本上是没有什么危害的，所以偶尔出问题也没有关系。这种情况在整个行业都很普遍。在大学里，我们也不会教学生如何编写健壮的代码。公司也不会像奖励编码快速和廉价的程序员那样奖励编写健壮代码的程序员。而且我们的消费者不要求软件非常好。

但是写得不好的软件充斥着漏洞，有时每1000行代码就有一个bug。其中一些bug是因软件复杂性所固有的，但大多数是编程错误。并非所有的bug都是漏洞，但有些是。

第三个事实：通过互联网将万物互联会暴露出新的漏洞。

我们通过互联网连接的设备越多，那么一个设备漏洞对其他设备造成的影响也就越大。10月21日，黑客利用大量存在漏洞的嵌入式设备组成了僵尸网络。该僵尸网络被用来对一家名为Dyn的公司发起分布式拒绝服务攻击。Dyn为许多主要的互联网网站提供了关键的互联网功能。因此，当Dyn被攻击并最终停止服务后，所有那些著名的网站也都无法访问了。

这些漏洞攻击链无处不在。2012年，记者马特·霍南（Mat Honan）就因为一个漏洞而遭受了严重的人身攻击。他的Amazon账户中的漏洞使黑客能够进入他的Apple账户，而黑客又根据他的Apple账户入侵了他的Gmail账户。2013年，Target公司被黑客入侵，原因是黑客窃取了其空气调节系统承包商的登录凭据。

这样的漏洞很难修复，因为可能没有一个系统有实际故障。这些漏洞可能是两个单独的安全系统之间的不安全交互造成的。

第四个事实：每个人都必须阻止世界上最好的攻击者。

互联网最强大的特性之一就是它允许扩展。如果我们使用互联网来操作数据、控制系统或者做其他有意思的事情的话，互联网这一特性是非常方便的，但同时对于攻击者来说也很方便。通常，即使很少的攻击者也可以凭借更好的技术造成巨大的损害。这不仅是因为攻击者效率更高，还因为互联网的特性允许攻击扩展到只要有计算机和网络就能实现的程度。

这与我们过去的习惯根本不同。当我在保护我的房屋免受窃贼侵害时，我只担心住在附近的窃贼可能会抢劫我。但互联网不是这样的。当我考虑网络的安全性时，我必须担心攻击者可能是最优秀的，因为对我发起攻击的人使用的工具可能是由最优秀的黑客编写的。对Dyn发起攻击的黑客开源了其使用的工具，在一周之内就有十二种攻击工具使用了其代码。

第五个事实：法律禁止安全研究。

PMCA是一部糟糕的法律，其目的是防止电影和音乐盗版，但它失败了。更糟糕的是，它包含一项具有严重副作用的条款。根据法律规定，绕过保护版权的安全机制的行为是犯罪行为，即使这种绕过机制本来是合法的。由于所有软件都可以拥有版权，因此对这些设备进行安全研究并发布研究结果可以说是非法的。

尽管法律的确切边界是有争议的，但许多公司都在使用DMCA的这一规定来威胁暴露其嵌入式系统漏洞的研究人员。这会让研究人员产生恐惧，并给研究带来寒蝉效应，这意味着：（1）这些设备的供应商可能会使这些设备变得更加不安全，因为没人会注意到它们，并且不会在市场上受到惩罚；（2）安全工程师不会学习如何更好地进行安全保护。不幸的是，公司普遍喜欢DMCA。这项法律禁止进行逆向工程的规定使供应商免于暴露其低劣安全性的尴尬，还使供应商能够建立专有的系统来防止竞争（这很重要。现在，你的面包机不能强迫你只购买特定品牌的面包。但是由于这一法律和嵌入式计算机，你的Keurig咖啡机可以强迫你购买特定品牌的咖啡）。

****

总的来说，有两种基本的安全范例。我们可以尝试在最开始就确保安全，也可以使我们的安全性变得敏捷。

第一个范例来自具有危险性的事物的物理世界：比如飞机、医疗设备、建筑物。它是为我们提供安全设计和安全工程、安全测试和认证、专业许可、详细的预计划和复杂的政府批准以及长期推向市场的范例。对于这些事物，确保其安全性是至关重要的，因为错误就会造成人员伤亡。

第二个范例来自快速发展的软件世界，而且迄今为止大部分都是良性的。在这个范例中，我们可以快速进行原型制作，实时更新并不断进行改进。在这种范例中，始终会发现新的漏洞，并且定期发生安全灾难。在这里，我们强调生存性、可恢复性、缓解性、适应性和混乱性。只要你可以迅速地做出响应，这对软件世界来说就是安全的。

这两个世界正在逐渐重叠。它们实际上在医疗设备、建筑控制系统、交通控制系统和投票机以及汽车上发生了重叠。尽管这些范例大相径庭且互不兼容，但我们仍需要弄清楚如何使它们协同工作。

到目前为止，我们做得还不够好。对于汽车、飞机和医疗设备中的危险的计算机，我们仍在很大程度上依赖第一个范例。结果，有些医疗系统无法安装安全补丁，因为这会使政府的批准无效。2015年，克莱斯勒召回了140万辆汽车来修复软件漏洞。2016年9月，特斯拉通宵向其所有Model S汽车远程发送了安全补丁。听起来特斯拉做了正确的事情，但是这些远程补丁会带来哪些漏洞呢？

****

到现在为止，我们基本上将计算机安全性留给了市场。由于我们购买和使用的计算机和网络产品是如此糟糕，因此出现了巨大的计算机安全领域售后市场。政府、公司和个人购买他们认为能保护自己的安全产品。在计算机安全方面，我们已经做了充分的准备，但是在物联网安全方面，传统的市场调节机制是失灵的，物联网安全问题很快就会变得无法忽视。

单靠市场无法解决我们的安全问题。市场是靠利润和短期目标来驱动的，它无法解决社会问题。它无法解决需要多方联合行动的问题，也无法处理外部因素，例如DVR中的漏洞导致Twitter无法访问。而且，我们需要一种力量来平衡企业力量。

这一切都指向政策。虽然任何计算机安全系统的细节都是技术性的，但要广泛地部署这些技术却是一个涉及法律、经济学、心理学和社会学的问题。正确的政策与正确的技术同样重要，因为要使互联网安全正常工作，法律和技术必须协同工作。这可能是我们从爱德华·斯诺登（Edward Snowden）披露的NSA丑闻事件中得到的最重要的教训。我们已经知道，技术可以颠覆法律。斯诺登证明法律也可以颠覆技术。政策和技术只要有任何一方失败，那么就全部失败。仅让技术来完成任务是不够的。

为保护这种世界级机器人而进行的任何政策变更都将意味着政府要进行重大监管。我知道这在当今世界是一个不太好的概念，但是我想不到其他可能的解决方案。在互联网上，这将尤其困难，因为互联网的无许可性是它最大的优势，也是其改变世界的创新基础。但是，我不知道当互联网以直接和物理的方式影响世界时，这种情况该如何继续下去。

我有一个建议：建立一个新的政府监管机构。在马上放弃之前，请听我把话说完。

关于互联网监管，我们遇到了一个实际问题。没有系统的政府体系来解决这个问题。相反，政府的运作方式与技术的运作方式之间存在不匹配，这导致目前无法解决此问题。

政府各个机构彼此像孤岛一样运作。在美国，FAA监管飞机，NHTSA监管汽车，FDA监管医疗器械，FCC监管通信设备，FTC在面对“不公平”或“欺骗性”贸易惯例时保护消费者。更糟糕的是，谁来监管数据可能取决于数据的使用方式。如果使用数据来影响选民，那将是联邦选举委员会的管辖范围。如果使用相同的数据影响消费者，那用的就是FTC的数据。在学校中使用相同的技术，现在由教育部负责。由于机器人技术自身的一系列问题，没有人知道如何对其进行监管。每个机构都有不同的方法和规则。它们在这些新问题上还没有处理经验，并且基于各种原因，它们也没有对这些领域进行职责划分。

将其与互联网相比的话，互联网是由各种各样的设施和网络组成的复杂系统。它是水平扩展的，互联网技术消除了陈旧的技术壁垒，使以前无法彼此沟通的人员和系统现在可以沟通了。智能手机上的App已经可以记录健康信息，帮助你控制体能消耗并与你的汽车进行交互。这些功能至少跨越了四个不同的政府机构的管辖范围，而且情况只会更糟。

我们的世界级机器人需要被视为具有数百万个相互交互的组件的单个实体。这里的任何解决方案都必须是整体的。这些解决方案在任何地方，对于任何对象都应该是有效的。无论我们谈论的是汽车、无人机还是电话，本质上它们都是计算机。

这有很多先例。新技术导致新的政府监管机构形成。火车是这样，汽车也是这样，飞机同样是这样。无线电促成了联邦无线电委员会的成立，该委员会后来成为FCC。核电促成了原子能委员会的成立，该委员会最终成为能源部。上面的这些例子背后的演变原理都是一样的。新技术需要新的专业知识，因为它们带来了新的挑战。政府需要一个机构来容纳这些新的专业知识，因为它的应用跨越了多个现有机构。新的技术催生了新的领域，设立新的机构对进行监管很重要，但更重要的是政府需要认识到新技术的重要性。

互联网没有受到正式监管，这是众所周知的，取而代之的是采用学术界、商界、政府和其他相关方的多方利益相关者模式。我希望我们可以在任何监管机构中保持最佳方法，这方面做得比较好的机构有新成立的美国数字服务部和位于美国总务管理局内部的18层的办公室。这两个机构都致力于提供数字化政府服务，并且都通过从政府外部招募具备这方面专业知识的人才，学会了如何与现有机构紧密合作。任何互联网监管机构也都需要进行高水平的协作监管，这既是挑战也是机遇。

我不认为我们中有人能预测确保世界安全所需的全部法规，但这里有几个建议。我们需要政府来确保公司遵循良好的安全规范：测试，打补丁，安全默认设置，并且让公司在未能做到这些事情时承担责任。我们需要政府强制实施强有力的个人数据保护，并限制数据的收集和使用。我们需要确保负责任的安全研究合法且资金充足。我们需要加强软件设计的透明度，并且应该使用某种代码托管制度以防公司倒闭时源代码丢失，我们还需要促进不同制造商制造的设备之间具有兼容性，以防止技术垄断。每个公民都需要有随身携带其数据的权利。如果需要联网的设备与互联网断开连接，则这些设备应保留一些最基本的功能。

不仅仅是我，也有其他组织和个人在关注这方面的问题。美国国立卫生研究院关于网络安全也提出了类似的建议。华盛顿大学法学教授莱恩·卡洛（Ryan Calo）提议成立联邦机器人技术委员会。我认为这个建议需要更宽泛，也许是成立技术政策部。

这当然会遇到一系列问题。政府内部在这些问题上缺乏专业知识，也缺乏进行严格监管工作的意愿。工业界既担心新的官僚机构监管过多扼制了创新，又担心监管不力造成行业发展受阻，而且这些问题又是国际性问题，国内监管机构将必须处理这些问题。

我们通过政府来解决此类问题，但是政府以往都是通过确定问题的范围、规模和平衡各方利益来解决这些问题的。我们成立政府的目的是希望政府能平衡社会各方利益并能合理调控市场经济。但是我们目前正处于对政府信任度低的时代，很多人不相信政府在这样的领域会采取任何积极行动，这些想法对我们是有害的。

事情是这样的：无论如何，政府都会介入。风险太大了。政府已经对汽车和医疗设备等危险的物理系统进行了监管。

我们还需要进行网络隔离。如果我们不能为关键的计算机系统建立完备的安全保护措施，那么我们就不能将其接入互联网。

还有其他模式：可以只启用本地通信；可以对收集和存储的数据进行限制；可以故意设计不会相互协作的系统；可以严格限制设备，从而改变当前将一切变成通用计算机的趋势。最重要的是，我们可以朝着更少的集中化和更多的分布式系统发展，这是对互联网最初的构想。

在当今将一切设备都进行联网的竞赛中，这种想法可能显得比较奇怪，但是大型集中式系统并非不可避免。技术精英正在将趋势向这个方向引领，但是除了不断增长的跨国公司的利润外，他们确实没有任何良好的支持论据。

但这种情况会改变，不仅因为安全问题，而且涉及政治方面的考量。当今世界，无论我们做什么，都会留下各种各样的数据，并且政府和企业可以随意使用这些数据，人们已经对这种情况感到恼火。监视永远不会成为互联网的商业模式。我们需要改变互联网的结构，以使其不成为政府监视公民的工具。尽管国家的法律法规是第二道防线，但它们不能成为唯一的防线。

我预测我们很快将达到计算机化和万物互联的最高水平，而之后，我们将慎重地做出关于连接什么以及如何连接的决定。但是现在我们仍处于对万物互联的憧憬阶段。政府和企业不加区分地搜集我们的数据，人们对权力和市场份额的更大渴望驱使人们将一切设备连接在一起。爱德华·斯诺登进行过一场演讲，演讲的名字也是NSA的口号："全部收集"。对于当今的互联网，类似的口头禅可能是"全部连接"。

这场不可避免的趋势反转将不会被市场驱动。精心制定的政策决策将使社会的安全和公民的福利高于各个公司和行业利益。精心制定的政策应将使我们系统的更安全，而不是像FBI要求的那样削弱系统安全性，从而简化其执法工作。对于许多人而言，这可能是一项难以接受的政策，但我们的安全将取决于此。

****

我概述的场景包括技术和经济发展趋势以及政治变革，这些均来自我在互联网安全技术和政策领域多年的工作经验。事实证明这很关键，能同时理解两者的人才还非常缺乏。

这引出了我最终的结论：我们需要更多的公共利益技术专家。

在过去的几十年中，我们见证了使互联网安全策略出现严重错误的例子。我想到的是FBI关于"计算机设备应方便政府访问"的辩论，以及政府应该何时披露和修复漏洞以及何时应使用它来攻击其他漏洞的"漏洞公开流程"，还有无纸触摸屏投票机的崩溃以及我在上面讨论的DMCA。如果你看过这些政策辩论中的任何一场，可以发现决策者和技术专家在互相推诿。

世界级的机器人将加剧这些问题。华盛顿与硅谷，即政府与科技公司之间的互不信任的历史鸿沟是危险的。

我们必须解决这个问题。物联网的安全取决于双方的共同努力，更重要的是，要让双方的专家共同努力。我们需要技术专家来参与政策制定，同时也需要决策者来参与技术研发。我们需要既懂技术又懂政策制定的专家。我们的国会、联邦机构、非政府组织以及媒体行业都需要懂技术的人才。我们需要为公共利益技术人员创造一条可行的职业道路，就像为公共利益律师提供了一条可行的道路一样。我们需要为对公共利益技术感兴趣的人开设大学课程和学位课程。我们需要接纳这些人才的组织。我们需要技术公司为希望走这条路的技术人员提供假期。我们需要一个完整的生态系统，以支持人们弥合技术与法律之间的鸿沟。我们需要一条可行的职业道路，以确保即使该领域从业者的收入不像在高科技初创企业工作时那样多，但也将拥有可观的收入。我们日益计算机化和网络化的未来的安全性，或者说我们自己、家庭、企业和社区的安全性都依赖于此。

实际上，我们不仅要关注网络安全领域，而且也要意识到其他领域存在同样的问题。技术问题几乎是21世纪所有重大政策辩论的重要组成部分。无论是大规模杀伤性武器，机器人对就业的影响，气候变化，食品安全，体积日益缩小的无处不在的无人机，理解政策都意味着了解技术。我们的社会迫切需要技术人员来制定政策，否则我们制定的政策将是不健全的。

****

世界规模的机器人不是制造出来的，而是创造出来的。没有任何预想、设计或计划，大多数人完全没有意识到我们正在构建什么。实际上，我不相信我们真的能设计出这些东西。当尝试设计像这样的复杂的社会技术系统时，我们经常会对它们呈现的特性感到惊讶。我们能做的最好的就是尽我们所能观察并引导这些属性。

市场思维有时使我们忽视了自己的选择权和自主权。在被世界级机器人“控制”之前，我们需要重建对集体治理机构的信心。法律和政策似乎不像数字技术那么酷，但是它们也会有重大的创新。我们借此共同创造理想的世界。

我对未来仍持乐观态度。我们的社会已经解决了比这个更严峻的问题。这需要长期努力，并且十分不易，但是我们最终找到了明确的方法，做出了解决实际问题所需的艰难选择。

只有对万物互联的世界做出真正的选择，我们才可以负责任地管理这个正在被建造的世界级机器人。是的，我们需要能够抵御各种威胁的强大的安全系统，但我们也需要能有效监管这些危险技术的法律。而且，更笼统地说，我们需要从道德、伦理、政策角度决定这些系统应该如何工作。在过去，我们基本上对互联网没有监管。过去我们给程序员特别的权利，只要他们认为合适，就可以在网络空间进行编码。这在之前没关系，因为网络空间是独立的，相对来说并不重要。现在已经发生了根本的改变，我们将不会再给程序员及其为之效力的公司那些权力。每个人都需要做出那些关乎道德、伦理和政治的决定。我们需要以目前链接机器这样的热情来“链接”人们。“万物互联”必须以“我们互联”来反驳。

僵尸网络

最初发表于《麻省理工学院科技评论》(2017年3月/4月)

僵尸网络已经存在了至少十年。早在2000年，黑客就开始通过互联网入侵计算机，并对这些计算机进行大规模控制。除此之外，黑客利用这些僵尸网络的综合计算能力发起了分布式拒绝服务攻击，该攻击向目标网站发送大量流量，并导致这些网站瘫痪。

但是现在，由于廉价的网络摄像头、数字录像机和“物联网”中的其他配件大量涌现，问题变得越来越严重。由于这些设备几乎不具备安全系统，因此黑客可以毫不费力地控制它们。这样一来，构建大型僵尸网络将比以往任何时候都容易，这些僵尸网络一次就可以导致多个网站崩溃。

10月，一个由100 000个含有漏洞的设备组成的僵尸网络使一家互联网基础设施提供商部分离线。提供商Dyn被攻击后产生了一系列的效应，最终导致大量著名网站（包括Twitter和Netflix）暂时无法访问。越来越多类似的攻击将会接踵而来。攻击Dyn的僵尸网络是使用恶意开源软件Mirai创建的，该恶意软件可以自动攻击并控制有漏洞的设备。

最好的防御措施是使所有在线设备都只运行安全软件，这样的话黑客从最开始就无法创建僵尸网络。这不会很快发生。在设计物联网设备时并没有考虑到安全性，因此通常无法进行修补。除非设备所有者将被感染的设备丢弃，否则它们将一直被Mirai僵尸网络控制。接下来的几年中，易受攻击的设备数量将增加几个数量级，这意味着僵尸网络将变得越来越大，功能也将越来越强大。

黑客可以用它们做很多事。

僵尸网络被用于实施点击欺诈。点击欺诈是一种使广告客户认为人们正在点击或查看其广告的欺骗方案。进行点击欺诈的方法有很多，但是最简单的方法可能是攻击者将Google广告嵌入其网页中。Google广告根据点击次数向网站所有者支付费用。攻击者控制其僵尸网络上的所有计算机重复访问该网页并单击广告。如果僵尸网络制造商想出了更有效的方法来从这些大公司获得利益，那么互联网的整个广告模式将崩溃。

同样，僵尸网络可以用来逃避垃圾邮件过滤器，该过滤器在某种程度上可以分析哪些计算机正在发送大量的电子邮件。僵尸网络可以加快密码猜解的速度，登录在线账户，挖掘比特币，进行其他需要大型计算机网络才能执行的操作。这就是为什么僵尸网络是一门大生意。犯罪组织为了构建僵尸网络花费了大量的时间。

但是，最经常成为头条新闻的僵尸网络活动是拒绝服务攻击。Dyn似乎是某些黑客攻击行为的受害者，但也有团体出于经济动机将这些攻击作为勒索的一种形式。政治团体使用它攻击他们不喜欢的网站并使其无法访问。在未来的网络战争中，此类攻击无疑将是一种战术。

一旦发现了僵尸网络，就可以攻击僵尸网络的命令和控制系统。当僵尸网络很少见时，这种策略是有效的。随着它们变得越来越普遍，这种防御措施的效果也将变得越来越有限。你还可以保护自己免受僵尸网络的影响。例如，有几家公司出售防御拒绝服务攻击的防御措施。它们的有效性会有所不同，具体取决于攻击的严重程度和服务类型。

但是总的来说，当下趋势对攻击者有利。以后也许会有更多类似 Dyn 的攻击。

物联网网络安全：B 计划是什么

最初发表于《IEEE 安全与隐私》(2017 年 9 月 /10 月)

8 月，四位美国参议员提出了一项旨在改善物联网（IoT）安全性的法案。2017 年的《物联网安全改进法案》(IoT Cybersecurity Improvement Act）是一项不太重要的法案。它没有规范物联网市场，没有特别关注任何行业，也没有强迫任何公司做任何事情，甚至没有修改嵌入式软件的法律责任。公司可以继续出售含有安全漏洞的物联网设备。

该法案所要做的就是利用政府的购买力来推动市场发展：政府购买的任何物联网设备都必须达到最低安全标准。它要求供应商确保这些设备不仅可以修补，而且应该以经过验证的方式及时修补，没有不可更改的默认密码，没有已知的漏洞。虽然它的安全性要求非常低，但可以极大地提高物联网设备当前堪忧的安全性（我参与起草了该法案的一些安全要求)。

该法案还将修改《计算机欺诈及滥用法案》(Computer Frand and Abuse）以及 DMCA，以使安全研究人员能够研究政府购买的物联网设备的安全性。虽然该法案的豁免范围比我们行业所需的范围要窄得多，但这是一个很好的开始，甚至可能是该法案对你来说最好的部分。

但是，该法案有可能无法实施。我是在 8 月写的这篇专栏文章，如果到 10 月或更晚的时候读这篇文章，该法案可能已经消失了。如果举行听证会，那就不重要了。该法案将不会被任何委员会投票通过，也不会出现在任何立法日程上。基于种种政治因素，该法案成为法律的概率是零。

但是目前情况很危急，互联网变得非常危险，因为物联网不仅赋予了互联网“眼睛”和“耳朵”，也给了它“手”和“脚”。曾经只影响位和字节的安全漏洞和黑客攻击现在也会影响到心。

正如我们在过去一个世纪中反复认识到的那样，依靠市场机制来提高服务和产品的安全性是非常糟糕的。汽车、食品、餐馆、飞机、消防、金融仪器的安全性都是如此。原因很复杂，但从根本上说，卖方不会在安全功能方面展开竞争，因为买方无法基于安全考虑有效地区分产品。市场机制可以使产品和服务价格降到最低，但是这样一来产品质量也将无法保障。没有政府的干预，物联网将会一直存在非常危险的因素。

美国政府并不想干预，因此我们不会看到严格的安全法规、新的联邦机构或更好的法律。我们在欧盟可能会有更好的机会。根据《数据隐私一般数据保护条例》（General Data Protection Regulation）的实施情况，欧盟可能会在5年内通过类似的安全法。没有一个国家有足够大的市场份额来有所作为。

有时我们可以选择使用不联网的设备，但是这种机会越来越少了。去年，我试着买一辆不能联网的汽车，但是失败了。几年之内，几乎不可能还有完全不连接到物联网的设备。而且，我们最大的物联网安全风险将不会来自与我们有市场关系的设备，而是来自其他所有人的汽车、相机、路由器、无人机等。

安全专家可以尝试购买理想产品并要求更高的安全性，但是公司不会在物联网设备安全性方面展开竞争，而且安全专家只是很小一个市场，并不足以让这些公司做出改变。

我们需要一个计划B，尽管我不确定这是什么。如果你有任何想法，请发表评论。

第 4 章

安全与科技

NSA 的密码能力

最初发表于 Wired.com（2013 年 9 月 4 日）

斯诺登最新披露的文件是关于美国情报部门的“黑色预算”项目。《华盛顿邮报》发布的寥寥数页报道中藏有许多信息，包括美国情报局局长 James Clapper 对此的介绍。他给出了一个暗示：“另外，我们在开创性的密码分析能力方面加大投入，以便击败对手的加密算法，并利用互联网流量。”

老实说，我对此是将信将疑的。无论 NSA 的锦囊妙计是什么，密码学的数学部分仍然会是加密系统中最安全的部分。我更担忧的是设计得糟糕的加密产品、软件漏洞、糟糕的密码、与 NSA 合作却泄露全部或部分密钥的公司，以及不安全的计算机和网络。这些才是真正的漏洞所在，也是 NSA 应该花费大量精力的地方。

这不是我们第一次听到这个传闻。NSA 长期观察员 James Bamford 在去年发表于 *WIRED* 的一篇文章中写道：

“据参与此项目的另一位高级官员透露，几年前 NSA 在它的密码分析学破译能力方面取得了巨大的突破，或者说是破解了曾经深不可测的复杂加密系统。这些加密系统不仅被世界各国政府使用，也被美国的许多普通用户使用。”

我们没有来自 Clapper、斯诺登或是 Bamford 的消息来源的更多消息，但是我们可以推测一下。

很可能 NSA 拥有某些新的数学运算能力能破解一个或是多个流行的加密算法，

如 AES、Twofish、Serpent、3DES。这不是第一次发生这种事情。追溯到 20 世纪 70 年代，NSA 知道某种不为学术界所知的称为“差分密码分析”的密码分析技术。该技术破解了很多我们曾认为安全的学术以及商业化的加密算法。在 20 世纪 90 年代早期我们学到了更多，并且现在设计的算法能够抵抗这种技术。

NSA 非常可能拥有学术界所不知道的新技术。即使如此，此类技术不太可能导致能够破解真正加密后的明文的攻击。

破解加密算法最简单方式是暴力破解密钥。这种攻击的复杂度是 2^n，其中 n 是密钥的长度。所有的密码分析攻击都可以看作这种方法的捷径。由于暴力破解的效率与密钥长度直接相关，因此这些攻击方法有效地缩短了密钥长度。所以举例来说，如果针对 DES 的最佳攻击方法的复杂度是 2^{39}，那么可以有效地把 DES 算法的 56 位密钥缩短了 17 位。

如今暴力破解的实际上限是 80 位。然而，可把这个作为指导来表明某种攻击方法必须有多好才能够破解现代的加密算法。目前，加密算法最少也有 128 位的密钥。这意味着 NSA 的任何密码分析突破方法都必须至少有效地减少 48 位密钥长度，以便破解是可实现的。

然而，还需要更多的前置条件。该 DES 攻击方法需要不切实际的 70TB 的明文，这些明文被我们试图破解的密钥加密过。其他的数学攻击方法需要类似数量的数据。为了能够有效地解密实际的网络流量，NSA 需要的攻击方法能够破解常见的已知明文的 Word 文档，还有更多其他格式的文档。

所以尽管 NSA 拥有学术界不具备的对称加密算法的密码分析能力，但把这应用于对数据的实际攻击是不可能的。

更具可能性的是 NSA 取得了某种数学上的突破，能影响一个或多个公钥算法。在涉及公钥算法的密码分析时有许多数学技巧，并且没有理论能证明那些技巧的强大之处有上限。

在过去几十年中，人们有规律地在因子分解方面取得突破，这允许我们破解更大的公钥。今天我们使用的大部分公钥加密算法涉及椭圆曲线算法，在数学上对该算法的突破更为成熟。假设 NSA 在这个领域拥有某种不为学术界了解的技术是合理的。当然 NSA 在推广椭圆曲线加密算法这个事实也表明它能够更轻松地破解它们。

如果是这样的话，解决办法很简单：增加密钥长度。

假设 NSA 没有完全在破解公钥算法上取得突破——并且这是一个合理的假

想——很容易使用更长的密钥来领先NSA几步。我们已经努力逐步淘汰1024位的RSA密钥，转而支持2048位密钥。很可能我们需要“跳得更远”并且考虑3072位密钥。或许我们应该在椭圆曲线算法上更加偏执一些，并且使用500位以上的密钥长度。

最后一个不切实际的可能：量子计算机。量子计算机在学术界仍然处于实验室阶段，但是在理论上可以快速地破解常见的公钥加密算法。无论密钥长度有多长，都能有效地将任何对称算法的密钥长度减半。我认为NSA极不可能已经开发出能够执行实现该目标所需的海量计算的量子计算机，但是这是可能的。防御方法很简单——继续使用基于共享密钥的对称加密算法并使用256位的密钥。

在NSA内部有句明言：“密码分析总是在变得更好，不会变得更糟”。如果认为在2013年我们已经发现了密码学中所有能被发现的数学突破，那就太天真了。还有很多等我们突破，并且这种状况会持续数个世纪。

NSA处于一个优势位置，它能充分利用学术界发现的公开发布的所有信息，以及它秘密发现的一切。

NSA许多全职人员来思考这个问题。根据“黑色预算”概要，35 000名研究人员和每年110亿资金只是国防部旗下密码学项目的一部分，其中4%的资金（4亿4千万美元）被用于“研究与技术”(Research and Technology）项目。

那可是巨额资金，可能比地球上每个人花在密码学研究上的投入加起来还要多。我确信那会导致许多有趣的并且偶尔会是开创性的密码分析的研究成果，其中一些甚至可能是实用的。

尽管如此，我还是相信数学。

iPhone的指纹认证

最初发表于Wired.com（2013年9月9日）

为了获得生物识别技术，苹果收购了AuthenTec公司，据说这是苹果最为昂贵的收购案之一。有许多推测是关于苹果公司会如何把这项技术融入它的产品线中的。许多人推断将在明天发布的新一代iPhone将会带有指纹认证系统，并且可以用于好几种方式，例如在狭窄的读写器上划过手指以便让手机可以识别出你的动作。

苹果把生物识别技术加入iPhone中是明智之举。对于移动设备来说，指纹认证在便利性和安全性之间达到了良好的平衡。

生物识别系统很诱人，但事实并没有那么简单。它们有着错综复杂的安全特性。例如，生物特征不是密钥。你的指纹不是秘密，在你碰到的每个地方都会留下指纹。

指纹读写器的漏洞同样有着悠久的历史。其中一些要好过其他产品。最简单的方法就是检查手指的脊线，还有一些可能会被精美的复印件骗过。其他的还会检查毛孔。更好一些的会校测脉搏或手指温度。想用橡胶指纹来骗过它们是比较困难的，但通常也是可能的。十多年前一名日本研究员就成功骗过了指纹读写器，他使用的是通常用于制作小熊橡皮糖的明胶混合物。

我所见过的最好的认证系统是某个政府大门入口的安全设施。或许你可以用伪造的指纹骗过它，但是荷枪实弹的士兵会确保你没有机会去尝试。迪士尼公司在它的公园门口使用了类似的系统，但是没有士兵把守。

设计只对你进行身份认证的生物识别系统要比设计能辨识未知的人的生物识别系统更加容易。也就是说，对于系统来说，回答“这个指纹是否属于这个 iPhone 的主人”这个问题要比回答“这个指纹是谁的”更加简单。

认证系统可能有两种失灵的方式。它可能错误地允许某个非授权人员访问，或是错误地拒绝某个已授权人员的访问。在任何消费者系统中，第二种故障要比第一种糟糕得多。是的，如果 iPhone 的指纹系统偶尔允许其他人访问你的手机，则可能产生问题。但是如果你无法可靠地访问你自己的手机，那么会更加糟糕——一周后你就会弃用这个认证系统。

如果苹果公司的新一代 iPhone 具备生物识别安全功能的消息是真的，那么设计者在确保用户总能进入手机界面的问题上可能犯了错误。认证失败的情况在天冷时，或当你的手指在水中泡久了有褶皱等时，会很常见。但是用户还是可以使用传统的 PIN 系统。

所以生物识别认证技术可能被黑客入侵吗？

答案几乎是肯定的。我确定如果有人拥有一份你的指纹的完美拷贝，并且具备一些基础的材料工程专业能力，或者仅需要一台足够好的打印机，就能够通过认证解锁你的 iPhone。但是老实说，如果这些坏家伙拥有你的 iPhone 和指纹，你可能就要担心更大的问题了。

关于生物识别系统的最后一个问题是数据库。如果该系统是中心化的，将会有一个存储生物识别信息的大型数据库，但这会很容易被黑客攻击。对苹果公司的产品来说，该系统几乎肯定是本地化存储的。你通过 iPhone 来认证，而不是通过网络去认证。所以一个中心化的指纹数据库是没有必要的。

苹果公司的举动很可能把指纹读写器功能带到主流产品中。但是所有的应用不是一样的。如果你的指纹能解锁手机，那是可接受的。如果你的指纹被用来认证你的 iCloud 账户，那就是完全不同的事情了。该应用需要的中心化数据库会带来巨大的安全风险。

事件响应的未来

最初发表于 IEEE 安全与隐私议题（2014 年 9 月和 10 月）

安全是防护、检测和响应的组合体，尽管这个行业花了很长时间才抓住要点。20 世纪 90 年代侧重防护。市场上有很多防护计算机和网络的产品。到了 2000 年，我们意识到检测同样需要正规化，于是产生了很多检测产品和服务。

近十年响应成了主流。在过去的几年中，我们已经看到许多事件响应（Incident Response，IR）产品和服务。鉴于计算机行业的这三大趋势，安全团队正在把它们融入自己的“军火库”中。

第一点，我们已经失去了对计算环境的控制，大多数数据都托管在其他公司的云上，并且更多的网络维护业务被外包出去。这使得响应更加错综复杂，因为我们可能不具备对部分关键网络基础设施的可见性。

第二点，攻击手法变得愈加老道。高级持续性攻击（Advanced Persistent Threat，APT）的崛起带来了一类新型攻击者，这需要一种新的威胁模型。此类攻击专门瞄准特定目标，并且不只是为了简单地进行金融盗窃。随着黑客行为更加紧密地与地缘政治结合起来，在国家间的斗争中，毫无瓜葛的网络世界也不断遭受间接的损害。

第三点，企业在防护和检测方面的投入仍然不足，甚至在最好的情况下两者也都不完美，因此不得不采取对应措施来弥补这一不足。

早在 20 世纪 90 年代，我就曾说过安全是一个过程，而不是一个产品。这是对认为安全可以一蹴而就这个谬论的战略声明。面对千变万化的威胁，你需要不断地重新评估安全态势。

在战术层面，安全性既是产品也是流程。实际上，它是人、流程和技术的组合。改变的只是三者的比例。防护系统主要涉及技术，还有一些来自人和流程的帮助。检测或多或少地需要同样比例的人、流程和技术。响应大部分是由人完成的，当然也有来自流程和技术的关键帮助。

可用性领域大师 Lorrie Faith Cranor 曾经写道："只要可能，安全系统的设计者应该找到办法让人们察觉不到其存在。"这是明智的建议，但是无法将 IR 自动化。每个人的网络是不同的，所有的攻击是不同的，每个人的安全环境是不同的，合规环境是不同的，各组织是不同的，并且政治和经济的考量通常比技术考量更加重要。IR 需要人参与，因为成功的 IR 需要"思考"。

这对于安全行业来说是全新的理念，并且这意味着响应产品和服务看上去将会有所不同。大部分时间中，安全行业都被"柠檬市场上[⊖]"这个问题所困扰。

"柠檬市场"是一个来自经济学领域的术语，指在市场中买方无法区别优质产品和劣质产品。在这些市场中，劣质产品会把优质产品挤出市场。价格是驱动因素，因为没有好的办法来测试产品质量。在反病毒软件中是这样，防火墙中是这样，IDS 中也是这样，并且其他产品中也是如此。但是因为 IR 是以人为中心的，但保护和检测不是，所以事情不会重复。优质的产品将会表现得更好，因为买方很快就能判断出它们是更好的。

IR 成功的关键可以在 Cranor 说的下一句话中找到："然而，对于人们来说，某些任务是可行的，或是划算的，没有可替代的备选方案。在这些情况下，系统设计者应该设计他们的系统来支持循环中的人员，并最大限度地提高人们成功使用安全关键功能的机会。"我们需要的是帮助人们工作的技术，而不是代替他们的技术。

我发现思考这个问题的最好方式是 OODA 循环。OODA 代表着观察、定位、决策和行动，并且它是由美国空军军事战略家 John Boyd 所开发的用来思考实时对抗局势的方法。他当时思考的对象是喷气式战斗机，但是这个想法也适用于任何事情，从合同协商到拳击比赛，以及计算机和网络 IR。

速度是至关重要的。在这些形势下，人们不断地在大脑中经历着 OODA 循环，并且如果你能够比其他人转得更快（如果你能"沉浸到 OODA 循环思考中"）那么你就拥有了巨大的优势。

我们需要工具来促进如下步骤：

- 观察，即实时了解网络上正在发生什么。观察对象包括来自 IDS 的实时威胁检

⊖ "柠檬市场"即次品市场，是指信息不对称的市场。即在该市场中，对于产品的质量，卖方拥有的信息比买方更多。

测信息、日志监控及分析数据、网络和系统性能数据、标准的网络管理数据，甚至包括物理安全信息。然后知道使用哪些工具来综合这些信息，并且以有用的格式呈现出来。安全事件不是标准化的，它们各不相同。IR 团队能观察到的网络上发生的事情越多，就越能更好地理解攻击。这意味着 IR 团队需要能够在整个组织中运作。

- 定位，这意味着理解攻击意味着什么，不仅是在组织的背景下，也是在更大的互联网社区背景下。只了解攻击是不够的，IR 团队需要知道它意味着什么。是一个被网络罪犯使用的新型恶意软件？还是组织发布了新的软件包或是计划裁员？组织之前看到过来自这个特殊 IP 地址的攻击吗？这个网络是否对新的战略合作伙伴开放？回答这些问题意味着把来自网络的数据、新闻的信息、网络情报反馈，以及其他来自组织的信息串起来。知道组织里正在发生什么通常比了解攻击技术细节更重要。
- 决策，这意味着要弄清楚在那一刻要做什么。这实际上是很困难的，因为涉及知晓谁有职权来决策，并且向他们提供进行快速决策所需要的信息。IR 决策通常涉及管理层的输入，所以能够让这些人快速和高效地得到他们需要了解的信息是十分重要的。所有的决策都应是事后可辩解的并且记录在案。监管和诉讼环境已经变得十分复杂，所以做出决策时需要考虑其可辩解性。
- 行动，这意味着能够在网络中快速有效地进行变更。IR 团队需要访问组织的所有网络。再一次强调，安全事件各不相同，并且不可能提前知晓 IR 团队将需要访问什么样的网络。但是最终他们需要广泛的访问权限，安全性将源自审计而不是访问控制，并且需要重复地训练，因为只有实践才能提高行动力。

在一个统一的框架下把这些工具组合起来才会让 IR 工作有效。让 IR 行之有效是让安全措施有效的关键。我们的目标是以一种在网络安全方面从未看到过的方式把人、流程和技术组织起来，这才是我们需要做的事，以便持续地防范诸多威胁。

无人机自卫和法律

最初发表于 CNN.com 网站（2015 年 9 月 9 日）

上个月，肯塔基州一名男子击落了一架在其后院附近盘旋的无人机。据 WDRB

电视新闻台报道，这架摄像无人机的主人很快出现在射击者 William H. Merideth 的家门口。“因为无人机，四个人过来质问我，我碰巧携带了武器，他们才改变了主意”，Merideth 说到。“他们问我‘是你击落了我的无人机吗？’接着我说‘是’”，Merideth 谈到。“我手里拿着 40mm 的格洛克手枪，他们仍朝我走来。然后我警告他们：‘如果你们穿过我院子的人行道，我会开枪。’”警方随后以毁坏财物罪以及滥用武器罪对 Merideth 进行了指控。

这是一个趋势。南新泽西州和加利福尼亚乡村也有人击落过无人机，但这是非法的，并且他们因此被逮捕。

科技改变了一切。特别地，它颠覆了长久以来围绕安全和隐私等问题的社会平衡。当一种能力变为可能，或是以更低廉、更常见的方式出现，这种改变可能会有深远的影响。在科技改变能力后，平衡安全性与隐私性是十分困难的，还需要花费数年时间，并且我们不擅于此。

来自无人机的安全威胁是真实存在的，并且政府正在严肃对待它们。1 月，一名男子失去对无人机的控制，这架无人机后来坠毁在白宫草坪上。5 月，一名男子因为试图让他的无人机飞过白宫围墙而被逮捕，上周又有一人被捕，因为一架无人机飞入了举行美网公开赛的体育场。

曾有过许多无人机和飞机险些相撞的情况。许多人已经写过恐怖分子可能利用无人机的文章。

人们正在开发防御系统。Lockheed Martin 和波音公司都销售反无人机的激光武器。一家公司销售专门用于击落无人机的散弹枪子弹。

其他公司正在研究检测无人机并且安全地让其失效的技术，其中一些被用于在今年的波士顿马拉松比赛中提供安全保障。

执法部门可以部署这些技术，但是根据现行法律，击落无人机是非法的，即使它在你家上空盘旋。在我们的社会中，通常不会允许你不通过法律而擅自处理无人机。你应该报警让警察来处理。

然而法学教授 Michael Froomkin 提出了另一个理论。他主张针对无人机的自卫行为应该是被允许的，因为你不知道它们的能力。例如，我们知道有的人在无人机上安装了枪支，这意味着无人机可能对生命造成威胁。注意，这个法律理论还未在法庭上得到验证。

渐渐地，政府开始同时在国家层面和 FAA 层面监管无人机与无人机的飞行。有提案要求无人机应具有可辨识的应答器，或者是在无人机的软件中写入禁飞区程序。

尽管如此，还有众多安全问题没有得到解决。例如，我们如何看待配有远程监听设备的无人机？或者如何看待无人机在我们的房子外面盘旋，或通过窗户拍照？

现在的情况是，无人机已经改变了我们对家庭安全和隐私的看法——栅栏和围墙的保护效果被削弱了。当然，被暗中监视和从上空被击中不是新鲜的事情，但是使用这些技术的成本是昂贵的，并且大部分属于政府和某些公司的职权范围。无人机把这些能力赋予了业余爱好者，但我们不知道对此要做什么。

随着从自主运行在计算机程序上的远程遥控飞机发展到真正的无人机，围绕无人机的问题将会变得更加糟糕。真正的无人机是指通过计算机程序自动操作的飞机。随着智能技术的提升及成本的降低具有自主意识的机器人将出现在公共空间。这会给社会带来严重的问题，因为我们的法律系统是基于阻止人类中的不法之徒，而不是他们的“代理”机器人。

考虑到无人机潜在的威胁，我们想击落在附近盘旋的无人机是可以理解的。要求人们遵守法律，不要对着天空开枪，这也是可以理解的。这两种立场不断地发生冲突，并且需要政府加大监管力度来解决问题。但是更重要的是重新思考我们对于安全和隐私的假设，因为这个世界存在有自主意识、能远程摄像和进行人脸识别的无人机，并且还有其他无数的技术在不断地被每个人所掌握。

用算法代替判断

最初发表于 CCN.com（2016 年 1 月 6 日）

中国正在考虑建立一套新的“社会信用”体系，旨在评估每个人的信誉度，这与每天给我们评分和分类的算法和体系有许多共同之处。

人类的判断力正在被自动化的算法所替代，这带来了巨大的好处与风险。该科技使得这一套新的社会控制形态变成可能。物联网开启了一个具有更多的感知器、数据和算法的时代，我们需要确保在获益的同时避免受到伤害。

美国体系 FICO 可以决定你的信用评分。实际上你有几十个不同的评分，并且它们决定了你是否能够得到房屋抵押贷款、车贷或是信用卡，以及向你提供什么类型的利息。确切的算法是机密，但是我们通常知道哪些信息会纳入 FICO 评分：你有多少债务，你偿还债务的能力有多强，你的信用记录有多长，等等。

这目前与你的社交网络无关，但是这种情况可能会改变。8月，Facebook获得了一项专利，该专利使用借贷人的社交网络来帮助判定其是否具有良好的信用。基本上，你的信誉度开始取决于你朋友的信誉度。如果你和赖账者有关联，很可能也被评为同一类人。

你的社交网络也可以用来从其他方面评价你。现在对于雇主来说，使用社交媒体网站来筛选求职者是很常见的。这种人工流程正逐渐被外包出去并且自动化，像Social Intelligence、Evolv和First Advantage这样的公司能自动处理人们的社交网络活动并向雇主提供招聘推荐。这类系统的危险之处太多了——从数据导致的歧视性偏见，到痴迷于评分，而不从更多标准来衡量。

Klout公司试图把衡量你的在线影响力作为一门生意来做。该公司希望它的专利系统成为行业标准，用于招聘以及发布免费的产品样品。

美国政府同样也在评价你。你在社交媒体上发的帖子可能让你被列入恐怖分子观察名单，影响你坐飞机甚至找工作。2012年，一名英国旅客发布的推特导致美国政府拒绝其入境。我们知道NSA使用复杂的计算机算法来筛选其在互联网上收集的关于美国人及外国人的数据。

这些系统都是通过计算机和数据实现的。以前你会到了解你的银行申请家庭贷款，而且银行经理会判断你的信誉度。这种系统很容易被滥用，也无法扩展。跨州贷款不太可能实现，因为那些银行并不解你。借贷行为得在本地进行。

FICO评分改变了这一切。现在计算机会处理你的信贷历史并生成一个数字。你可以在这个国家的任何贷款机构使用这个号码。这些贷款机构不需要认识你，它们需要知道的只是你的评分，以便决定你是否值得信任。

这个评分助力于家庭贷款、车贷、信用卡和其他借贷行业扩张，但是它也带来了其他问题。不遵守这套财务标准的人可能会在贷款时遇到麻烦，例如申请和使用信用卡。系统的自动化特性要求系统具备一致性。

算法的保密性进一步推动人们遵守标准。

Uber是这种系统运作的一个例子。乘客评价司机，司机也评价乘客，如果他们的排名太低，双方都有被系统“踢出”的风险。这样可以淘汰糟糕的司机和乘客，但是也导致处在边缘的用户被阻拦在系统外面。大家都设法不提出特殊要求，避免有争议的话题，并表现得像优秀的公司员工。

许多人会避免讨论某些话题以免话题被带偏，甚至于因此保持沉默，由于政府监视手段的隐蔽性，他们被剥夺了言论自由的权利。你们中有多少人不愿意使用Google的“高压锅炸弹”？又有多少人担心我在这篇文章中用到这个字眼？

这就是在互联网时代的社会控制。冷战时期的方法是派遣卧底特工、住在街区的告密者以及奸细，但是这些方法太耗费人力并且低效。这些算法为实现强制一致性提供了一套新的方法。

我们能获得这些自动化算法系统的好处，同时避免危险。这并不困难。

第一步是让这些算法公之于众。企业和政府都不愿意这么做，担心人们会故意戏弄他们，但是备选方案更糟糕。

第二步是让这些系统接受监督和问责。对于这些算法来说产生歧视性的结果已经是非法的，即使它们不是故意设计成这样的。这个概念需要延伸。作为社会的一分子，我们需要明白能从这些自动评价算法中得到什么。

我们还需要为那些质疑分类结果的人提供人工纠正的系统。自动化的算法也会犯错，无论它们是给我们糟糕的信贷评分还是把我们标识为恐怖分子。如果发生这些情况，那么就需要通过一个能还原到人工判断的流程来为我们正名。

我们的系统看上去安全些，因为我们不认为运行这些系统的公司和政府是怀有恶意的。但是这种科技的危险性是与生俱来的。随着我们进入一个逐渐被算法评价的世界，我们需要确保这些系统公正、正确地运行。

Class Break

最初发表于Edge.org（2016年12月30日），作为年度问题“哪些科学术语或概念应该广为人知”的一部分

计算机安全领域有个著名的概念——Class Break。它是一种特殊的安全漏洞，不仅会破坏单个系统，而且会破坏一整类系统。例如，某个特殊操作系统上的漏洞允许攻击者远程控制运行该系统软件的每一台计算机，或者是连上互联网的数字录像机和网络摄像头上的漏洞，攻击者可以用这些设备组建大规模的僵尸网络。

这是一种计算机系统发生故障的特殊方式，计算机和软件的特性加剧了这种情况。一个聪明人很容易搞清楚如何攻击系统，他甚至能编写软件使攻击自动化。他可以通过互联网来进行攻击，所以他不一定在受害者附近。攻击者能够让攻击自动化，所以当攻击者睡觉时攻击还在进行。他甚至可以把这个能力传递给很多不具备该技能的人。这改变了安全故障的本质，并彻底颠覆了我们防御此类攻击的方式。

举一个例子，撬开一个机械门锁，既需要技能也需要时间。每个锁是一项新任务，而且成功地撬开一个锁并不意味着能成功地撬开另一个同类门锁。就像现在我们在宾馆房间看到的那些电子门锁都存在不同的漏洞。攻击者能找到设计上的缺陷，使其能够创建一个可以打开每道门的。如果攻击者公布了这个攻击软件，那么不只是其他攻击者，任何人都能打开每个锁。如果这些电子门锁连接到互联网上，攻击者就有可能远程打开门锁——他们能够同时远程打开每个门锁，这就是 Class Break。

这是计算机系统发生故障的方式，但不是我们看待故障的方式。我们仍旧从单独的汽车窃贼手动地偷窃汽车的角度来思考汽车安全，却没有考虑到黑客能够通过互联网远程控制汽车，或者通过互联网远程地让每辆汽车不能行驶。我们把未获得授权的个人投票行为看作投票欺诈。我们没有考虑到某个人或组织可以远程地操纵数以千计的连接互联网的投票机。

在某种意义上，风险管理中 Class Break 并不是全新的概念。就像家庭盗窃和火灾与洪水和地震之间的区别。前者可能在一年当中偶尔在某个街区的不同房屋中发生，后者要么发生在街区中的每个人身上，要么没有一个人会受影响。保险公司能处理这些类型的风险，但是它们在本质上是不同的。事物逐渐计算机化正在将我们从一个盗窃 / 火灾的风险模型变到一个洪水 / 地震的风险模型，即特定的威胁要么影响到每个人，要么根本不会发生。

但是在洪水 / 地震风险模型与计算机系统中的 Class Break 之间有一个关键的区别：前者是随机发生的自然现象，然而后者是由人引导的。洪水不会基于我们建造的防御类型来改变它们的行为，以便最大化它们的破坏力，但攻击者会对计算机系统那样做。攻击者审视我们的系统，寻找 Class Break，并且一旦他们找到一个漏洞，就会一次又一次地利用这个漏洞直到它被修复。

随着我们进入物联网世界，计算机系统渗透到我们生活的方方面面，Class Break 将会变得愈加重要。自动化和远距离操作的组合将会给予攻击者前所未有的控制力和影响力。像预防原则这样的安全观念在这个攻击者能够打开所有门锁或是攻击所有电厂的世界中会变得更加重要。这不是一个不安全的世界，而是一个不同的安全的世界。在这个世界中，无人驾驶汽车比人驾驶的汽车更加安全，除非突然发生故障。我们建设的系统应能在 Class Break 漏洞出现时仍能保证系统安全。

第5章

选举与投票

候选人会毫不犹豫地使用操纵性广告来获得投票

最初发表于 *Guardian*（2016 年 2 月 4 日）

本次总统选举准备好被别人操纵吧。

在政治中，就像在市场中一样，你是消费者。但是每次选举你们只有一票可以“消费”，而且在 11 月，几乎总是只有两位可能的待投票候选人。

在这个由监控驱动、高度个性化的互联网广告世界，每次选举时这些候选人都会使出浑身解数来让你为他们投票。或者如果他们认为你会给其他候选人投票，就会想办法让你待在家里不去投票。

在 2012 年，贝拉克 · 奥巴马娴熟地同时使用社交媒体及其支持者的数据库智胜了米特 · 罗姆尼。前者在社交媒体广告上投入 4700 万美元，是其对手的 10 倍还多。共和党人已经从那次选举中吸取教训，并且现在同样深谙此道。

在过去的八年中，每个人都从最新的关于广告操纵的研究中获益匪浅。他们的数据能比以前更好地确定你的政党立场和参与程度。基于你写过的内容和读过的文章，他们会向你发送个性化的广告，这些广告会精确地以你的兴趣和观点为目标。

有数百家公司为广告目的收集关于你和你行为的数据，包括线上的和线下的。这些公司按照几十个不同的变量来对你进行归类，并且把你的消信息卖给那些想给你推广商品或广告的公司。这就是为什么在你搜索了夏威夷度假后会，关于此类度假场所的广告会一个接一个地出现，或者为什么在你购买了一件衣服后，互联网横幅广告会持续数日。

今年两党都将会在个性化广告上投入大笔资金，并且会更加有效地来花这些钱。候选人会将他们自己的数据以及所在党派的数据与他们购买的额外数据进行关联分析。

他们将会知道你住在哪里，在哪里工作，并且劝你去参加当地的活动。他们将会尝试诱导你去分享、点赞和转发他们的消息，并且他们将会做所有能做的事情来确保你给他们投票。

我们已经看到了围绕选民信息的一场冲突：伯尼·桑德斯的竞选团队不恰当地从民主党的主数据库访问了希拉里·克林顿的选民资料。

在2012年选举期间，Facebook进行了一次操纵选民的实验。用户可以发布一个“我已投票”的图标，这十分像我们许多人在投票点投票后得到的真实贴纸。Facebook所做的就是随机地控制谁能看到那个图标。他们发现关于投票存在一个从众效应：如果你认为你的朋友正在参与投票，你也可能去参加投票。在Facebook的实验中，这次操纵行为产生了选民投票人数增加0.14%的效果，足以支配一场势均力敌的选举。

基本上每位候选人的目标都是有选择地操纵那个图标的可见性。他们将会确保自己的支持者能更多地看到这个图标，而其他候选人的支持者根本看不到。类似地，他们将会在Google上购买广告位来展示他们正面消息的链接，同时展示对手的负面消息链接。

研究还表明公众压力以及羞愧感会增加选民的投票数。2006年密歇根州的某个研究显示出8%的增长。上周特德·克鲁兹向艾奥瓦州的支持者发了一份关于他们投票记录的“报告卡”，希望让他们感到羞愧并采取行动。为此他得到了负面报道，但是这毋庸置疑是有效的。

甚至还有更多的操纵技术。多项研究表明，我们更容易接受由那些看上去像我们的人所发送的广告消息，并且一些广告会制作多个版本，以方便不同种族、性别和年龄的人阅读，用在不同的市场。这在亚洲市场十分常见。带有标签的图像数据库会允许互联网广告商更加深入，通过自动将你的照片与另外一张照片进行合成处理来创建一个个性化的图像。你无法有意识地识别出这个图像，但是你会更加信任这张脸。候选人会做这件事吗？迟早可能会的。

大家预期2016年的总统选举将会在像Facebook、Twitter和Instagram这样的社交媒体平台上展开角逐。这将会是高度个性化的，并且将是十分容易被操纵的。

当这种事发生时能辨别出来，这是你防范被操纵的最佳方法。毕竟，你想为你认为对这个国家而言最好的候选人投票，而不是那些更擅长心理学戏法的人。

选举系统的安全性

最初发表于《华盛顿邮报》(2016年7月17日)

据报道，美国情报机构得出结论，称他国政府幕后参与了入侵民主党委员会的计算机网络，这导致在民主党全国大会开始前，数千份内部邮件被曝光。

FBI正在调查此事。维基解密网站承诺还要曝光更多数据。本次网络攻击的政治性质意味着民主党人和共和党人正试图尽可能地对此事进行舆论引导。即使如此，我们也不得不接受这一事实，即有人正在明目张胆地攻击我们的计算机系统，并试图影响总统选举结果。这种网络攻击以我们最核心的民主程序为目标，并且它指出了11月最糟糕的问题的可能性，即我们的选举系统和投票机器可能受到类似的攻击。

如果情报机构确实已经查明攻击者，那么政府需要决定做什么来作为回应？这是困难的，因为本次网络攻击是具有政治倾向的，但这是必要的。如果国外政府意识到它们可以影响我们的选举而不会受到惩罚，这就为未来的操纵事件打开了方便之门，就像我们看到的文档窃取和转储，以及还没有看到过的更微妙的操纵行为。

报复行动充满政治色彩而且可能引发严重的后果，但这是一次针对我们民主政治的攻击。在政治、经济或是网络空间方面我们需要清晰表明我们不会容忍任何政府进行此类干预。不管本次选举中你的政治倾向是什么，都无法保证试图操纵我们选举的人会分享你喜欢的候选人。

更重要的是，我们需要确保在秋季前选举系统的安全性。如果有人已经使用网络攻击来尝试帮助特朗普获得胜利，那就没有理由不让人相信前者不会再做一次。

这些年来，越来越多的州开始转向使用电子投票机并开始尝试网络投票。这些系统是不安全的，并且容易遭受攻击。

尽管像我这样的计算机安全专家多年来一直在敲警钟，但是大部分州都忽视了这个威胁，并且投票机的生产厂家抛出足够混淆视听的言论来安抚大部分竞选官员。

对此我们没有更多的时间。我们必须忽略投票机生产厂家伪造的安全性声明，组建虎队[⊖]来测试机器以及系统对攻击的抵抗能力，彻底地提升它们的网络防御能力，并且如果我们无法保证它们线上的安全性，就让它们下线。

长远来看，我们需要使用不受操纵的选举系统。这意味着使用带有验证选民身份的纸质记录的老式投票机，而不是通过互联网投票。我知道坚持这种老实的投票方式是缓慢且不方便的，但是不这样的话安全风险简直是太大了。

除了入侵投票机或是修改投票计数器外，还有其他方式来攻击联网的选举系统：删除选民记录，劫持候选人或所在党派的网站，以竞选活动工作人员或赞助人为目标并且对其进行恐吓。已经有多起因政治行为发生的公布某个人或组织的信息和文件的事件，而且在本次选举中我们可能会看到更多这样的事情。我们需要比以往更加严肃地对待这些风险。

政府干预别国选举不是新鲜事，事实上，美国自己也曾多次这样做。使用网络攻击来影响选举是相对新的手法，但是以前一直有这样的事情发生，大部分发生在拉丁美洲。攻击投票机器也不是新鲜事，但是新鲜的是外国政府大规模地干预美国大选。作为公民，我们无法接受这些。

去年4月，奥巴马总统办公室发布了一项行政命令，概述了一个国家该如何应对针对关键基础设施的网络攻击。尽管没有专门提到我们的选举技术，但我们的政治进程仍然是至关重要的。尽管各州的选举系统都是各自独立运行的，但它们的安全足以影响到我们每个人。在每个人都投票后，重要的是双方都认可选举是公平的，结果是准确的，否则选举就失去了合法性。

选举安全现在是一项国家安全问题，联邦政府官员需要一马当先，并且他们需要迅速行动起来。

选举的安全性

最初发表于《纽约时报》(2016年11月9日)

选举结束了，投票进行得很顺利。在撰写本文时没有严重的造假指控，也没有可靠的证据证明有人干预投票选举或投票机。更重要的是，结果是不容置疑的。

尽管我们可以松一口气，但直到下次选举前，我们不能忽视这个问题，因为风险

⊖ 指一批电脑迷，受雇试图闯入计算机系统以检测其安全性。

仍然存在。

正如计算机安全专家多年来一直说的那样，计算机化的投票系统容易受到黑客和网络罪犯的攻击。发生此类攻击不过是时间问题。

电子投票机可能会被入侵，那些不包含纸质选票的机器也可以被毫无察觉地入侵，这些纸质选票能验证每位选民的选择。投票名册也是容易被攻击的，它们都是计算机化的数据库，其中的条目可以被删除或修改，以便在选举当天制造混乱。

同样，各州专用的系统也是容易受到攻击的，这些系统用于收集个人的投票结果并制作成表格。尽管理论上存在的漏洞和实际发生的攻击会在选举当天造成明显不同的结果，但今年我们还是很幸运。不仅总统选举是有风险的，而且州选举和地方选举也是一样的。

需要明确的是，这与选举舞弊无关。不具备资格的人参与投票，或有资格但是投两次票的风险已经不断地被证明几乎是不存在的，并且对于这个问题的“解决方案”主要是限制选民投票。然而，选举舞弊是更具可能性和更令人担忧的。

这就是我担心的。就在选举后的第二天，有人声称结果被操纵了。或许候选人之一指出了最新的民意调查结果与实际结果之间的巨大差异。或许是某个匿名人士宣布他入侵了某个特定品牌的投票机，并且详细地描述了如何入侵。或许在选举当天系统出现故障：投票机的记录数显著少于选民人数，或者某个候选人的得票数为零（理论上不会发生这样的事情，尽管由于错误这些事情以前在美国都曾经发生过，但不是有人故意为之的）。

如果这些事情发生了，我们没有程序来确保选举继续进行。没有人工的手段，没有专家组成的国家小组，没有监管部门来引导我们度过这种危机。我们如何知道是否有人攻击了投票系统？当投票记录丢失时，我们能恢复真实的投票结果吗？接下来我们做什么？

首先，我们需要做更多的准备来确保投票系统的安全性。我们应该宣布投票系统是关键的国家基础设施。这大部分是象征性意义的，但是这阐明了国家确保选举安全，以及向各州提供资金和其他资源的承诺。

对于投票机，我们需要出台国家安全标准，并向各州提供资金来购买符合这些标准的机器。投票安全专家能够处理这些技术细节，但是这些机器必须能提供纸质选票，以及可供选民核实的记录。最简单并且最可靠的方式是已经在 37 个州实践过的：有选民做过标记的、光学扫描的纸质选票。这些纸质选票由计算机计数，但是也可以手工重新计数。而且我们需要一个选举前和选举后的安全审计来系统增加该系统的可信性。

其次，选举干预是不可避免的，无论是被外国势力干预，还是被国内人士干预。所以我们需要可以遵循的详细流程，不仅包括能弄清楚发生了什么的技术流程，还包括能弄清楚下一步做什么的法律流程。这些流程将会让我们有效地得到一个公平和公正的选举解决方案。应该有计算机安全专家来澄清发生了什么，有负责选举的官员来授权决定恰当的响应措施并且执行到位，这些官员来自联邦选举委员会或是其他机构。

在缺少此类公正措施的情况下，人们会急着去维护他们的候选人和所在党派。2000年在佛罗里达州发生的事件就是一个很好的例子。本来只是一个判断选民意图的纯技术问题变成了谁会赢得总统选举的斗争。那些谋取特殊结果的人们就悬而未决的选票和被破坏选票，以及选票重新计数有多少这些争议问题提出异议。同样，在选举系统被攻击后，派系斗争将会给那些官员带来巨大的压力，让其做出无视公平和准确性的决策。

这就是为什么我们需要在处理未来选举舞弊的策略上达成一致。我们需要制定程序来评估是否声明投票机器被攻击。我们需要公正、健壮的投票审计流程。我们需要在选举被攻击和划分阵营前将这些事情都做到位。

作为对佛罗里达州事件的响应，2002年的协助美国投票法案（Help America Vote Act）要求每个州都发布自己关于选举由哪些要素组成的指导方针。一些州（特别是印第安纳州）搭建了一套由国家和私人网络安全专家组成的“作战室”，以便在发生问题时提供帮助。同时，国土安全部正在帮助一些州处理选举安全问题，并且今年FBI和司法部也做了一些准备工作，但这些方法都太碎片化了。

选举有两个目的。第一个，也是最重要的目的是我们通过这种方式选出赢家，但是第二个目的也很重要，它们让失败者以及其所有支持者信服相信他或她的确失败了。为达到第一个目的，投票系统必须是公平的和精确的。为达到第二个目的，它必须被证明是公平的和精确的。

我们需要在事情发生前，大家能够对这些问题保持平静和理智时进行这些对话。如果我们选举的公正性受到威胁，那么我们的民主制度也会受到威胁。

网络攻击与2016年总统选举

最初发表于《华盛顿邮报》(2016年11月23日)

2016年的总统选举被攻击了吗？这很难说。在选举当天没有明显的攻击行为，但是最新的报告对唐纳德·特朗普在三个州（威斯康星州、密歇根州和宾夕法尼亚州）获胜的结果提出质疑——这些州的投票机是否被做了手脚。

这些报告背后的研究人员包括投票权律师John Bonifaz以及密歇根大学计算机安全与社会中心的主管J. Alex Halderman，他们在社区中都很受人尊重。他们一直在和希拉里·克林顿的竞选团队讨论此事，但是他们的分析结果还未公之于众。

根据《纽约杂志》的一篇报道，在那些使用了某种特殊型号投票机的选区，克林顿获得的选票比例明显较低。这篇杂志上的文章暗示，在使用电子投票机的威斯康星州乡村，希拉里·克林顿得到的选票数量比在使用纸质选票的乡村获得的少了7%，这些电子投票机可能被攻击了。如果投票机被攻击，我们就会看到这样的结果。有许多不同型号的投票机，并且针对某种型号的攻击在其他型号上不起作用。所以与某种机器型号有关联的投票异常可能是一种危险信号，尽管特朗普在整个中西部的表现要比选举前的民意调查结果显示的要好，而且投票机型号和各选区的人口统计数据也存在某种关联。即使Halderman在周三早晨写道："最有可能的解释就是民意调查结果系统性地出错，而不是选举过程被攻击。"

这些指控以及它们在社交媒体上引起的轩然大波，真实地表明我们这些"大杂烩"式的选举系统有多不可信。

对于美国选举来说，问责制是一个主要问题。候选人要求重新计算选票，当我们无法搞清楚时，就会把这些麻烦事交给法庭。这些都是发生在选举之后，并且因为政治阵营已经划分，所以这个过程是极具政治性的。与其他国家不同，我们没有一个独立的机构有权调查这些事情。没有政府机构被授权来验证这些研究人员的声明，即使这只是为了让选民相信选举计票是准确的。

相反，我们的投票系统是拼凑起来的：不同的规则、不同的机器、不同的标准。我看到有人认为这种设置是安全的——攻击者不能攻击整个国家，但是这套系统的缺点更加致命。国家标准将会极大地改善选举过程。

对研究人员提出的质疑的进一步调查将有助于解决这个特殊问题。不幸的是，时间是至关重要的，这突显了我们如何进行选举这个问题。希拉里·克林顿不得不要求重新计数和调查。留给她的时间不多，在威斯康星州只能到周五，在宾夕法尼亚州只能到下周一，在密歇根州只能到下周三。我不指望研究团队在那之前会有更多的数据。如果没有对这些系统做出改变，我们能判断出的是，只要黑客能够在重新计票截止日期过后的几周内隐藏他们的攻击，他们就能成功。

计算机取证调查不是件容易的事情，并且不会很快得出结果。这需要访问这些投票机，涉及互联网流量分析。如果我们怀疑其他国家，NSA将会分析从该国拦截到的互联网流量。这很容易就需要花费数周时间，甚至是几个月，并且最后我们可能甚至得不到一个确定的答案。即使我们确实找到投票机被入侵的证据，我们也不知道下一步该做什么。

尽管赢得这些州的选票将会让选举结果反转，我预测希拉里·克林顿不会做任何事（毕竟，据报道她的竞选团队大约一周前就已经知晓了研究人员的工作成果）。不是因为她不相信这些研究人员（尽管她或许不相信），而是因为她不想通过启动一个高度政治化的流程来把选举后的过程变得混乱，最终的结果与计算机取证没有太大关系，但是与哪个党派在这三个州有更多的影响力有关。

但是距离下次国家选举我们只有两年时间，并且如果我们不想在2018年看到同一幕发生，现在是时候开始修复这些问题了。风险是真实存在的：那些不使用纸质选票的电子投票机器很容易被攻击。

希拉里·克林顿的支持者抓住这个故事作为他们最后的救命稻草。我对他们深表同情。希拉里·克林顿的支持者有权知道这个明显异常的统计结果是选举系统被攻击的后果，还是伪造关联的结果。他们应该有一个公平、精确的选举过程。我们拼凑的临时系统意味着他们可能永远不会对选举结果有信心。这会进一步削弱我们对选举制度的信任。

第6章

隐私和监管

恢复对政府和互联网的信任

最初发表于 CNN.com（2013 年 7 月 31 日）

2012 年 7 月，微软旗下 Skype 的视频服务因政府审查需要，改变了其用户协议，使得政府能够获得用户信息。随后，公司副总裁马克·吉列特（Mark Gillett）在企业博客上否认了此事。

但事实并非如此。至少他或者企业的法务，已经非常谨慎地起草了一份声明，让读者信以为真。事实上，Skype 不改协议的原因是，政府其实已经有能力不依赖于软件服务提供者来监视用户行为。

在 3 月的参议院听证会上，美国国家情报总监詹姆斯·克拉珀（James Clapper）向委员会保证，他的部门没有收集上亿美国人的数据。他同样在撒谎。后来他用“采集”这个词来为他的谎言辩驳，这个推托之辞让人觉得荒谬无比。

当斯诺登事件披露了 NSA 的活动，我们更加意识到不能相信政府说的那些安全项目了。

Google 和 Facebook 坚持 NSA 没有“直接访问”它们的服务器。NSA 确实没有直接获取数据，而是通过更聪明和隐蔽的方式，也就是嗅探和代理，来获得所有数据。

苹果表示从未听闻过 PRISM 计划。当然没听过，因为这本就是 NSA 内部项目的数据库名字，如果听过才不正常。企业通过发布报告来表明它们很少收到需要访问客户数据这样的要求，像Verizon要的客户全数据也只不过是一些毫无意义的数字而已。《卫报》指出微软曾秘密地与NSA合作来破坏Outlook的安全性，但微软谨慎应对，并否认了这一点。甚至奥巴马总统的辩解和否认的措辞中都带有“说者有意，听者无心”的意图。

NSA局长基斯·亚历山大将军声称NSA通过广泛的监控和启动数据采集相关的项目已经帮助阻止了50起恐怖主义袭击，其中10起均在美国国内。他的说法你相信吗？我认为这取决于你如何定义“帮助”这个词。我们既没有被告知这些项目是否有助于挫败阴谋，也没有被告知数据在里面只是起到了次要作用。这同样取决于我们怎么定义“恐怖袭击”，自“9·11”事件以来，FBI声称已经扼杀了相当多的阴谋，但数据显示这些潜在的恐怖分子通常都有妄想症，且大多数都受到了FBI卧底或线人的怂恿。

不是所有人都能独自完成那么多事情的。

政府部门和企业一般倾向于将自己隐藏起来，使得我们也难以验证它们的说法是否可信。一个接一个被披露的真相告诉我们，它们常常在撒谎，只有在没有其他退路的时候才会选择告知真相。

现在媒体只是曝光了一部分斯诺登“拿出”的文件，而这些文件也只是美国政府未曝光秘密的一部分，而这些秘密等待着下一个人来开启。

罗纳德·里根（Ronald Reagan）曾说过：“信任是必须的，但核实也是必要的。”这建立在我们能核实的基础上。如果周围都是谎言，我们别无选择，只能选择相信。难怪大多数人都忽略了这个事情，因为我们在认知上存在很多不一致，所以无法解决这一现状。

信任是社会的基石，如果我们不能信任政府或关系密切的企业，我们的社会将会为此付出代价。一个接一个的研究告诉我们，高信任感的社会将会更有效率，低信任感的社会运行成本更高。

每个被背叛的人都知道，重建信任绝非易事，路上荆棘密布，需要信息透明，有监督和问责机制。信息透明的第一要素就是需要信息来源干净，它要求信息能完全公开，而非每次公开一点点，或者到不得不公开时才公之于众。第二要素是需要保持公开，秘密法庭不再用秘密法条做出秘密裁决，不再有成本和收益不为人知的秘密计划。

监督意味着对NSA和FBI这类部门要有限制，这就需要一系列的措施来保证：法院系统需要作为第三方，主张法治而不是作为一个“盖章”组织；立法机关要理解这些组织在做些什么，定期研究这些组织增加权力的合理性；公共监督组织应积极分析和讨论政府行为。

问责意味着当有人违反法律、对国会撒谎或欺骗美国人民时，要为此负责。NSA大概率不可能起诉那些在秘密掩护下帮它做事的人，我们必须了解，这些行为在未来是无法被容忍的。问责也就意味选票，意味着投票者要了解我们的领袖在以我们的名义做什么事情。

这是我们重建信任的唯一途径。除非消费者能根据准确的商品信息做出明智的购买决定，否则市场经济在确保产品安全性方面无法发挥作用。这就是为什么我们有FDA这样的部门，有关于产品包装真实性的法案，有对虚假广告的禁令。

同样地，除非选民知道政府在以其名义做什么，否则无法实现真正的民主。这就是为什么我们有公开的法律。秘密法庭用秘密法条做出秘密裁决，企业向消费者谎报产品的安全性，这些都在破坏社会的根基。

自从斯诺登事件中文件被公开，我经常收到人们的电子邮件，咨询我还有谁能够信任。作为一名安全和隐私专家，我应该知道哪家公司是保护他们用户的隐私，又有哪些安全加密项目是NSA无法攻破的。但事实是，我并不知道。除了政府机密部门，没人知道这些。我只能告诉大家，他们别无选择，只能选择相信谁，并把这种信任作为一种信仰。这是一个糟糕的答案，但在政府重新获得我们的信任之前，这是我们唯一能做的。

NSA对互联网的征用

最初发表于TheAtlantic.com（2013年8月12日）

事实证明，NSA在国内外的监控比我们想象的要更广泛。单刀直入地讲，政府正在征用互联网。大部分大型互联网公司都在用户不知道的情况下向NSA提供信息，有一些公司我们知道，它们斗争过，但失败了；其他的合作，要么出于爱国主义，要么是因为他们相信妥协是更好的方式。

我只想对这些公司的执行官们说一句：“起来战斗！”

还记得那些老的谍战片吗？政府高层认为任务比间谍的生命更重要。这也可能发生在你的身上。你可能认为你和政府一直保持良好关系，就意味着政府会保护你，但实际上并不会。NSA根本不会关心你或你的客户。

我们已初见端倪，Google、雅虎、微软和其他的公司正在恳求政府允许它们公布为满足美国国家安全信件和其他政府需求，它们提供了哪些数据信息。它们已经失去客户的信任，只能通过向公众展示做了什么来取得客户的谅解和信任。但政府拒绝了这个要求，而且政府对此也并不关心。

对你来说也是一样。还有很多高科技公司在和政府合作，这些企业的名单大多存在于斯诺登携带的数千份文档里，这些迟早都将公之于众。NSA可能会告诉你这些都是保密的，但它太草率了。NSA会将你的企业名放在PPT里传给上千人，包括政府雇员、合同工，甚至外国人。如果斯诺登没有这个数据，下一个泄密者可能会有。

这就是你必须战斗的理由，当NSA搜集你所有的用户通信和个人信息的事情败露以后，唯一能救你的，就是在你的客户看来，你是否为此抗争过。这些抗争在短期内可能会给你带来一些经济成本，但屈从于NSA会损失得更多。

所以你看，已经有企业开始将自己的数据和通信信息移出美国。

最极端的抗争就是关闭整个公司，安全电子邮件服务公司Lavabit上周突然这样做了。网站所有者拉达尔·莱韦森（Ludar Levison）在他的主页上写道："我被迫做出一个艰难的决定——是成为危害美国人民的罪犯的同谋，还是关闭Lavabit，结束近十年的辛苦工作。经过强烈的思想斗争，我决定暂时停止运营。我希望我能够合法地分享到底是什么原因导致我做出这样的决定。"

同一天，Silent Circle公司也效仿了这种做法，在政府采取强硬手段之前关闭了邮箱服务。"我们看到了厄运临头的预兆，所以我们决定关闭Slient Mail。我们至今从未收到任何政府的传票、授权书、安全信函或其他文件，这也是我们在立即行动起来的原因。"我认为这种做法比较极端，上面两家公司能这么做，是因为它们的企业规模不大，像Google和Facebook这样的大企业无法这么"任性"地说关就关，它们只能与政府合作。它们的规模太大，涉及的范围也太广，只能从经济上的角度理性决策，而不是仅仅从道德的角度。

但它们可以抗争。这些公司的执行官可以抗争，虽然可能会输，但是一旦出庭作证，也有可能会赢。现在我们可以把政府的这种行为定义为"征用"。征用是战时惯常的做法，将商船临时纳为军用，或将生产线转变成军工生产线。但是现在，这种事情竟在和平年代发生。大量的互联网公司被要求支持这种监视状态。

如果你的公司面临这样的问题，请尽可能阻止它发生。如果你的那些有安全许可的雇员不能告诉你他们在做什么活，那么请马上切断所有与他们自动通信的线路，并确保只代表政府采取特定的、必需的、授权的行为。只有这样，你才能在公众前面发声，并表示你并不知道发生了什么——你的公司被征用了。

新闻学教授杰夫·贾维斯（Jaff Jarvis）最近在《卫报》中写道："科技公司现在必须向我们这些用户回答，是否和美国政府合作来采集我们在互联网上的所有行为，并告知我们你是否是政府越权行为的受害者。"

我觉得如果Google、苹果、AT&T等公司的代表能在白宫和奥巴马总统就此问题来一场秘密会面，表明你们的观点，将会非常精彩。我想知道你们的立场是什么。

NSA不会一直凌驾于法律之上，公众舆论已经在改变——反对政府和其合作伙伴进行越权行为。如果你要维持企业用户对你的信任，就要坚定地表达你和他们站在一起。

阴谋论和NSA

最初发表于TheAtlantic.com（2013年9月4日）

我最近看到两篇文章，文中推测NSA的能力以及监控国会成员和其他民选官员的具体操作。虽然证据都是间接的，但你能从里面嗅到阴谋的味道。我不知道这些证据是真是假，但是这是一个很好的例证，说明了当公众对公共机构的失去信任后会发生什么。

NSA曾多次谎报其监控项目的规模，美国国家情报总监詹姆斯·R.克拉珀（James R. Clapper）也为此在国会上撒谎。斯诺登提供的机密文件和《卫报》等多家媒体多次指出NSA监控系统对美国民众的交流信息进行监视。美国禁毒署利用这些监控信息抓到了毒品走私犯，然后在法庭上隐瞒了此证据来源。美国国家税务局（IRS）利用这些数据发现了偷税漏税者，然后也对数据来源加以隐瞒。这些数据甚至被用来逮捕侵犯版权的人。似乎每次对NSA的指控，不管有多奇怪，最后都被证明是真的。

《卫报》记者格伦·格林伍德（Glenn Greenwald）在这方面就做得很好，一次又一次地揭露信息。看上去NSA并不知道斯诺登拿走了什么数据。如果不知道对方已经了解了什么，说谎的人就很难让他的谎言令人信服。

这些否认和谎言导致我们对NSA毫无信任感，包括总统对NSA的发言，或任何涉及NSA项目的企业。我们知道隐秘操作导致腐败，也看到了这种趋势。没有可信性，但真正的问题是，我们无法验证任何事情。

这是阴谋论扎根的完美环境：没有信任，以最坏可能来假设，没有途径去证实事实。想想"9·11"阴谋、UFO飞碟猜测。据我们所知，NSA或许在监控民选官员。斯诺登说他有能力用他的操作系统桌面在美国境内实时监控任何人。他的话虽未得到重视，但事实证明他是对的。

这种情况不会很快得到改善，格林伍德和其他记者仍在仔细研究斯诺登的文件，也将会继续关注NSA的越权、违法、滥用职权和侵犯隐私等情况。奥巴马承诺的独立调查并不会有所帮助，因为这既不能掌握NSA所做的一切，也不能将这些信息告知公众。

是时候开始收拾残局了，我们则需要一位特别检察官来参与调查，这位检察官应该与军方无关，与参与项目的公司无关，与当前的政治领导层也无关，无论是民主党还是共和党。这位检察官应能自由地查阅NSA的档案，了解NSA所做工作的全部情况，以及有足够的技术人员来理解所有技术细节。他需要传唤政府官员并听取他们证词的权力。他可以在适当的时候提起刑事诉讼。当然，他需要必要的安全许可才能看到这些信息。

我们需要能够让政府和企业雇员安心地站出来讲述NSA窃听行为，而不用担心被报复的组织。

这将会转变NSA对一切工作保密的模式，斯诺登和发布保密文件的记者们已经采取行动了。秘密将会被曝光，记者也不会同情NSA。如果NSA足够聪明，就在要事情败露之前想好退路。

最后应该根据调查出具一份关于NSA滥用职权的公开报告，这些报告必须足够详细，以让监督组织了解真实情况。只有这样，我们的国家才能着手清理烂摊子：关闭程序，改革外国情报监视行为系统，明确规定即使是NSA也不能在没有授权的情况下对公民进行窃听。

对比一下现在的NSA和20世纪五六十年代的FBI，也对比一下NSA局长基思·亚历山大（Keith Alexander）和J. 埃德加·胡佛（J. Edgar Hoover）。我们没法约束当时FBI的暴风手段，当胡佛死后才有机会改变。我不认为我们能等到NSA发生类似的改变。虽然亚历山大拥有巨大的个人权力，但他的大部分权力来自他所领导的机构。即使他不再担任局长，这个机构还是会继续存在。

信任是社会正常运转的基石。没有了信任，阴谋论自然会盛行。更糟糕的是，我们在文化和国家自我认同方面都发生了偏离。是时候调整了：政府应该为人民服务，开放的政府是防止政府滥用权力的最佳途径，政府对人民保守秘密应是一种特殊情况，而不是常态。

如何在NSA的监控下保持自身安全

最初发表于《卫报》(2013年9月6日)

现在我们了解了很多关于NSA窃听互联网的细节，包括NSA故意削弱加密系统，我们终于知道如何来保护自己。

过去两周，我一直和《卫报》探讨NSA的事情，并且读了上百份斯诺登提供的NSA高度机密文件，但这不是我今天要讲的主题，这些内容之前就被提及过，但我读到的一切都证实了《卫报》的报道。

在这一点上，我觉得可以分享一些建议来保持自身的信息安全。

NSA主要通过网络来监控互联网通信，这是其大展身手的地方。NSA开发了大量的程序用于自动监控和分析网络流量。由于针对终端计算机的攻击成本更高，风险更大，因此NSA选择通过网络来小心、谨慎地进行监控。

NSA利用与美国、英国电信公司和其他合作伙伴签订的秘密协议，获取电信网络的访问许可，去访问那些主干网络流量。在没有这种许可的情况下，它会尽最大努力秘密监视通信频道：窃听海底电缆，拦截卫星通信，等等。

这是一个非常庞大的数据量，NSA同样有能力快速筛选所有信息，识别当中“有意思”的流量。这种“有意思”的流量可以定义为来源信息，目标信息，内容以及涉及哪些人等。这些数据被导入庞大的NSA数据库系统以供将来分析。

NSA收集了更多关于互联网流量的元数据：谁和谁在沟通，什么时间，有多少人，通过何种方式沟通。元数据比一般内容数据更容易存储和分析，它对个人来说是非常私密的信息，而且是非常有价值的。

系统情报局负责收集数据，其为此投入的资源令人震惊。我阅读了很多关于这些程序的状态报告，其中讨论了功能、操作细节、计划中的升级等。每一个问题，例如从光纤中恢复电子信号，获取大量数据，筛选出“有意思”的流量，这些都有专门的人员来解决。这种收集和分析的范围是全球性的。

NSA同样直接攻击网络设备，如路由器、交换机、防火墙等。这些设备硬件本身自带监控功能，而NSA的诀窍在于如何偷偷地启用这些功能。这是一条特别有效的进攻途径：路由器本身不常更新，一般也不会装有安全软件，这些疏忽导致了漏洞。

NSA还投入大量资源攻击终端计算机。这个要有一个特殊的部门TAO（Tailored Access Operations）去实施。TAO拥有一个可利用漏洞的清单和一系列绕过手段，无论你使用Windows、Mac OS、Linux、iOS还是其他操作系统，TAO都能攻陷。你的防病毒软件无法检测到这些软件或者痕迹，就算你知道去哪里找，也很难识别这些可疑信息。这些都是黑客开发的黑客工具，其预算基本是无上限的。我从斯诺登的文件读出以下信息：如果NSA曾想要入侵你的计算机，那么它很可能已经入侵并监控一段时间了。

NSA处理加密数据时，更多的是通过转换底层密码解密，而不是利用密码学或数学上的算法突破。首先，有很多易被破解的加密算法，譬如说，你的互联网是通过MS-CHAP协议连接的，那就很容易被暴力破解和恢复关键密钥。一般通过常用黑客用户名密码爆破字典就能解密。

正如报道中披露的，NSA也会和安全产品供应商合作，以确保这些商用加密产品只能通过它们自己知道的方式破解。这种情况也曾发生过，GryptoAG和Lotus Notes是非常典型的案例，也有一些证据说Windows存在一些后门。一些人告诉了我一些他们最近的经历，我也会在博客中把这些经历写出来。简单地说，NSA要求公司以某种不可检测的方式微妙地改变其产品：减少随机数生成器的随机性，以某种方式泄露密钥，在公钥交换协议中添加公共指数，等等。如果这些后门被发现，也可以被解释为一种过失。当然我们也知道，NSA通过这些项目获得了很大的成功。

TAO也会通过入侵特定计算机来恢复那些具有长期有效性的密钥，所以如果你正在使用VPN并通过复杂的共享密钥来保护你的数据，如果NSA觉得有必要，它就会实施窃取，当然这些行为通常只会对那些有高价值的目标实施。

面对这样的对手，如何安全地进行通信呢？斯诺登在一次在线问答中说，当他将这些保密信息公布之后，现在唯一能依赖的就是那些合理部署的强加密系统。

我认为他的观点是正确的，尽管詹姆斯·克拉珀在另外一份秘密文件中暗示NSA具有“突破性的密码分析能力”。这说明密码学越来越难以保护我们的安全了。

斯诺登接下来的话也相当重要，他说：“不幸的是，端点安全如此糟糕，才会导致NSA能够如此频繁地发现入侵时绕过的方法。”

端点指的是你正在使用的软件、计算机、本地网络。如果NSA能够篡改你的加密算法，或者在你的计算机中植入木马，那么世界上所有的加密其实都可有可无。如果你仍想维护自己的信息安全，你需要尽最大努力来确保加密正常进行。

考虑到这些，我们有5条建议：

1）在互联网上将自己隐藏起来。部署隐蔽服务。使用Tor服务实现匿名。是的，NSA会将Tor用户作为目标，但想找出你也得花点时间。你越不显眼，就越安全。

2）加密通信。使用TLS和IPSEC协议。这也是NSA会监控的加密连接，而且NSA可能已经发现相关协议的漏洞，但总比你完全透明要好得多。

3）假设你的计算机已经被入侵了，如果NSA为了获取信息而需要承担额外的风险和成本，那么它可能就不会继续实施了。如果你真的有很重要的数据，可以把它放到孤岛里处理。自从我开始接触斯诺登的那些文件后，我买了一台新计算机且没有把它连接到互联网。如果我想传输一个文件，我会在一个安全的计算机上加密，并用U盘把它传到联网的计算机上。同样地，我解密了一个文件并反过来执行一遍。虽然这无法确保万无一失，但也聊胜于无。

4）警惕商业加密软件，尤其是来自大厂商的软件。我猜测美国大多数大型加密产品厂商都有所谓的NSA“友好协议后门”，很多外国厂商可能也有，同时我们也谨慎地假设外国产品也有它们安装的后门。而闭源软件往往比开源软件更容易植入后门。不管是用合法还是秘密的手段，依赖于主密钥加密的系统更容易被攻击。

5）尝试使用必须与广泛系统兼容的公共域加密技术。举个例子，比起Bitlocker技术，NSA更难在TLS协议中增加后门。由于任何厂商使用TLS必须兼容其他厂商的TLS的协议，而Bitlocker只服务于微软相关系统，使得NSA更容易做些什么。也是因为Bitlocker是专有的，所以发现这些更改的可能性要小得多。与公钥加密体系相比，使用得更多的是对称加密手段。传统离散对数系统优于椭圆曲线系统。对于后者系统中的一些常数，NSA有能力去改变。

自从我开始处理斯诺登的文件，我就一直使用以下工具：GPG，Silent Circle，Tails，OTR，TrueCrypt，BleachBit。在这些密码安全工具中有一个未被记录的加密特性，我也一直在使用它。

我认为普通的互联网用户使用这些工具是很困难的，我自己在工作中也不会使用所有这些工具。大多数时候我主要使用Windows办公。然而事实是Linux更安全。

NSA已经将互联网变成了一个巨大的监控平台，但还不到魔幻的程度。它们也受到了成本方面的约束，而我们最好的防守措施就是增加它们的监控成本。

还是信任数学的力量，加密仍旧是你的利器。好好使用加密工具，尽可能确保没有任何数据可以被破解。这样，你在面对NSA监控时仍可以保持安全。

孤岛环境

最初发表于Wired.com（2013年10月7日）

自从我开始处理分析斯诺登文件，我一直使用一系列工具来保持不被NSA监控。我推荐尽可能使用Tor和某些特定的加密算法，以及使用公共域加密。

我也推荐使用孤岛环境。也就是将自己的计算机或本地工作网络的终端禁止访问互联网。（这个名字来源于计算机和互联网络之间的物理间隙，此概念的出现先于无线网络）。

但这听起来比实际操作起来复杂得多，这里解释一下。

我们知道计算机如果连接到互联网，是很容易被攻击的，制造一个孤岛环境可以免受这样的攻击。从理论上来说，很多系统都适合部署在一个孤岛环境里：保密的军队网络、核电站控制、医疗设备、航空电子设备等。

孤岛环境从概念上来说或许很简单，但很难实施落地。真相是，没人希望一台计算机永远无法从互联网接收文件，也无法发送文件到互联网上。所以他们实际需要的是一台不直接连接互联网的计算机，然后可以使用一些安全的方式来移动文件。

但每次文件移动时，都有被攻击的风险。

孤岛环境也被攻陷过，Stuxnet是恶意软件，攻击了伊朗的纳坦兹核电站。它成功绕过了孤岛环境，入侵了纳坦兹网络。

这类攻击都是通过可移动介质中的安全漏洞来实现的，进而操控孤岛环境里的计算机上传或下载文件。

在我处理斯诺登的文件以来，我一直试图制造一个类似的孤岛环境。我发现这比想象中的要困难得多，对此我有十条建议：

- 当设置好你的计算机时，尽可能不要将其连接到互联网上。完全避免联网有点难，但是可以尽可能将计算机配置成无法上网的状态，并在网上保持匿名。我在大商场里买了一台现成的计算机，并到我朋友家里用单线程下载了需要的软件和程序。更极端的做法是购买两台相同的计算机，使用上述方法配置一台计算机，将下载的软件和程序上传到基于云的防病毒检查器，并使用单向过程将软件和程序传输到孤岛环境里的计算机中。

- 尽可能少装软件，并关闭不必要的服务。安装的软件越少，攻击者可利用的漏洞就越少。我下载和安装了 OpenOffice、PDF 阅读器、文本编辑器、TrueCrypt 和 BleachBit。虽然我不懂 TrueCrypt 的内部原理，但我对它有很多疑问。但是类似对于 Windows 进行全磁盘加密 Bitlocker 技术或者是赛门铁克的 PGPDisk 产品，我更担心美国的企业迫于 NSA 的压力为其提供方便，而不是担心 TrueCrypt 产品本身。
- 一旦你的计算机配置完毕，不要直接将它连接到互联网。可以考虑在物理上禁用无线功能，这样它就不会被意外打开。
- 如果你要使用新软件，可以从一个随机网络中匿名下载，将其放到可移动介质里，然后传输到处于孤岛环境中的计算机里。这并不是一个完全安全的操作，但是这对于要攻击你的黑客来讲，成本将增加很多。
- 关闭所有自动运行的功能。对于你所有的计算机，这应该是一个标准操作，但对于孤岛环境中的计算机尤为重要。Agent.btz 就曾用自动运行的病毒感染了美军的电脑。
- 尽可能减少要移动到孤岛环境计算机的可执行程序的数量。文本文件是最好的，PDF 和 Office 文件会更危险，因为它们可能会内嵌宏病毒。尽可能关闭孤岛环境里所有的宏功能。不要担心给你的系统打补丁，执行可执行程序的风险要比不安装补丁的风险大得多。而且毕竟不是在互联网上。
- 只使用可信的移动介质来与孤岛环境中的计算机传输文件。一个从正规渠道购买的 U 盘要比不知道从谁那里拿到的（尤其是停车场捡到的）安全得多。
- 在文件传输方面，一个可擦写的 CD 或 DVD 要比 U 盘安全。恶意软件会悄悄将数据写到 U 盘上，但是它无法在你毫无察觉的情况下用光盘刻录机写入数据，因为你能明显感觉到光盘刻录机的转速变化。所以恶意软件只能在你写文件时悄悄植入数据。另外，你也需要核对自己到底写了多少数据，如果你只写了一个文件，但是已经有四分之三的磁盘空间被占用了，那就有问题了。注意，老式 U 盘上的小灯会提示文件在写入，而不是读或写。
- 当考虑移动孤岛环境里计算机的数据时，尽可能使用最小容量的存储设备，剩余的空间可以用随机文件来填充，如果孤岛环境的计算机已经被入侵，那么恶意软件就会通过这些介质来窃取数据。虽然恶意软件会轻而易举地从你这边窃取数据，但不能打破物理规律。所以当你使用小容量的移动介质来传输文件，恶意软件每次能窃取的数据就非常有限。如果你用大容量的介质，那么每一次窃取的数据就可以很多。现在很多CD的容量有30MB的，市面上还有一些1GB的U盘。

- 考虑将所有传输的文件都加密。有时候移动一些公共文件是无伤大雅的，但有时也会有风险。当你使用光盘来存储数据时，这些内容很难被擦除。强加密能解决这些问题。不要忘记加密你的计算机，全磁盘加密是最好的手段。

有一件事虽然我不会做，但是这件事值得思考——使用类似Tails的无状态匿名操作系统。你可以用Tails配置持久卷来保存数据，但不会保存任何操作系统的更改。从只读DVD启动Tail，并将你的数据加密保存在U盘中可能会更安全。当然，这并不能保证万无一失，但将极大地减少你被攻击的可能性。

是的，以上所有建议都是给那些偏执狂的。可能相比于网络中的大多数，强制某一用户的终端来实现如此复杂的操作和配置都很不现实。但是如果你要搭建一台孤岛环境的计算机，那么意味着你认为黑客已经盯上你了。总之，如果需要用到孤岛环境，请参考上面的建议。

你也可以更进一步，我遇到过不携带照相机、手机和无线设备的人，但对于我来说，这有些极端了。

为什么NSA对大数据收集的抗辩毫无意义

最初发表于《大西洋月刊》(2013年10月21日)

关于NSA大范围采集用户的敏感信息——包括通信记录、电子邮箱的地址簿以及通信软件的好友名单，或者你给朋友发送的短信——NSA声称这些都是合法的，也不认为这是一种监控，除非有人去查看数据。

这就是为什么我说国家情报局局长詹姆斯·克拉珀对国会撒谎。当他被问及NSA究竟有没有采集成千上万的美国人的数据时，他回答道："不，先生，不是故意采集的。"对他而言，采集需要人为介入，所以当NSA采集这些信息时，其实不算是真正的采集，只有机器在处理。

NSA为自己辩护说，人们也不应该担心人为的处理，因为有相应的规则来确定谁能访问这些数据。NSA 局长基思·亚历山大将军在接受《纽约时报》采访时说："根据规定，除非有'合理、明确'的理由，否则 NSA 将无法调查所谓的海量数据，包括海外恐怖分子的通信记录。"

在他的说辞里有很多错误。

首先，这并不符合美国的法律。窃听在法律上被定义为通过设备获取信息，而不需要人的观察。自 1968 年以来一直是这样定义的，1986 年进行过修正。

其次，这是违宪的。《第四修正案》中禁止空白搜索令，即不描述"要搜查的地点以及要扣押的人或物"的搜查令。NSA 正在进行的那种不加区别的搜查和扣押正是宪法所禁止的那种。另外，NSA 也试图重新定义"搜查"这个词，但它忘了定义"抓取"这部分。当它采集我们的数据时，就是在"抓取"。

再次，这一论断会导致荒谬的结论。它的意思就是，政府可以在个人卧室里强制安装摄像头，只要规定了什么时候可以看录像就可以。只要有这些规则，那么要求大家佩戴 7 × 24 小时的监听设备甚至也没有问题。如果你对这些言论感到不舒服，那是因为你意识到数据采集真的有问题，不管是否有人在关注它。

然后，制造如此吸引人的目标是鲁莽的。NSA 声称自己是外国黑客攻击事件的最大受害者之一，但它却掌握着我们的所有信息？是的，NSA 在安全方面很厉害，但如果认为它能经受住来自外国政府、犯罪分子和黑客的所有攻击，尤其是当一个内部人员能带着很多秘密出来时，那就太荒谬了。

最后，也是最重要的一点：即使你不为那些似是而非的法律辩护而烦恼，或者你已经对政府侵犯你的隐私麻木了，我们所了解到的一切都有一种危险，那就是当人们处于一种不受约束的权力状态时，会做出怎样的行为。假设 NSA 遵循自己的规则——即使它自己也承认并不总是这样——那些规则也会快速按需要进行改变。NSA 表示只有当相关事件涉及恐怖主义时才会查看这些数据，但"恐怖主义"的定义也已被大大拓宽了。NSA 一直在推动法律修订，以获取更多监控权限。就连《爱国者法案》的作者、众议员吉姆·森森布伦纳（Jim Sensenbrenner）也表示，法律不允许 NSA 获得那些权限。

大量的关于个人的监控数据对政府的各个部门来说，都具有极大的诱惑力。一旦掌握了所有人的数据，这些数据就很有可能用来解决常规犯罪和其他各种各样的事情。

NSA 声称只在调查恐怖主义时查看这些数据的说辞现在也被证明是一个谎言。

我们已经知道NSA将这些数据给了DEA和IRS，并且它们都在法庭上撒了谎。“平行结构”就是当时法庭所使用的措辞。这些数据还被用来做什么？还有哪些情况？

建立能够促进所谓“未来警务”发展的系统是毫无道理的。

这种监控手段也不是新概念了。我们甚至有一个词来形容它：环形监狱。环形监狱原本是由英国哲学家杰里米·边沁（Jeremy Bentham）于1785年提出的设计方案，使得一个监视者可以监视所有的犯人，而犯人却无法确定他们是否受到监视。从那之后，这个词就成了一种监控状态的隐喻。这是奥威尔《1984》的反乌托邦的基础：温斯顿·史密斯（Winston Smith）从不知道他是否被监视，但总是知道这是有可能的。没有人知道他们在线上的行为是否被监测以及何时被监测。

环形监狱就像监控，时断时续，但总有可能改变人们的行为。它让我们更顺从，更缺乏个性。它降低了人身自由和自主。哲学家迈克尔·P. 林奇（Michael P. Lynch）写了一篇文章，论述了环形监狱是如何使我们失去人性的：“当我们失去获取自己心理层面信息的能力，也就是自我认知能力时，我们将失去自我……在某种程度上，我们冒着失去隐私的风险，或者说我们失去了作为主观的、自主的人的地位。”

乔治·戴森（George Dyson）最近写道，一个“被授予（或假定）绝对权力来保护自己免受危险思想侵害的体系，也必然会无法进行原创和获得创造性思维。”这就是生活在环形监狱中的人所能感觉到的。

我们中的许多人已经开始避免在网上使用“危险”的，甚至是无害的词语。或者当我们这样做的时候，就用玩笑带过。

如果让NSA能对每个人进行无处不在的监视，就等于给了它对我们生活的巨大控制权。一旦NSA有了你数据的备份，你就无法控制这些信息了：你不能删除它们，也不能进行修改，甚至不知道什么时候使用这些数据的规则已经改变了。直到斯诺登曝光了NSA的所作所为，你甚至不知道政府已经拿走了这些数据。

我们真的不知道NSA正在做或已经做过了什么。

防御加密后门

最初发表于Wired.com（2013年10月16日）

我已经知道NSA在互联网上窃听我们的数据。它和通信运营商有秘密协议，能直接访问这些海量数据。它有庞大的系统（如TUMULT、TURMOIL、

TURBULENCE）来筛选所需信息，可以识别密文加密的信息，并找出哪些程序可以创建它。

但是 NSA 希望能够尽可能实时地读取加密信息。所以它部署后门，就像网络罪犯和不那么仁慈的政府一样。

我们得想办法让这类人难以植入这些后门。

NSA 如何获得后门

在 20 世纪 90 年代中叶，FBI 曾尝试将后门植入 AT&T 的安全电话系统中。Clipper Chip 的设备上存在一个区域叫作法律强制访问区域（LEAF）。这个区域就是密钥加密通信的地方，在这里用 FBI 所知道的密钥进行加密，并将其随着电话通信进行传输。FBI 的窃听者可以通过访问这个特殊区域来破解密钥，并利用这些数据窃听电话记录。

但是 Clipper Chip 受到了严重的抵制，几年后就不复存在了。

在输掉了那场公开战争之后，NSA 决定通过一些手段来获得后门：通过善意的请求、施压、威胁、贿赂或通过秘密命令来进行。这个项目名就是 BULLRUN。

防御这些攻击是困难的。我们从对密码学的研究中知道，要保证一个复杂的软件不会泄露机密信息几乎是不可能的。我们从肯·汤普森（Ken Thompson）关于“信任”的著名演讲（首次在 ACM 图灵奖讲座中发表）中知道，你永远无法完全确定你的软件中是否存在安全漏洞。

自从上个月 BULLRUN 项目曝光以来，安全部门一直在检查过去几年发现的安全漏洞，寻找蓄意篡改的迹象。Debian 随机数漏洞可能不是故意造成的，但 2003 年的 Linux 安全漏洞可能是有人蓄意制造的。DUAL_EC_DRBG 随机数生成器可能是后门，也可能不是后门。SSL 2.0 漏洞可能是一个无心之过。几乎可以肯定的是，GSM A5/1 加密算法被故意削弱了。对于所有常用 RSA 加密算法，我们都不知道安全性如何。微软的 RSAKEY 看起来像是一个确凿的证据，但说实话我们也不确定是不是有问题。

NSA 如何设计后门

虽然通过一个单独的程序将我们的数据发送到指定的 IP 地址是黑客（从脚本小子到 NSA 工作人员）监视我们计算机的方式，但通常这是一个劳动密集型的工作。

对于像国安局这样的政府窃听者来说，将工具设计得精妙是至关重要的。尤其重要的是，有三个特点：

- 低发现性。后门程序对程序正常运行的影响越小越好。理想情况下，它应该完全不影响功能。后门程序越小就越好。理想情况下，它看起来就像普通的功能代码。一个明显的例子，将明文副本附加到加密副本的电子邮件加密后门比重用公共IV（初始化向量）中大多数密钥位的后门差得多。
- 高拒绝性。如果被发现，后门看起来就要像一个程序错误，比如只是一个操作码的改变，或者被“错误”定义的常量，或“意外地”多次使用一次性密钥。这就是我怀疑_NSAKEY是后门，以及很多人不相信DUAL_EC_DRBG后门真实存在的主要原因——它们太明显了。
- 低企图性。知道后门的人越多，秘密就越有可能泄露出去。所以好的后门应该仅被少数人知晓。这就是最近Intel芯片里被认为存在潜在漏洞让我担心的原因。可能有人会在生成掩码时进行变更，但其他人都察觉不到。

这些特性暗示了下列信息：

- 相对来说，闭源系统不容易被破坏，因为开源系统中的漏洞被发现的可能性更大。从另外的角度来说，一个拥有超多开发者的超大开源系统，如果没有很好的版本管理，将很容易被破坏。
- 如果软件系统只能与自己进行互操作，那么就更容易被破坏。举个例子，一个封闭的VPN加密系统只需与该专有系统的其他实例进行互操作，它比那种支持全球VPN协议和多种厂商的软件更容易被破坏。
- 商业软件更容易被破坏。由于经济利益的驱动，企业会去满足NSA的要求。
- 由大型公开标准实体制定的协议是很难被 影响的，因为有很多人在关注。而那些封闭的标准体系会更容易被影响，特别是在相关人员根本不懂安全技术的情况下。
- 那些发送随机信息的系统更容易被破坏。一种最有效的破坏系统的方法就是泄露密钥信息。回想一下之前提到的LEAF，修改随机的一次性数或头信息是最简单的方法。

设计防御后门的策略

有了这些原则，我们可以列出相关的设计策略。当然它们都不是万无一失的，但都很有用。我确定还有更多策略：这个清单中并非毫无遗漏，也不是这个话题的最终结论。其实我希望它能开启一次讨论。但是，除非客户开始要求软件具有这种透明性，否则这些策略都是行不通的。

- 供应商应该公开加密代码，包括协议规范，这能使其他人在检查代码时发现漏洞。当然我们不能保证看到的代码就是真正使用的代码，但秘密替换是很难的，会强迫公司不得不去撒谎，并增加了同谋的人数，风险很大。
- 社区应该创建独立的加密系统兼容版本，以确保运行正常。我设想公司会为这些独立版本付费，大学也会接受这类工作，将其作为学生的社会实践。当然，我知道这在实践中是非常困难的。
- 不使用涉及主密钥的加密协议，它们容易被利用。
- 所有的随机数生成器应符合已公布的和被普遍接受的标准。破坏随机数生成器是最容易被发现的破坏加密系统的方法。由此引出一条推论——我们需要更好地发布和接受 RNG 标准。
- 加密协议应该被设计成不泄露任何随机数信息。一次性随机数应该被视为密钥或公共可预测计数器的一部分。再次强调，这样做是为了增加泄露密钥信息的难度。

这是一个很难的问题，我们也没有所谓的技术来控制所有开发者能保护好自己的用户。

软件开发的现状导致这个问题更加棘手：现代应用程序在互联网上无休止地交互，为秘密通信提供掩护。功能的扩展为任何想要安装后门的人提供了更大的“攻击面”。

总而言之，我们需要的是一种保证：确保一个软件只完成它应该做的事情。不幸的是，我们在这方面做得很糟糕，更糟糕的是，我们在这方面的实际研究不多，现在对我们影响很大。

我们需要法律禁止 NSA 影响开发者和故意削弱密码学。但这不仅仅是 NSA 的问题，法律控制也不能保护那些不遵守法律、无视国际协议的人。我们需要增加它们被发现的风险，使他们的工作更加困难，成本更大。对于那些需要规避风险的对手，这可能就足够了。

公共/私人监视伙伴关系的破裂

最初发表于 TheAtlantic.com（2013年11月8日）

NSA和与其合作的数据采集商的合作关系开始出现裂痕，原因就是媒体曝光。斯诺登文件的公开，使得企业在允许NSA访问用户和客户数据之前三思而后行。

在斯诺登事件之前，与NSA合作没有坏处。如果NSA要求你提供所有网络流量的副本，或者在你的安全软件中设置后门，你可以认为你们的合作将永远不会被公开。但公平地说，并不是每个企业都愿意合作，有一些甚至会对簿公堂。但看起来还是有很大一部分企业，如电信和主干网运营商都乐意为NSA提供这种特权。斯诺登事件之后，就发生了变化。现在很多企业合作变得越来越开诚布公，它们面临着来自客户和用户的公关反弹，他们对自己的数据流向NSA感到不安。这让公司损失惨重。

当然代价是多少，我们是不知道的。7月，就在PRISM项目曝光之后，云安全联盟就报告说，未来三年，美国的云技术相关企业将会损失超过350亿美元，一个主要原因就是海外份额的损失。当然，随着欧洲地区和其他地方对NSA间谍活动的愤怒持续升温，这一数字还在增加。虽然在我参加了几家美国大型软件公司的私人会议时，他们曾抱怨海外销售的损失，但没有提到类似的销售报告。在硬件方面，IBM正在失去在中国的业务。美国电信公司也在受苦：AT&T正在全球范围内失去业务。

这是新的现实。保密规则不同了，而且企业必须考虑它们与NSA的合作被公开的情况。这也就意味着合作成本提高了，抗争还是有效果的。

在过去的几个月里，越来越多的企业意识到了这个事实，NSA把它们当作对手，并且也是那么表现的。在10月中旬，NSA在互联网上各种登录信息里收集E-mail地址簿和好友名单。Yahoo，由于存在默认设置下不加密用户的连接，因此允许NSA收集的数据比NSA从Google收集的多得多。也是同一天，Yahoo发布公告说，之后会将所有用户连接默认配置成SSL加密。两周以后，NSA被发现窃听用户和Google数据中心间的主干网络流量，Google也发声明称后续会进行连接加密。

我们最近了解到，Yahoo反对政府要求其交出数据的命令。Lavabit也反对NSA的命令。苹果正在试图调整政府的策略。因此，我们对这些公司的评价更高。

NSA要求Lavabit提供可能危及其所有客户的主密钥，Lavabit因此关闭了它们的电子邮件服务，如今，Lavabit与Silent Circle合作，开发了一种更加安全的电子邮件标准，以此来抑制此类策略。

斯诺登的文件非常明显地表明了NSA多么依赖于企业对互联网进行窃听。NSA没有从头开始建立大规模的网络窃听系统，它注意到这些企业其实有能力监控它们的用户，但这其实只是互联网的一种商业模式，而且只是为企业自己获取副本。

现在，这个秘密的生态系统已经崩溃了。最高法院大法官路易斯·布兰代斯（Louis Brandeis）在谈到透明度时说："据说阳光是最好的消毒剂。"在这种情况下，它似乎起到了作用。

但这些只改变安全产业。虽然爱德华·斯诺登给了我们一个了解NSA活动的窗口，但这些策略可能也被世界各地的其他情报部门使用，也许今天NSA的项目就变成了明天博士的论文或黑客犯罪的工具。建立一个好人可以偷听坏人不能偷听的互联网是不现实的，我们要在安全和不安全中二选一。对于世界也好，美国也好，一个更加安全、稳健的互联网才能使利益最大化。

监控是一种商业模型

最初发表于CNN.com（2013年11月20日）

Google最近发表声明，它将开始在一些广告中使用个人用户的姓名和照片。这意味着，如果你对某个产品的评价是正面的，你的朋友可能会看到该产品的广告以及你的名字和照片，且不需要经过你的同意。同时，Facebook正在取消一项允许用户在其网站上保留部分匿名信息的功能。

这些都随着Google开始探索一种技术——用用户无法控制的东西取代跟踪Cookie而发生了改变。微软也在研究类似的跟踪技术。

更普遍地说，很多公司都在逃避"不跟踪"的规则，该规则意在让用户有权决定是否让企业跟踪他们。事实证明，整个"不跟踪"立法都是假的。

大型科技公司在互联网上跟踪我们的力度比以前更大了，这并不令人意外。

如果这些功能听起来对你没有特别的好处，那是因为你不是这些公司的客户。你就是产品，你正在为这些公司真正的客户——广告商而改进。

这不是什么新鲜事。多年来，这些网站和其他网站通过减少用户隐私，在系统上改进了它们的"产品"。

"不跟踪"法是一个很好的例子，说明目前隐私保护的情况有多糟。当它被提出的时候，它应该给予用户权利，来要求互联网公司不跟踪他们的信息。互联网公司极力反对这项法律，法律通过后，这些公司并没有按照这项法律中约定的那样为用户带来任何好处。现在，遵守是完全自愿的，这意味着没有一家互联网公司必须遵守法律。如果一家公司真的这样做了，肯定是因为它想从公众关系中得到好处，似乎认真对待用户隐私后，它仍然可以跟踪用户。

但真相是，如果你表达了不想被跟踪的意愿，企业就会停止向你展示那些个性化的广告，但是你的行为仍会被追踪，你的个人数据会和其他人的一样被收集、售卖和使用。最好把它看作“秘密跟踪我”的法律。

当然人们一般不会这么想，大多数人并不完全清楚这些网站收集了多少数据。而且，正如“不跟踪”的故事所表明的那样，互联网公司试图保持这种状态。

最终的结果是，我们最细微的个人细节都会被收集和存储。我以前常说 Google 比我妻子更能了解我的想法。但这还远远不够：Google 推送的照片比我想找的更贴心。这家公司完全知道我在想什么，什么时候我不再想了：所有这些都来自我的 Google 搜索。它永远记得这一切。

正如斯诺登披露的关于 NSA 窃听互联网的真相持续在媒体上发酵，我们也越来越清楚企业如何在窃听中发挥怎样的作用。

虽然这种监控关系正在破裂，但在大范围内这种关系还是存在并运行良好的。NSA 并没有从头开始建立窃听系统，它只是得到了一份企业已经收集到的信息副本。

互联网监控之所以如此普遍和普及，有很多原因。

第一，用户喜欢免费，而且意识不到自己交付给企业的内容有什么价值。“免费”一个特殊的价格，常常会误导人们的想法和选择。

Google 2013 年第三季度盈利近 300 万美元，这个盈利值就是我们隐私的价值，也是我们使用这些服务所付出的费用。

第二，互联网公司故意让隐私功能不显眼。当你登录 Facebook 时，你不会考虑你向 Facebook 透露了多少个人信息，你只是在和朋友聊天。当你早上醒来的时候，你不会想到其实一帮公司正在整天跟踪你的行程，而你只是把手机放在口袋里。

第三，互联网是赢家通吃的市场，这意味着保护隐私的替代方案难以实现。多少人知道有一个可以替代 Google 的软件 Duck-DuckGo，这个软件是没有跟踪功能的？或者你可以使用代理来匿名你的 Google 查询？最后我选择了退出 Facebook，我知道它会影响我的社交生活。

要解决此问题，需要发生两种变化。首先，是市场变化。我们需要成为这些网站的真正客户，这样我们才能利用购买力迫使它们认真对待我们的隐私权。但这还不够。由于围绕隐私的市场已经被损害，我们需要进行第二次变革。我们需要政府限制网站对用户进行数据处理，从而保护我们的隐私。

监控是一种互联网商业模式，阿尔·戈尔（Al Gore）最近称之为“跟踪者经济”，主流网站都是靠广告盈利的，广告越是针对个人和目标人群，网站获得的收益就越多。只要用户仍然需要购买产品，这些公司就不会为用户提供真正隐私保障。

根据人们在网络空间的活动寻找他们的位置

最初发表 TheAtlantic.com（2014年2月11日）

带着皮埃尔·奥米迪亚（Pierre Omidyar）的新闻机构 FirstLook 及其介绍性出版物《窃听》（*Intercept*），格伦·格林伍德（Glenn Greenwald）又回来报道 NSA 了。他与国家安全记者杰里米·斯卡希尔（Jeremy Scahil）合著的第一篇文章就讲述了 NSA 如何通过无人驾驶飞机来暗杀特定目标。

撇开这篇报道的广泛政治影响不谈，该文章和 NSA 的原始文件还透露了关于该机构项目如何运作的更多信息。从这篇文章和其他相关文章中，我们现在可以拼凑出 NSA 如何通过某个人在网络空间的行为来追踪现实世界中的某个人的。

这项技术非常简单，基于电子信息活动，然后通过分析巨大的数据网络来定位你的位置，一套基于你的手机网络，另一套基于你所访问的互联网。

通过信号塔追踪位置

每个手机网络都知道能接听电话的手机的大致位置。这就是通信系统运行的基础，如果系统不知道你用的是哪个手机，它就不能把电话转接到你的手机上。我们已经知道，NSA 在大规模地利用这种技术窃听电话通信。

通过多个手机信号基站并使用三角定位法，你的电信运营商就能精确定位你的手机位置。但这一般用于一些紧急救助场景，譬如某个用户打了 911 报警电话。NSA 可以通过与运营商合作进行网络窃听，或者通过截获手机与塔台之间的通信来获取这些数据。NSA 此前公布的一份绝密文件中说：“GSM 手机基站可以用于标识目标 GSM 手机的实际位置。”

如果你能使用无人机，这项技术会变得更加强大。格林伍德和斯卡希尔写道：

> “NSA 还为无人机和其他飞机装备了称为‘虚拟基站塔台收发机’的设备——实际上，这就是一个假的手机塔台，可以迫使目标人的设备在不知情的情况下强制连接 NSA 的接收器。”

无人机在该区域飞行时可以多次这样做，每次测量信号强度并推断距离。我们看《窃听》里怎么写：

> JSOC 使用的 NSA 地理定位系统的代号为 GILGAMESH。这个项目指的是，一个特殊构造的装置被连接到无人机上。作为无人机电路，该设备能定位 SIM 卡或手机，这个产品目前是军用的。

结合绝密文件和《窃听》中的故事：

> 作为 GILGAMESH（基于捕食者的主动地理定位法）工作的一部分，该团队使用先进的数学模型来开发一种新的地理定位算法，用于完善无人飞行器（UAV）飞行的操作。

这至少是高等数学的一部分了。

“如果目标关闭手机或经常与同事交换电话卡，这些将都不起作用”，格林伍德和斯卡希尔这样写道。因此，在这种情况下 NSA 也会根据人们在互联网上的行为来追踪他们。

通过你的网络连接找到你

令人惊讶的是，大量互联网应用程序会泄露位置数据。智能手机上的应用程序可以通过 Internet 从 GPS 接收器传输位置数据。我们已经知道 NSA 收集这些数据来确定你的位置。此外，许多应用程序会传输计算机所连接的网络的 IP 地址。如果 NSA 有一个 IP 地址和位置的数据库，它就可以用这些信息来定位用户。

根据 NSA 先前发布的一份绝密文件，该项目代号为 HAPPYFOOT：“HAPPYFOOT 分析汇总那些已经被泄露的基于位置的服务或位置感知的应用程序数据，以此来推断 IP 地理位置。”

获取这些数据的另一种方法是从相关的地理区域收集数据。格林伍德和斯卡希尔谈论的正是这个：

> 除了 JSOC 使用的 GILGAMESH 系统外，CIA 还使用了一个类似的 NSA 平台 SHENANIGANS。利用飞机上的一个吊舱，从任何无线路由器、计算机、智能手机或其他在覆盖范围内的电子设备中抽取大量数据。

同样来自 NSA 的一份文件，与 FirstLook 的故事有关："我们的任务（代号：VICTORYDANCE）绘制了也门几乎所有主要城镇的 Wi-Fi 指纹。"在黑客世界，这被称为战争驾驶，甚至在无人机上也得到了证明。

斯诺登文档中的另一个故事中，描述了一项基于 Wi-Fi 登录时的网络位置来定位个人位置的研究工作。

这就是 NSA 如何找到某个人的方法，即使他的手机关机，或是 SIM 卡被取下。如果他在一家网吧，登录一个能被识别的账户，NSA 就可以找到他们，因为 NSA 已经知道 Wi-Fi 网络实际部署在哪里。

这也解释了去年 10 月《华盛顿邮报》中报道的无人机刺杀哈桑·古尔（Hassan Guhl）的事件。在这次事件中，古尔在一家网吧里读到妻子的电子邮件。虽然这篇文章没有描述那封电子邮件是如何被 NSA 截获的，但 NSA 能够用它来确定他的位置。

当然还有更多相关的事例证明 NSA 的监视是强大的，他们肯定有很多种方法来识别手机和互联网连接上的个人。例如，NSA 可以入侵个人智能手机，迫使它们泄露位置信息。

尽管这项技术很吸引人，但关键的问题以及在 First Look 中广泛讨论的问题是，这些信息的可靠性如何。虽然 NSA 通过网络活动在现实世界中定位某个人的能力很大程度上依赖于公司的监控能力，但有一个关键点：误报成本太昂贵。如果 Google 或 Facebook 获取的地理位置不对，将会为客户展示一个不在他们附近的餐馆的广告牌。但如果 NSA 搞错了地点，无人机有可能会对无辜民众发起袭击。

当我们进入一个全天候被跟踪的世界时，以上都是我们需要权衡的问题。

通过算法监控

最初发表于《卫报》(2014 年 2 月 27 日)

我们其实更多的是被算法监控而非人。亚马逊和 Netflix 跟踪我们购买的书籍和流媒体播放的电影，并根据我们的习惯推荐相应的书籍和电影。Google 和 Facebook 关注我们做什么和说什么，并根据我们的行为向我们展示广告。Google 甚至根据我们以前的行为优化搜索结果。智能手机导航应用程序在我们开车时监视我们，并根据交通拥挤情况更新建议的路线信息。当然，NSA 监控我们的电话、电子邮件和位置，然后利用这些信息试图识别恐怖分子。

斯诺登提供的文件和《卫报》今天披露的文件显示，英国间谍机构 GHCQ 在 NSA 的帮助下，从毫不知情的 Yahoo 用户那里收集了数百万张网络摄像头图像。这说明了算法监视时代的一个关键区别：计算机在线监视你，而数据收集和分析只有在人介入时才算是潜在的隐私侵犯，这真的可以吗？我认为并非如此，最新的斯诺登泄密事件更清楚地表明了这种区别的重要性。

当我们决定如何处理 NSA 和 GHCQ 的监控时，到底谁在监控很重要，是机器人还是间谍。间谍机构和司法部很早就向奥巴马报告了改变 NSA“收集”数据的方式，但是所谓 FBI 的监控改革——是否保留你的电话记录——更主要的还是取决于“收集”的含义是什么。

事实上，自从斯诺登向记者提供了大量绝密文件以来，我们就受到了 NSA 各种文字游戏的影响。根据国防部的说法，“收集”这个词有一个非常特殊的定义。1982 年的一份程序手册中说：“只有国防部情报部门的雇员执行公务时收到的信息才被视为‘收集’的信息。”

NSA 局长詹姆斯·克拉珀把 NSA 的数据积累比作一个图书馆。所有这些书都放在书架上，但很少有人真正阅读。用克拉珀的话说：“因此为了维护公民的安全、自由和隐私，我们的任务就是有确定目标地进入‘图书馆’，寻找要阅读的书籍。”按此说法，只有当有一本“书”被阅读时，才算是“收集”。

所以，想想你的朋友，他家里有成千上万本书。根据 NSA 的说法，他实际上并没有真正“收集”书籍。他在用这些书做别的事情，他声称那些能称作“收集”的书是他真正读过的那些。

这就是为什么克拉珀直到今天还声称他没有在参议院听证会上撒谎，当他被问到 NSA 是否收集了数百万或数亿美国人的任何类型的数据时，他的回答是没有。

如果 NSA 收集（我在这里使用的是这个词的日常定义）每个人的电子邮件的所有内容，在没有人阅读这些数据之前，NSA 不会把这算作收集。如果有人收集人们的通话记录和位置信息并将其存储在一个巨大的数据库中，在有人查看之前，都不算

NSA 定义的“收集”。如果有人使用计算机搜索电子邮件中的关键字，或通过这些位置信息分析出人与人之间的关联，也不算收集。只有当这些计算机给出有一个特定的人拥有这些数据时，在 NSA 看来，数据才算真正被收集起来。

如果现代谍战词汇让你迷惑了，也许小狗可以帮助我们理解，为什么大型科技公司和政府采取这种合法绕过，仍然是对隐私的严重侵犯。

早在 Gmail 推出时，这也是 Google 为其语境敏感的广告的辩护。Google 的计算机会检查每一封电子邮件，并在插入内容与你的电子邮件有关的广告。但 Google 没有人阅读任何 Gmail 信息，只有计算机能阅读。用 Google 一位高管的话说：“担心计算机读你的邮件就像担心你的狗看到你裸体一样。”

但现在我们有了一个间谍机构看到人们隐私图片的例子，在最新披露的 Yahoo 图片集中，出现了数量惊人的露骨图片，我们可以更深入地理解这一区别。

换言之，当你被小狗看到时，你知道你所做的事情要超出小狗的理解力。这条小狗记不住你所做的事的细节，不能告诉别人发生了什么。但当你被计算机监视的时候，你无法确定是否有其他人介入。你可能被告知计算机没有保存相关视频的副本，但你不能确保是不是真的没有保存。你可能会被告知，如果计算机发现某个感兴趣的东西，它不会提醒你，但你也不知道这是不是真的。你知道计算机是根据它所接收到的信息来做决定的，而且你无法确定有没有人会接受这个决定。

当一台计算机存储你的数据时，总有被曝光的危险。当一些黑客或罪犯闯入并窃取数据时，就有意外暴露的风险。当拥有你的数据的组织以某种方式使用它时，就存在故意暴露的风险。譬如另一个组织可能要求访问数据来实现某种功能。FBI 可以向 Google 发送一封国家安全信函，要求详细了解你的电子邮件和浏览习惯。世界上没有一个法庭能从你的狗身上得到这些信息。

当然，任何时候我们被算法计算判断的时候，都有可能出现误报。你应该很熟悉这种情况了，想想你在互联网上看到的不相关的广告，这些广告都是基于某种算法产生的，但这些算法曲解了你的兴趣。在广告行业，这种情况很正常，虽然这很烦人，但实际上并没有太大的影响，而且你一直忙着看邮件，对吧？但随之而来的判断变得越来越符合你的选择，这种危害也随之增加：我们的信用评级取决于算法，我们在机场安检的待遇也取决于算法。最令人担忧的是，无人机瞄准的部分是也是基于算法监控的。

计算机和狗之间最主要的区别在于，计算机与现实世界中的其他人也能进行交互，而狗则不会。如果有人能像隔离小狗一样隔离计算机，我们就没有理由担心那个正在分析处理我们的数据的算法。但我们做不到。计算机算法与人息息相关。当我们想到这些计算机算法时，我们需要考虑那些算法背后的人。不管是否真的有人看了我们的数据，事实上他们都在用一种方式监视我们。

这就是为什么 Yahoo 称 GCHQ 收集网络摄像头图像是“对我们用户隐私的一种全新的侵犯”。这就是为什么英国的安全部门试图仅对数据应用面部识别算法，或者限制多少人能观看这些图片，但我们并没有因这些解释而感到宽慰。这就是为什么 Google 的窃听不同于小狗的窃听，以及为什么 NSA 对“收集”的解释一点也讲不通了。

元数据 = 监控

最初发表于 3 月 /4 月的 IEEE 协会安全及隐私刊物

自从记者们开始根据斯诺登提供的文件发表有关 NSA 的报道以来，政府官员一再向我们保证，这些“只是元数据”，这可能会糊弄到普通人，但不会骗过我们这些安全领域的人。元数据就等于监控数据，收集有关人员的元数据意味着将他们置于监控之下。

一个简单的思维实验证明了这一点。想象一下你雇了一个私家侦探对某一个对象进行窃听。这个侦探会在那个人的家里、办公室和车里放窃听器，会监控他的计算机，会面对面地或远程地监听相关话题的对话，而你会得到一份关于对话内容的报告。(这正是奥巴马前总统一再向我们保证的，我们的电话不会再被监听。我仍非常怀疑他的用词。“NSA 没有监听你的电话”，这就使得 NSA 有可能正在记录、抄写和分析你的电话，可能偶尔也会阅读。这很有可能是真的，因为一位学究式的总统总是很注意他的措辞。)

现在想象一下，你让同一个私家侦探不间断地监视一个对象。你会得到一份不同的报告，其中包括他去了哪里，做了什么，和谁说话，写了多长时间，读了什么，买了什么。这些都是元数据，我们知道 NSA 正在收集这些数据。所以当总统说这只是元数据的时候，你真正应该听到的是，我们都在这种持续和无处不在的监控之下。

关于 NSA 的大部分讨论中，缺少的是 NSA 对所有这些监视数据的处理。报纸关注的都是收集的内容，而不是如何分析，除了《华盛顿邮报》中那篇关于手机位置信息的报道。从本质上讲，手机是追踪设备。要使网络连接电话，它需要知道电话位于哪个手机网络中。在城市地区，这会将手机的位置缩小到几个街区。由于很多应用程序都会传输 GPS 数据，这使得手机定位更精确。NSA 大量收集这些数据之后，能有效地将每个人置于物理监视之下。

警察本来可以跟踪一个嫌疑犯，但现在他们可以跟踪所有人，不管是不是嫌疑犯。一旦他们能做到这一点，他们就可以进行以前觉得不可能实施的分析。《华盛顿邮报》报道了两个例子。第一，你可以假设这样一个场景，寻找一对正在相互接近的手机，然后突然监控到它们同时关机了一个小时左右，然后在离开对方的时候又重新开机了。换句话说，你可以用这样的线索来发现秘密会议。第二，你可以定位一台的特定手机，然后寻找与这个手机同步移动的其他手机。换言之，你可以发现这台特定手机的主人有同行或跟踪者。我相信在这样的数据库中，你还可以进行许多其他高明的分析。我们其实需要更多的研究人员来思考这些场景。我可以向你保证，世界上的很多情报机构正在进行这项研究。

一个秘密警察怎么使用其他的监控数据库，比如每个人的通话记录、购买习惯、浏览历史、Facebook 和 Twitter 记录？如何通过一种有趣的方式组合这些数据库？我们需要对无处不在的电子监视的那些处于发展初期特性进行更多研究。

我们无法抵御我们不理解的东西。不管你怎么看 NSA，这些技术并不仅仅是他们的，也被许多国家用来恐吓和控制他们的人民。再过几年，它们将被企业用于心理操纵或广告宣传，甚至更快地被网络犯罪分子用于非法目的。

每个人都希望你能够安全，除了他们

最初发表于 Forbes.com（2015 年 2 月 23 日）

去年 12 月，Google 执行董事长埃里克·施密特（Eric Schmidt）在卡托研究所的监控会议上接受了采访。他谈到公司在斯诺登事件后采取的一些安全措施时说："如果你有重要信息要保存，最安全的地方是 Google。我可以向你保证，其他地方都是不安全的。"

我很惊讶，因为 Google 收集了你所有的信息，并让你看到更有针对性的广告。监视是互联网的商业模式，而 Google 是其中最成功的公司之一。Google 声称比任何人都能更好地保护你的隐私，但还在免费存着你的数据，这种逻辑就是对隐私保护的深刻误解。

上周，当我和密码学先驱惠特菲尔德·迪菲（Whitfield Diffie）一起出现在格伦·贝克（Glenn Beck）的节目中时，我想起了这一点。迪菲说：

“没有安全就没有隐私。经过40年的研究，我认为我们在计算机安全方面有着明显的失败。你不应该害怕打开邮件的附件，你的计算机应该能够处理它并限制其行为。事实上，我们几十年来一直没有解决这些问题，一部分是因为它们解决起来非常困难，但另一部分是因为有很多人希望他们在你这里是有机可乘的。这包括所有主要的计算机制造商。粗略地说，这些制造商想要管理你的计算机。问题是，我不确定是否有其他可行的选择。”

这清楚地解释了Google的做法。埃里克·施密特确实希望你的数据是安全的，他希望Google是存放你数据的最安全的地方，只要你不介意Google有权访问你的数据。Facebook也希望这样：保护你的数据不受Facebook以外的任何人的影响。硬件公司也不例外。上周，我们获悉一个公司发布了一款广告软件，该软件破坏了用户的安全性，以监视用户为目的进行广告活动。

政府也不例外。FBI希望大家都有很强的加密能力，但它又希望能够通过后门访问你的数据。英国首相卡梅伦希望民众有良好的安全保障，只要让英国政府也参与其中。当然，NSA也花了很多钱来维持这相对的安全。

企业想要获取你的数据是为了盈利，政府想要它是为了安全，不管它们是善意的还是恶意的。但Diffie提出了一个更重要的观点：我们让很多公司都能访问我们的数据，因为它让我们的生活更轻松。

我在最新出版的*Data and Goliath*一书中写道：

“方便是另一个原因，使我们愿意给企业高度个性化的数据来换取利益，忍受成为它们的监视对象。正如我一直说的，基于监视的服务是有用和有价值的。我们很享受能随时用手边的设备访问我们的通信簿、日历、照片、文档和其他内容。我们喜欢Siri和Google Now这样的服务，当它们对你有很多了解的时候，这些服务最有效。社交网络的应用程序使我们更容易与朋友一起聊天闲逛。当知道我们的位置时，Google地图、Yelp、Weather和Uber等手机应用程序工作得更好更快。让Pocket或Instapaper这样的应用程序知道我们在读什么，我们通过付出一些小代价就能获取喜欢阅读的书籍推荐。

我们甚至喜欢广告瞄准我们感兴趣的东西。这些应用程序虽然在监控我们，但好处也是真实的和显著的。”

像Diffie一样，我不确定是否有其他选择。互联网之所以成为全球性的超级市场，是因为所有的技术细节都被隐藏起来了，这背后有大量的“人”为之付出努力。我们仍渴望强大的安全性，同时，也希望这些公司能够访问我们的计算机、智能设备和数据来获取一种便捷性，可以轻松管理我们的计算机和智能手机，快速整理我们的电子邮件和照片，并帮助我们在各种设备之间移动数据。

这些“人”也必然会侵犯我们的隐私，要么故意偷看我们的数据，要么其安全措施过于松懈，容易受到国家情报机构、网络罪犯的攻击。上周，我们得知NSA入侵了荷兰的Gemalto公司，窃取了全球数十亿部手机的加密密钥。从消费者的角度来看这是可能的，因为消费者不想在拿到手机时还需要生成这些密钥并进行安全配置，我们希望手机制造商自动完成这项工作。我们希望自己的数据是安全的，但我们同时希望有人能在我们忘记密码时恢复这些数据。

我们一直是自己最大的敌人，我们永远解决不了这些安全问题。我认为任何长期的安全解决方案不仅是技术性的，也是政治性的。我们需要法律保护我们的隐私不受那些合法者的侵犯，也同时惩罚那些违法者。我们需要法律来要求那些数据保管者保护好我们的数据。是的，我们需要更好的安全技术，但我们也需要法律来强制使用这些技术。

为什么加密

最初发表于“安全空间在线”(2015年6月1日)

加密技术保护我们的数据。当我们的数据放在计算机和数据中心时，它会保护我们的数据；当数据在互联网上传输时，它也会保护我们的数据。它保护我们的对话，无论是视频、语音还是文本。它保护我们的隐私，也保护我们的匿名性。有时，它还保护我们的生命。

这种保护对每个人都很重要。很容易看出加密是如何保护记者、人权维护分子和政治活动家的。但加密也能保护我们一般人。它保护我们的数据免受犯罪分子的攻击，保护我们不受竞争对手、邻居和家庭成员的伤害，保护我们不受恶意攻击者的攻击。

如果加密无处不在并且是自动的，那么它的效果最好。你最常使用的两种加密形式就是浏览器里的 HTTPS URL，以及用手机通话时手机到塔台的加密连接。它们工作得非常好，有时你甚至感知不到它们。

默认情况下，应该为所有内容启用加密，而不是只保护你认为值得保护的数据。

这个操作非常重要，如果我们只在处理重要数据时使用加密，那么加密就表明数据的重要性。如果只有那些持不同政见的人在一个国家使用特定的加密技术，那么那个国家就有一个简单的方法来识别他们。但如果每个人都一直使用这类加密技术，加密就不再是一个特征。这样，就没有人能区分哪些是一般的聊天，哪些是深入的私人谈话，政府无法区分持不同政见者和其他民众。每次你使用加密，可能都是在保护一个需要用它来避免生命威胁的人。

重要的是要记住，加密并不能完美地保证安全性。有很多方法会使加密出错，我们经常在头条新闻看到类似报道。加密不能保护你的计算机或手机免受黑客攻击，也不能保护元数据，比如需要加密才能发送邮件的电子邮件地址。

但是，加密技术是我们拥有的最重要的隐私保护技术，而且是一种特别适合防止大规模监视的技术，这种监视是政府为了控制民众和犯罪分子寻找易受攻击的受害者而进行的。这样迫使政府和犯罪分子都以个人为攻击目标而非群体，增加了攻击和监控成本，社会稳定也得到了保护。

今天，我们看到了政府对加密的抵制。许多国家，都在谈论或实施限制强加密的政策。这是危险的，因为这在技术上是不可能的，而且这种尝试会对互联网的安全造成不可估量的破坏。

我们应该参考两个道德标准：第一，我们应该推动公司向所有人提供默认加密功能；第二，我们应该抵制政府削弱加密技术的要求。任何对加密算法的削弱，即使是以合法的名义，都会使我们所有人处于危险之中。即使罪犯能从强加密环境中获益，但当我们都使用强加密时，我们会更加安全。

自动人脸识别和监控

最初发表于 Forbes.com（2015 年 9 月 29 日）

“9 · 11”恐怖袭击后，身份证检查变得更频繁了，但这种方式很快会过时。现在你不用出示你的身份证，因为你的身份会自动被识别。安全摄像机会抓取你的脸部图像，同时开始和你的姓名等信息进行匹配。如果有人能够访问身份照的数据库，他就能知道我们到底是谁。这样的确能衍生出很多方便的个性化服务，但也同样升级了监控力度。底层技术目的正在开发中，目前没有规则限制它们的使用。

当你走进一家商店，销售员会第一时间知道你的名字。店里的摄像机和计算机会识别出你的身份，并且根据这些信息去商店和商场的数据库进行查询，这样就会知道你的收入、兴趣，你最容易接受什么样的推销，你的购买力如何，等等。也许他们会看你的推文，知道你现在的心情；也许他们会知道你的政治背景或性别，这都可以通过你的社交媒体活动来进行预测。他们也会相应地与你接触，也许是确保你得到了很好的服务，但也可能是试图让你很不舒服，从而让你离开。

你经过一个警察身边，他会知道你的名字、住址、犯罪记录，以及你经常和谁在一起。这种技术导致歧视的可能性是巨大的，特别是在低收入社区，人们经常因为未付的停车罚单和其他轻微违规行为而受到盘问。而在一个人们因其政治观点而被捕的国家，这项技术的使用很快会变成一场噩梦。

这项关键技术就是人脸自动识别。以前，这个技术识别能力确实特别差，但正在慢慢改善，现在计算机能像一般人那样来识别你我。目前 Google 的算法可以将你少年和成年的照片进行匹配，而 Facebook 的算法甚至可以在看不到脸部的图中通过识别你的发型、身形身体语言来识别你。可以说我们人类在这方面做得已经很好了，但计算机还会持续进步和提升。过几年以后，这种技术将会变得更精确，可以通过画质更差的照片得到更好的匹配率。

将照片和姓名关联还需要一个已识别照片的数据库，我们也有很多这样的数据库。驾照数据库就是一个金矿，照片中人物都是面部向前的，对焦准确，光线合适，每个都对应了精准的身份信息。而另一个金矿就是来自社交网络和图片归档网站的大量图片信息，这些图片有各种拍摄视角和各种光线条件，而且这种识别精准性还能靠我们自己和朋友为图打上的标签进行提升。而这个技术和数据将很快能在手持设备的屏幕上使用，未来有可能在智能眼镜上得到实现。想象一下这个场景，销售员或者政客能够扫描一屋子的人，然后将那些有强大购买力或身居要职的人标绿显示，或者警察能将有犯罪记录的标红显示在眼镜上。

科幻小说作家已经在小说和电影中期待这个未来场景很多年了。在电影《少数派报告》（*Minority Report*）里，我们看到广告牌会随着人们的经过来改变。约翰·斯卡尔齐（John Scalzi）在他最近的小说《生命之锁》（*Lock In*）里，已经展示了一种类似上述销售员通过眼镜来扫描标注目标特征的技术。

这已经不是科幻小说了，这种高科技的广告牌已经能通过识别站在附近的人的性别来改变广告内容。2011年，卡内基梅隆大学的研究员就发明了一项关于识别类的技术，这个技术能够通过标签化的图片数据库实时标记校园内公共区域摄像头的实时监控画面。政府和商业机构已经开始建立面部识别机制在体育赛事、音乐节和教会等活动中识别和监控人群。迪拜警察正在研究如何整合这种识别能力进入Google智能眼镜设备，越来越多的美国警察会开始使用这项技术来协助工作。

Facebook、Google、Twitter和其他拥有大量标签化图片数据的公司知道其数据库的价值，它们可以预见到这个技术能提供各种服务，而这种服务就可以卖给那些商家和政府机构。

大量商业基于这种公共抓图和售卖模型的企业会纷纷涌现。如果你认为所谓商业模式是牵强的，那么想一下一种已经走在这条道路上的相关技术：车牌捕获。

今天在美国，有一个庞大但无形的产业记录着所有车辆的轨迹。安装在汽车和拖车上的摄像头可以捕捉到牌照位置以及日期、时间、位置信息，公司利用这些数据来寻找预定收回的汽车。Vigilant Solutions公司声称每月会收集美国7000万条扫描数据，通过这个模式定期将这些数据共享给警察，向警方提供源源不断的监控信息，这些信息是警方自己无法合法收集的，而且这个公司也已经在寻找其他的利润来源，把这些监控数据卖给任何有需求的人。

面部识别技术能快速实现这些商业模式，可能原来的目标是为了找到那些敲诈犯，就如同车牌识别技术一开始也只是为了找到那些需要召回的车辆而已。

FBI已经有了一个图片数量达5200万的面部图片数据库，并且集成了面部识别功能的软件，据说这个系统“运行得很好”。2014年，FBI前局长詹姆斯·科米（James Comey）告诉国会这个数据库不会包含普通民众的照片，但后来FBI的文档告诉我们并非如此。就在上个月，我们知道FBI准备采购一个能随时在街上收集面部图片的系统。

2013年，Facebook的数据库内已经有25万亿条用户图片数据了。目前在伊利诺伊州有一项集体诉讼，声称Facebook在用户不知情或不同意的情况下，拥有超过10亿人的“脸谱模板”。

去年，美国商务部试图说服行业代表和隐私保护组织为使用面部识别技术的公司制定自愿行为准则。经过16个月的谈判，所有以消费者为中心的隐私组织都退出了这一进程，因为行业代表无法就如何限制面部识别等基本问题达成一致。

当说到监控时，我们更倾向于关注数据采集的问题：这些数据可能是闭路电视摄像头采集的，或者是标签化的图片、购买习惯，以及我们在Facebook和Twitter等网站上发表的言论。我们很难想象这些数据可以被分析，但有效和普遍的监控都用到了这些数据。这个监控系统靠着廉价且隐蔽的摄像头、标签化图片数据库、包含兴趣和个性的行为数据，以及快速而准确的面部识别软件持续发挥效用。

不要指望自己很快就能接触到这项技术，只有那些有权限和买得起的人才能使用这个技术，或者说到底，使用这些数据。我们可以很容易地想象，在一个极权主义国家，这项技术可能会被滥用。同时，这个技术在自由社会也存在一定危险。如果没有强力的监管，我们将进入这样一个世界：政府和企业能够在不经同意或求助的情况下，实时或非实时地通过远程方式秘密地识别人。

尽管有来自行业的抗议，我们还是需要对这个新兴行业进行规范。我们需要限制如何在我们知情或同意的情况下收集图像，以及如何使用图像。这项技术不会消失，我们也无法消除这些功能。但我们可以确保它们合乎道德地、负责任地被使用，而不是作为一种机制来增加警察和企业对我们的权力。

物联网设备在背后默默“讨论”你

最初发表于*Vice Motherboard*（2016年1月8日）

SilverPush是一家印度初创公司，它正试图找出所有你拥有的计算设备。它将听不见的声音嵌入你阅读的网页和你观看的电视广告中，那些嵌入在你的PC、平板电脑和智能手机里的软件识别到这些信号，通过网页的Cookie将信息传输回SilverPush。也就是说公司可以通过不同的设备追踪你，能通过你在网页上输入的搜索信息关联相关的电视广告给你看，能将你在PC上的操作关联到平板电脑上。

你的智能设备都在背后“讨论”你，而大部分时间你都无法停止这种讨论，或甚至无法知道它们在“讨论”什么。

这不是新鲜事，但现在情况正变得更糟。

我之前写过一篇文章，提及监控是一种互联网的商业模型，这些公司越了解你生活的细节，越能从中获利。

当你浏览互联网时可能有十几家公司在秘密监控你，将你的行为关联到不同网站上，并利用这些信息向你推送广告。你也会发现一些端倪，譬如你在搜索诸如“夏威夷度假”之类的信息时，连续几周之内，这类广告都会持续向你推送。像Google和Facebook这样的企业，通过将你写的内容和你的爱好向你推送你可能需要的产品，进而获取巨大利润。

跨设备跟踪现在是互联网营销人员痴迷的新方式。你可能会使用多种互联网设备：PC、智能手机、平板电脑，互联网电视，以及越来越多的“物联网”设备，比如智能恒温器和电器。所有设备都在监视你，但不同的“间谍”基本上不知道彼此的存在。初创公司SilverPush、4Info、Drawbridge、Flurry和Cross Screen Consultants，以及像Google、Facebook、Yahoo这样的公司都在实验不同的技术来“修复”这个互不知情的问题。

零售商非常需要这些信息。它们想知道自己的电视广告是否会促使人们在互联网上搜索它们的产品。它们也想把人们在智能手机上的网络搜索和在PC上的购买行为联系起来，想利用智能手机的监控功能追踪人们的位置，并利用这些信息向PC发送特定位置的广告。它们希望智能家电的监控数据能够关联万物。

这就是物联网问题变得更糟糕的地方。随着计算机越来越多地嵌入我们生活中使用的各种物品中，并渗透到我们生活的各方面，越来越多的公司希望在用户不知情或未经同意的情况下通过这些物联网设备来监视我们。

但从技术上来说，我们同意了。当我们不假思索地点击屏幕上的“我同意”或打开我们购买的软件包时，我们其实没有仔细阅读许可协议，就是这些协议赋予了这些公司进行监视的合法权利。而根据目前美国隐私法中相关的要求，这些公司拥有这些数据，并且不允许我们看到。

我们接受所有的网络监控，因为我们没有认真思考这背后的风险和问题。如果有十几个来自互联网营销公司的人，在我们用Gmail发送邮件和浏览互联网时，他们拿着笔和笔记本边偷看边记录，我们大多数人会立即表示反对。如果开发手机应用程序的公司真的整天追踪我们的数据，或者收集车牌数据的公司在我们开车时被发现，我们会要求它们停下来。如果我们的电视、计算机和移动设备明目张胆地收集我们的信息，以我们能听到的方式开始协同工作，我们会感到毛骨悚然。

美国联邦贸易委员会正在研究跨设备跟踪技术，以期能对该技术进行监管。但是以史为鉴，我们发现法规的制定和执行都是次要的，而且在解决更大的问题方面基本上是无效的。

我们需要做得更好。我们需要就跨设备跟踪对隐私的影响进行一次深度的思考，但更重要的是，我们需要思考这种监视经济的道德问题。我们是否希望公司了解我们生活中所有的细节，并能够永远存储这些数据？我们真的认为自己没有权利看到那些被收集的数据、纠正那些错误的数据、删除那些私密或令人尴尬的数据吗？至少，我们需要对可以合法收集到的行为数据及其存储时间进行限制，需要获得下载并收集关于我们的数据的权限，并禁止第三方广告跟踪。

互联网监控经济整体发展不超过20年，出现上述情况，是由于缺少法律监管。它现在已变成一个非常具有影响力的行业，并通过计算机和智能手机快速渗透到我们生活的各个方面。现在早就不是我们能制定标准的时候了，我们无法限制计算机，也无法要求企业去控制这些计算机，当然也管不了它们在背后说我们什么，以及对我们做什么了。

安全和监控的对抗

这篇文章最早出现在论文“Don't Panic: Making Progress on the 'Going Dark' Debate”当中。该文章也在Lawfare上刊登。另一个版本被刊登在《麻省理工科技评论》(*MIT Technology Review*)上（2016年2月1日）

对比FBI局长詹姆斯·科米（James Comey）用“走向黑暗”比喻现在能获得的数据越来越少，以及隐私法教授彼得·斯威尔（Peter Swire）用“监视黄金时代”比喻目前人们都被过多地监控，这两种比喻都说明了数据在执法层面的价值。正如媒体所描述的，关于加密的讨论围绕的是执法部门是应该秘密访问数据，还是应该允许公司向其客户提供强加密。

这是一种短视的框架，它只关注如何防范罪犯和国内恐怖分子以及如何满足执法部门和国家情报部门的要求。这掩盖了加密问题最重要的方面：它带来的安全性可以抵御更广泛的各种威胁。

加密保护我们的数据和通信不受罪犯、外国政府和恐怖分子等偷听者的攻击。我们每天都用它来保护我们的手机通话，以防窃听者窃听，并隐藏我们的网上购物信息，以防信用卡被盗刷。许多国家持不同政见的人用它来逃避逮捕。这是一个重要的工具，可以让记者与他们的秘密线人保持沟通，可以让非政府组织保护其在专制国家的工作顺利进行，也可以让律师与他们的客户保持沟通。

今天我们说的很多安全技术的失败都可以认为是加密技术的失败。在2014年和2015年，匿名黑客窃取了2150万份美国政府雇员和普通人的个人档案。如果这些数据是加密的，他们即使窃取了数据也无法阅读。许多大规模的数据盗窃犯罪如Target、TJ Maxx、Heartland支付系统案例等，变得更容易或更具有破坏性，因为数据没有加密。许多国家正在窃听本国公民未加密的通信，寻找持不同政见者和它们想要压制的声音。

增加后门只会加剧风险。作为技术人员，我们不能建立一个用户只为具有某种公民身份，或具有高道德水平，或只有在有特定法律文件的情况下才能使用的访问系统。如果FBI可以窃听你的短信或进入你计算机的硬盘，其他政府和犯罪分子也可以。这并非只是一个理论，为一个目的建立的后门被偷偷用于另一个目的，这种情况已经出现过很多次。沃达丰公司为希腊政府建立了进入希腊手机网络的后门；2004～2005年，它被用来对付希腊政府。

我们没有被要求在安全和隐私之间做出选择，而是在更少的安全和更多的安全之间做出选择。

这种权衡并不是什么新鲜事。20世纪90年代中期，密码学家认为，将加密密钥托管给中央政府会削弱安全性。2013年，网络安全研究员苏珊·兰多（Susan Landan）出版了作品 *Surveillance of Security?*，其中巧妙地分析了这种权衡的细节，并得出结论——安全比监控重要得多。

无处不在的加密保护我们免受大规模的监控，而不是有针对性的监视。基于各种技术原因，计算机安全现在非常薄弱。如果一个有足够技能、资金和动机的攻击者想要进入你的计算机，他们就能进入。如果他们没有，那是你在他们的清单上没有足够高的优先级。广泛使用的加密技术迫使外国政府、罪犯或恐怖分子更加针对选定的目标。这对专制政府的伤害远大于对恐怖分子和罪犯的伤害。

犯罪分子和恐怖分子一直使用加密技术来隐藏他们对当局的计划，就像他们会利用一些其他基础设施来隐藏自己，譬如汽车、饭店、电信服务等。总的来说，我们认识到任何人都可以使用这些，无论他是否诚实。尽管如此，社会的发展仍然繁荣，因为诚实的人比不诚实的人多得多。我们不可能通过伤害所有人的方式来挫败犯罪，因为这也会伤害那些无辜的群众。削弱加密技术也是这个道理。

加密的价值

最初发表于 Ripon Forum（2016 年 4 月 1 日）

在计算机和网络无处不在的今天，加密的价值怎样强调都不为过。很简单，加密保护你的安全。当你在线存钱时，加密技术可以保护你的财务信息和密码。它可以保护你的手机通话不被窃听。如果你加密你的笔记本电脑，那当你的笔记本电脑被盗时，加密技术可以保护你的财产和隐私。

这是一个重要的工具，它保护着世界各地持不同政见者的身份，让记者安全地与秘密线人沟通，让非政府组织保护他们在专制国家的工作，让律师私下与客户沟通。

加密技术保护我们的政府。它保护我们的政府系统、立法者和执法人员，也保护我们在国内外工作的官员。在苹果与 FBI 的辩论中，我想知道詹姆斯·科米局长是否意识到自己的探员中有多少人使用 iPhone，并依靠苹果的安全功能来保护他们。

加密技术保护我们的关键基础设施：我们的通信网络、国家电网、交通基础设施，以及我们社会所依赖的一切。随着我们进入物联网时代，汽车、恒温空调和医疗设备相互连接。如果关键基础设施遭到黑客攻击和滥用，所有这些都可能危害生命和财产安全。从这个角度看，加密对我们的个人和国家安全就更加重要了。

当然，安全不仅仅是加密，但是加密是安全的一个重要组成部分。虽然它基本上是看不见的，但你每天都在使用各种强大的加密技术，如果你拒绝使用，在互联网世界中你就对各种攻击毫无抵抗能力。

如果处理得当，那么强加密是不可破解的。加密技术的任何弱点都会被黑客、罪犯和外国政府利用，但许多新闻中提到的黑客行为都可以归因于加密技术薄弱，甚至更糟糕的是，加密技术根本不存在。

FBI 希望在刑事调查过程中能够绕过加密技术。这被称为“后门”，因为它是一种绕过了正常加密机制访问加密信息的方式。我对这种说法表示同情，作为一名技术专家，我可以告诉你，在不削弱对所有对手的加密能力的情况下，没有办法赋予 FBI 这种能力。理解这一点至关重要，我不能建立一种只在合法授权的情况下有效的接入技术，或者只对具有待定公民身份或道德标准的人有效的技术。这项技术应该是一项普适的技术。

如果后门存在，那么任何人都可以利用它。攻击者所需要的只是后门的知识和利用它的能力。虽然这暂时可能是一个秘密，但却是一个脆弱的秘密。后门是攻击计算机系统的主要方式之一。

这意味着，如果FBI可以在不经你同意的情况下窃听你的谈话，或进入你的计算机，那么其他人也可以。美国NSA前局长迈克尔·海登（Michael Hayden）最近指出，他过去常常利用这些后门入侵目标网络。后门实际上削弱了我们抵御威胁的能力。

即使是一个高度复杂的后门，今天只能被先进国家利用，明天也可能会使更多人受到网络罪犯的攻击。技术就是这样工作的：让所有事情变得更容易，成本更低，更方便获取。今天FBI有能力侵入手机，明天你可能就会听到报道一个犯罪集团利用同样的能力侵入我们的电网的消息。

与此同时，这些人可以使用546种外国加密产品中的任意一种，从而安全地避开任何美国法律的制裁。

我们要么建立加密系统来保证每个人的安全，要么就会让每个人都易受攻击。

FBI认为这是安全和隐私之间的权衡。我认为不是，这是在更安全和更不安全之间的权衡。我们的国家安全需要强有力的加密。这就是为什么在最近的争论中，有那么多现任和前任国家安全官员站在苹果这边：迈克尔·海登（Michael Hayden）、迈克尔·切尔托夫（Michael Chertoff）、理查德·克拉克（Richard Clarke）、阿什·卡特（Ash Carter）、威廉·林恩（William Lynn）、迈克·麦康奈尔（Mike McConnell）。

我希望能给好人提供他们想要的访问权限，而不给坏人访问权限，但这是不可能的。如果FBI的要求得到许可，迫使企业和公司削弱加密，我们所有人的数据、网络、基础设施、社会都将面临风险。

对于FBI来说，这不是一个黑暗的时代，而是监控的黄金时代，它需要更多的专业技术来应对无处不在的加密技术。

任何想削弱加密技术的人，都应该把目光从一个特定的执法工具转移到整个基础设施上。当你这样做的时候，很明显，安全需求高于监视需求，否则我们将为此付出代价。

国会在互联网使用方面删除了FCC相关隐私保护条款

最初发表于《卫报》(2017年3月13日)

想想你每天访问的所有网站。想象一下，像时代华纳、AT&T和Verizon这样的公司收集了你所有的浏览历史，并将其卖给出价最高的买家，如果国会批准相关法条，这是很有可能发生的。

本周，根据立法者投票结果，互联网服务提供商可以为了自己的利益侵犯你的隐私。他们不仅投票废除了一项保护你隐私的规定，还试图让联邦通信委员会制定的隐私保护规定失去效力。

这个事件并没有激起更大的抗议，这表明我们已经妥协了，同意将我们的技术未来交给那些营利性公司。

我们有很多理由对此表示担忧。互联网服务提供商控制着你的互联网连接，它可以查看你在互联网上所做的一切。与搜索引擎、社交网络平台或新闻网站不同的是，你不能轻易地更换服务商，而且市场上也没有太多的选择。在美国，如果你可以在两家高速服务商之间做出选择，那你就太幸运了。

电信公司能用这个新权力来监视你所做的一切吗？当然，它们可以把你的数据卖给营销人员，或者是那些潜在的罪犯和境外政府机构。但他们也能根据这些数据做出更多令人毛骨悚然的事情。

他们可以窥探你的流量，并插入他们自己的广告，可以部署系统，删除加密，以便更好地窃听，可以将你的搜索重定向到其他网站，可以在你的计算机和手机上安装监控软件。这些都不是假设。

这些都是互联网服务提供商以前做过的事情，也是FCC想通过法条保护你隐私的原因。现在他们可以在不需要你知情或同意的情况下，秘密地做这些事情。当然，世界各地的政府都有权使用这些权力。所有这些数据都将面临黑客攻击的风险，这种风险是无差别的，无论是面向犯罪分子还是面向其他政府。

电信公司认为，其他互联网公司已经拥有这些令人毛骨悚然的力量（尽管它们没有使用“毛骨悚然”这个词）。那么为什么互联网公司也不应该拥有这些力量呢？这个答案就是非常强有力的观点。

监视已经是互联网的商业模式，实际上数百家公司都在监视你的互联网活动，违背用户的利益，为企业自己谋利。

你的电子邮件提供商已经知道你写给家人、朋友和同事的所有信息。Google已经通过我们搜索的内容知道我们希望的、恐惧的和感兴趣的内容。

你的手机供应商可以随时跟踪你的实际位置：它知道你住在哪里，在哪里工作，晚上什么时候睡觉，早上什么时候醒来，你和谁在一起，等等。

而这些公司利用这种技术所做的一些事情也同样令人毛骨悚然。Facebook已经进行了情绪控制方面的实验，通过改变你在新闻提要上看到的内容来调控你的心情。Uber 利用其乘车数据来识别客户行程。甚至索尼也曾经在客户的计算机上安装间谍软件，试图检测他们是否非法复制了音乐文件。

除了以营利为目的的监视活动外，公司还可以出于其他目的进行监视。Uber 已经考虑过使用它收集的数据来恐吓记者。想象一下，一个互联网服务提供商能用它收集的数据做些什么——针对政客、媒体和竞争对手。

当然，电信公司希望从资本主义式的监视中分一杯羹。尽管收入在减少，广告拦截软件的使用在增加，点击欺诈也在增加，但侵犯我们的隐私仍然是一项有利可图的生意，特别是在秘密进行的情况下。

更大的问题是：为什么我们允许营利性公司以盈利为目的创造我们的技术未来呢?

当市场运作良好时，不同的公司在价格和功能上展开竞争，社会通过追求更好的产品来激励公司。如果没有竞争，或者竞争对手选择不在某个特性上竞争，这种机制就会失效。当客户没有其他选择时，这种机制也会失效。当公司提供的产品或服务不是公开的，就不存在竞争，该机制也会失效。

与 Google 和 Facebook 等服务提供商不同，电信公司是需要政府参与和监管的。消费者实际上不可能了解其互联网服务提供商的监控程度，再加上我们实际上很难更换服务商，这意味着是否被监视应该由消费者而非电信公司来决定。这项新法案试图推翻的东西，原本是真正保护我们的东西。

今天，科技改变我们社会结构的速度比历史上任何时候都要快。我们有很多重要问题需要解决，不仅是隐私，还有人身自由、公平和自由权利的问题。算法正替我们在治安、医疗保健方面进行决策。

无人驾驶技术正在定义全新的交通安全。战争以后可能越来越多地远程和自主地进行。审查制度在全球范围内呈上升趋势。政治宣传比以往任何时候都更有效。这些问题不会随时间消失。如果有什么不同的话，那就是物联网和所有产品的计算机化都会使这些问题变得更糟。

在当今的政治气候下，国会似乎不可能为我们的利益立法。目前，美国联邦贸易委员会（FTC）和联邦通信委员会（FCC）等监管机构是保护我们的隐私和安全免受企业滥权侵害的最大希望。而国会的做法已经表明其对企业的某种退让，这使我们面临巨大的风险。

现在这项法案已经尘埃落定，特朗普一定会签署它，但我们一定要对损害我们隐私和安全的法案保持警惕。

基础设施漏洞使监控变得简单

最初发表于半岛电视台（2017 年 4 月 11 日）

政府总有各种理由监控民众，一些国家通过这种方式减少犯罪或找到所谓的“恐怖分子”。

另一些国家通过监控民众找到并逮捕记者或持不同政见的人，其中一部分国家只针对个人，另一部分则试图随时监控所有人。

多数国家会监视其他国家的公民来增强国家安全，增加贸易谈判优势或者窃取知识产权。

这些传闻都已经过时了，新鲜的是这一切变得非常容易。计算机自然地产生活动数据，这也意味着当我们使用计算机时，它们都无时无刻在产生用于监控的数据。

企业生成并收集这些数据是因为它们本身的利益需求，包括通过用这些数据产生具有主导市场的互联网商业模型。同样地，越来越多的政府也想确保自己能够获得这部分数据，要么通过某种强制措施实现，要么通过技术手段偷偷获取数据副本。

自从斯诺登向全世界宣告了 NSA 全球监控网络的规模以来，科技界一直在就其范围展开激烈辩论。

少部分则在讨论这种技术在极权国家或贫穷国家的使用情况——它们如何监控反对派、不同政见者。一些国家通过网络监控技术来侵犯人权，这对于全世界来说都是无益的。

我们可以指责那些监控自己民众的政府，也可以指责那些售卖这些系统的网络武器制造商，尤其是允许合法销售这些工具和系统的国家（主要是欧洲国家）。

当然，国际互联网社区可以有所作为，通过一系列举措来限制国家获得先进的互联网和电话监控设备。但是我想把重点放在另一个导致这个问题的原因上，就是我们的数字系统根本不安全。

利用现有漏洞

IMSI catchers 是一款伪手机基站工具，它允许使用者模拟蜂窝网络并收集设备附近的手机的信息，并且用此来创建参加特定活动或在特定地点附近的人员名单。

从根本上说，这项技术之所以有效，是因为你口袋里的手机会自动信任连接上的基站，且手机和基站的通信协议毫无安全性可言。

IP拦截系统被用于窃听人们在互联网上的行为，与Facebook和Google在你访问的网站上进行的监控不同，这种监控发生在你的计算机连接到互联网的一瞬间，这时有可能有黑客在监控你的所作所为。

这个系统同样可以利用底层互联网通信协议中的已有漏洞来进行攻击。你的计算机和互联网的交互流量大多都是不被加密的，而那些加密的，通常都有“中间人攻击”的缺陷。这类缺陷既存在于基本的网络协议中，也存在于数据加密协议中。

我们也能找到其他的例子，它们的共性是都在底层电子通信系统上能使便衣警察、敌对的国家情报组织或犯罪组织绕过或击溃现有的安全机制，来监控这些系统上的用户。

这些不安全因素存在的原因有两个：第一，它们被设计开发时，计算机硬件特别昂贵，大家把这种难以获取和分析的情况当作安全的代名词，所以当移动电话网络被设计出来之后，可以想象假冒一个信号基站是极其困难的，我们也理所当然地认为只有合法的运营商有能力去建造这样的基站。

同时，当时的计算机都还没有那么强大，软件运行速度也没有现在这么快，在这样的系统里添加安全功能显然是一种资源的浪费。再来看下现在的情况：计算机越来越便宜，软件也越来越快速，过去实现不了的功能现在实现起来非常容易。

第二，政府根据它们的监控需求使用这些工具。FBI多年来一直使用IMSI catchers来调查犯罪。NSA使用IP拦截系统来收集国外情报。这两家机构，以及类似的其他国家的政府职能机构，也会对相关的标准机构施压，让它们放宽安全限制。

当然，技术的发展不是静态的。随着时间推移，安全能力不够的国家或网络犯罪者将很容易买到这些工具，虽然这些工具曾经一度被NSA秘密调查项目使用或作为秘密的FBI调查工具。

错误和危险

互联网里发生的“中间人攻击”非常常见，黑客利用这种技术来偷取用户的凭证并入侵这些账号。

IMSI catchers也被用于犯罪。现在你可以访问网络，用不到2000美元的价格买到相关设备。

尽管部分民主国家在合法的理由下使用这些工具，但是修复这些基础设施中的漏洞会更好地保障我们的安全。

这些系统和工具不仅被一些国家里的不同政见者使用，也被美国和多个国家的立法者、公司高管、关键基础设施提供商等使用。

让人民暴露在不安全和充满漏洞的环境中是错误的，也是危险的。

本月早些时候，两位美国议员——参议员罗恩·威登（Ron Wyden）和众议员泰德·利欧（Ted Lien）致函联邦通信委员会主席，提出了我们需要为美国脆弱的电信基础设施做些什么。

他们指出，不仅在电信基础设施的底层协议和系统中存在大量安全风险，而且FCC知道这些漏洞存在，但并未采取任何措施要求运营商去修复它们。

他们也指出，这些漏洞已经影响了国家的安全，也影响全球人权。所有现代通信技术都是全球通用的，美国在提升安全方面所做的事情也会在一定程度上提升世界的安全性。

是的，这意味着FBI和NSA将会很难监控我们，但是也意味着我们将会活在一个更安全的世界。

第7章

商业与安全经济学

封建式安全漫谈

最初发表于哈佛商业评论网站（2013年6月6日）

Facebook存在滥用用户隐私的情况。Google已经停止支持它广受欢迎的RSS订阅服务。苹果禁止所有政治性的或不太好的iPhone应用。微软可能与一些政府部门合作来暗中监视Skype电话，但是我们不知道是哪些政府部门。Twitter和LinkedIn最近受到了安全漏洞的影响，成千上万的用户数据受到影响。

如果你已经开始把自己看作《权力的游戏》中处于权力斗争中的不幸的农民，你可能比起自己意识到的更加“悲惨”。它们不再是传统意义上的公司，而我们也不是传统意义上的客户。这些公司像是封建领主，而我们则像是其附庸。

IT领域的权力已经发生变迁，有利于云服务提供商以及封闭平台供应商。这种权力变迁影响到许多事情，并且深刻地影响到安全。

传统上，计算机安全是用户的责任。用户购买防病毒软件和防火墙，并且任何安全事件都可以归咎于用户自己的疏忽大意。这是一种疯狂的商业模式。通常，我们期望购买的产品和服务是安全的，但是在IT领域，我们容忍糟糕的产品而且支持了一个庞大的安全售后市场。

现在IT行业已经成熟，我们期待更多“开箱即用”的安全。由于云计算和供应商控制平台这两个科技趋势，这个期望很大程度上已经变成可能。前者意味着我们的大部分数据位于他人的网络上，如Google文档、Salesforce.com网站、Facebook

和 Gmail 邮箱。后者意味着互联网设备（如 iPhone、Chrome Books、Kindle、黑莓 PDA）是同时被供应商封闭和控制的，这使我们的配置控制能力有限。与此同时，我们与 IT 行业的关系已经发生了改变。我们过去习惯于使用自己的计算机来做事情。现在我们使用供应商控制的计算设备来获得成功。只不过所有这些也成就了供应商。

新的安全模型是由其他人来处理，而不会告诉我们任何细节信息。我无法控制我的 Gmail 邮箱或 Flickr 上的照片的安全性。对于我在 Prezi 上的演讲稿或在 Trello 上的任务清单，无论它们是多么机密，我都无法要求更高的安全性。我不能审计这些云服务，不能删除 iPad 上的 cookie 或是确保文件被安全地擦除。我的 Kindle 会自动更新，无须我知道或同意。我对 Facebook 的安全性知之甚少，我不知道它使用的是什么操作系统。

有许多很好的理由来说明，为什么我们都聚集到这些云服务和供应商控制的平台。从成本到便利性，从可靠性到安全性本身，这些好处是巨大的。但这是一种天生的“封建”关系。我们把对数据和计算平台的控制权给这些公司，并且信任它们会很好地对待我们，保护我们不受伤害，并且如果我们发誓“完全效忠”他们会得到更多的好处，例如让他们控制我们的邮件、日历、地址簿、照片以及一切，那么我们将成为他们的附属，或是在某个倒霉的日子成为他们的“奴隶”。

世界上有许多巨头公司，它们就像“领主”。Google 和苹果是最明显的，但是微软也在试图同时控制用户数据以及终端用户平台。Facebook 是另一位“领主”，控制我们在互联网上大部分的社交活动。其他“领主”更小并且更加专业化，如 Amazon、Yahoo、Verizon 等，但是它们的商业模式都如出一辙。

当然，“封建式”安全有自己的优势。这些公司在安全方面比一般用户做得更好。在发生硬件故障、用户误操作和被恶意软件感染后，自动备份已经拯救了许多数据。自动更新也显著地提升了安全性。对于小型企业来说确实是这样的，相比他们试图自己做这件事，这样做应该会更安全。对于那些拥有专门 IT 安全部门的大型公司来说，好处就不太明显了。的确，即使是大型公司，也会把纳税申报和清洁服务这样一些关键职能外包出去，但是它们对于安全、数据保留、审计等还是有特定的需求的，并且这些恰好是大多数“领主”不太可能提供的。

封建式安全也有自己的风险。供应商可能犯错误，影响到成千上万的用户。供应商能够“锁定”与用户的这种关系，使他们很难带走数据并且离开。供应商可能任意行事，违背我们的权益。Facebook 会定期修改用户的默认配置，实施新的功能或修改它的隐私策略。许多供应商没有通知用户，获得用户同意或是授权就把用户的数据交给政府，大多是为了盈利而出售。这并不奇怪，公司代表的是自己的利益，而不是用户的最佳利益。

维系这种关系的基础是权力。在中世纪的欧洲，人们会向封建领主宣誓效忠以换取后者的保护。随着领主们意识到他们拥有所有的权力，并且能够随心所欲时，这种约定关系就会发生改变。附属们被利用，农民被束缚到他们的土地上并且成为农奴。

互联网巨头的受欢迎程度和普遍性使它们获利，法律和政府关系使得它们更容易维系权力。这些“领主”在盈利和权力方面存在竞争关系。通过在它们的站点上消耗时间以及提交我们的个人信息，我们正在为它们的争斗提供原始的弹药，无论是通过搜索引擎查询信息、电子邮件、状态更新、点赞或是仅仅分析我们的行为特征。在这种方式下，我们就像农奴，为封建领主在土地上辛勤耕作。如果你不相信我，试着在你离开 Facebook 时带走你的数据。当这些巨头之间爆发“战争”时，我们会受到波及。

所以我们怎样才能幸免？渐渐地，除了信任他人外我们别无选择，所以我们需要决定信任谁和不信任谁，并且采取对应的行动。这不是容易的事情，我们的“封建领主”费尽心机不让它们的行动、安全措施或是任何事情变得透明化。使用任何你拥有的力量来和领主进行协商。作为个人，你可能没有任何力量，作为大型公司，你会有更多力量。最后，不要在任何方面走极端：政治上、社交上和人文上。是的，没有依靠你可能无法发声，但通常那些被边缘化的人更容易受影响。

在策略方面，我们有一个行动计划。短期来看，我们需要保持规避行为（修改硬件、软件和数据文件的能力）合法化，并保持网络中立。这些都限制了巨头们利用我们的能力，并且增大了市场强迫它们变得更加“仁慈”的可能性。我们最不想看到的是政府投入资源来强制一种特定的商业模式凌驾于另一种商业模式之上，抑制竞争。

从长远来看，我们需要努力减少权力的不平衡。中世纪的封建主义演变成一种更加平衡的关系，在这种关系中，领主既有权力，也有责任。如今的互联网既特别又片面。除了信任“领主”，我们别无选择，但是作为回报，我们得到的保障很少。“领主”拥有许多权力，但是需要承担很少的责任或受到很少的限制。我们需要平衡这种关系，并且政府干预是我们达成这个目标的唯一方式。在中世纪的欧洲，中央集权和法律为封建主义带来了稳定性。《宪章》（*The Magna Carta*）首次强制规定了政府的责任，并且让人们朝着民有、民享的道路上走下去。

我们需要类似的过程来约束互联网巨头，并且它不是市场化力量可以提供的。权力的定义正在发生变化，但是这些问题远比互联网以及我们与IT供应商关系的问题要大得多。

公私合作的监控关系

最初发表于Bloomberg.com（2013年7月31日）

想象一下，政府通过了一项法律，要求所有公民携带可追踪设备。很快我们会发现这样的法律是违反宪法的。然而事实上我们都携带着移动电话。

如果NSA要求我们无论什么时候交新朋友都要通知它，那么这个国家很可能会发生叛乱。然而我们会通知Facebook。如果FBI要求我们提供所有谈话和通信的副本，它一定会被嘲笑。然而我们提供邮件的副本给Google、微软或任何邮件服务托管商，提供短信的副本给Verizon、AT&T和Sprint，并且我们提供其他聊天记录的副本给Twitter、Facebook、LinkedIn或是任何托管这些聊天记录的站点。

互联网主要的业务模式建立在大规模监控的基础之上，并且政府的情报收集机构已经对这些数据上瘾了。理解现状是如何形成的对于理解如何弥补损失是至关重要的。

计算机和网络会产生数据，并且我们与它们持续的交互可以让这些公司收集关于我们日常生活的海量个人数据。有时仅仅是因为我们使用手机、信用卡、计算机和其他设备不经意地产生这些数据。有时我们把在Google、Facebook、苹果公司的iCloud等服务上的数据直接给这些公司，并且作为回报，我们可以从互联网得到免费或是廉价的服务。

NSA也在暗中监视每个人，并且它已经意识到从这些公司收集所有的数据要远比直接从我们身上收集容易得多。在一些情况下，NSA友好地索要这些数据。在其他情况下，它充分利用微妙的威胁或公开施压。如果那样不奏效的话，它会使用像国家安全密函这样的工具。

这样做的结果就是形成这种公司与政府合作监控的关系，这使得政府和公司能够做那些本来不能做的事情，而不会遭受惩罚。

在美国有两种类型的法律，每一种都旨在约束不同类型的权力：宪法是给政府施加限制，监管法是对公司进行约束。在历史上，这两个领域基本上是分开的，但是如今双方都学会了如何利用对方的法律来绕过对自己的限制。政府利用公司来绕开宪法对其的限制，公司则利用政府来绕开监管法对其的限制。

这种合作关系体现在许多方面。政府利用公司来规避禁止其窃听本国公民的限制。公司依赖政府来确保它们可以不受限制地使用收集的数据。

举个例子：需要讨论在哪些情况下公司能够收集和使用我们的数据，并且提供保护措施以防范滥用。对于政府来说这是合情合理的，但是如果政府为了自己的监视目的正在使用那些数据，它就有动机来反对任何限制数据收集的法律。而且由于公司看到在这种情况下没有必要给消费者任何选择权——因为这只会减少它们的利润——因此市场也不会保护消费者。

我们选举出来的官员通常受到这些公司的支持、认可和资金帮助，在这些公司、立法者和情报机构间建立起“小团体”的关系。

输家是我们，是广大人民，没有人维护我们的利益。我们选举出的政府本来应该是对我们负责的，却没有尽责。而那些在市场经济中本应该对我们的需求作出回应的公司，却没有给出响应。我们现在所面临的是隐私的消亡，而这对于民主和自由来说是非常危险的。

最简单的答案就是归咎于消费者，如果他们不想被追踪，就不应该使用移动电话、信用卡、网上银行或是因特网。但是这种观点故意忽视了当今世界的现实。我们做的每件事都涉及计算机，即使我们没有直接地使用它们。计算机可以产生可追溯的数据。我们无法回到不使用计算机、互联网或社交网络的世界。除了和这些公司共享我们的个人信息外，我们别无选择，因为这就是当今世界的运转方式。

要抑制公私合作的监控关系的权力就必须限制公司对于我们提供给它们的数据能做什么，以及限制政府如何以及何时能够访问这些数据。因为这些改变同时违背公司和政府的利益，我们不得不以公民和选民的身份来要求它们。我们可以游说政府运作得更透明一些，曝光海外情报监视法庭的观点将是良好的开端，并且当不够透明时，让立法者承担说明义务。但这不会是容易的事情。它们拥有强烈的利益动机来尽全力确保数据流平稳地保持流动。

公司应该上云吗

最初发表于《经济学人》官网（2015年6月5日）

上云？不上云？……这是一件复杂的事情。

云计算的经济效益是不可抗拒的。对于公司来说，更低的运营成本，更少的资本支出，能快速地扩大规模，和能够把维护工作外包出去只不过是诸多好处中的一部分。计算机提供的服务是一种基础设施服务，就像清洁、发薪、纳税申报和法律服务。这些服务是可以被外包出去的，并且云计算正在变成一种公共设施，像电和水一样，大家都“在云上”自己发电和配水。为什么同样作为基础设施，在计算机领域要有所不同呢？

有两个原因。首先因为 IT 是复杂的：比起发电，它更像发薪服务。这意味着你必须明智地选择云服务商，并且确保你和它们签署保障到位的合同。你想拥有自己的数据，并且能够随时下载这些数据。你想确保如果云服务商破产，或是不继续提供服务时，你的数据不会消失。无论你需要什么样的技术支持，你都需要云服务商对可靠性和可用性的保障。

上云的缺点是你将会只有有限的个性化选择。因为有规模化经济效应，云计算才更廉价，并且就像任何被外包的任务那样，你希望得到你想要的。去只有有限菜品的餐馆要比聘请能做任何你想要品尝的菜品的私人厨师要便宜得多。选择较少，但价格更便宜，这是一个特色，而不是 bug。

第二个原因是云计算在安全方面是不同的。这不是一个毫无意义的问题。在最好的情况下，确保 IT 安全也是困难的，并且安全风险是各公司花了这么长时间才去拥抱云的主要原因之一。在这种情况下，安全变得更复杂了。

在支持云计算的一方看来，云服务提供商有可能比那些自己保管数据的公司更加安全。这与规模化经济是一个道理。对于大多数公司而言，云服务提供商很可能具有比这些公司更强的安全能力。几乎所有这些云服务商都受益于其集合了许多安全专家。

在反对云计算的一方看来，云服务商可能无法满足你的法律需求。你可能有云服务商无法满足的监管需求。你的数据可能存储在某个你不喜欢的，或者不能合法使用数据的国家。许多外国公司在把它们的数据存储到美国前会再三考虑，因为这里的法律允许政府秘密地得到这些数据。其他国家可能会有更加苛刻的规定。

在云计算反对方看来，大的云服务提供商是更加诱人的目标。这是否重要依赖于你的威胁画像。网络罪犯已经窃取了远多于他们能兑现的信用卡号。他们更可能关注规模更小一点、防御更差的云服务商。但是国家情报机构将会优先选择提供一站式服务的云服务商。这就是为什么 NSA 会闯入 Google 的数据中心。

最后，失去控制是一种安全风险。将你的数据转移到云上意味着有人在控制这些数据。如果他们的工作做得很出色，那就很好，但是如果他们做得不好，那就糟糕了。对于那些免费的云服务来说，失去控制可能是至关重要的。如果云服务商认为你违反了一些你甚至不知道其存在的服务条款，那么它随随便便就能删除你的数据，你还没有权利去追索。

企业需要权衡利弊，考虑云服务类型，涉及的数据类型，服务是否关键，在公司内部访问是否便利，公司的大小以及合规环境等因素。

让我从描述两种云计算方法开始。

我在哈佛大学遇到的大多数学生都使用了云服务。他们的邮件、文档、联系方式、日历、照片等都存储在大型互联网公司的服务器上，这些公司可能位于美国和其他地方。他们在 Facebook、Instagram 和 Twitter 上聊天和分享信息，他们在笔记本电脑、平板电脑和手机之间切换自如。毫不夸张地说，他们不介意使用什么设备上网，并且习惯于立刻能访问所有数据。

相比之下，我个人尽可能少地使用云计算服务。我的邮件存储在自己的计算机上，而不是在像 Gmail 或 Hotmail 这样的 Web 服务上。我是 Eudora 的最后一批用户之一。我不在云上存储我的联系方式或日历。我不使用云备份。在像 Facebook 或 Twitter 这样的社交网络站点上我没有个人账户（这让我看上去像是一个怪人，但是工作效率却很高）。我也不会使用许多我原本喜欢的软件和硬件产品，因为它们强迫你在云上保留数据，如 Trello、Evernote 和 Fitbit。

为什么不像我的年轻同事们那样去拥抱云服务呢？有三个原因，这些原因也是公司在做决策时需要权衡的。

首先是控制。我想控制我的数据，并且不想放弃它。通过运行自己的服务，我能够保持对数据的控制。这些学生大多缺乏技术专门技能，也没有其他选择。他们也想要只在云上可用的服务，而且没有选择。我故意让生活更加“艰难”，只是想保持那种控制力。类似地，公司将会决定它们是否想保持对数据的控制，甚至是能不能控制。

其次是安全。我在公开声明中仔细地谈论过这个话题。只要说我对云安全特别猜疑就够了，而且认为自己能做得更好。许多学生不太在意这些。此外，公司将会不得不就谁做得更好做出决策，这取决于公司的内部资源。

最后一点，也是最大的问题：信任。我只是不信任大公司能保管好我的数据。我知道，至少在美国，它们能随意售卖我的数据并且泄露给任何它们想给的对象。因为它们不严格的安全措施，数据可能被不经意地公之于众。政府可以不需要授权而访问数据。此外，许多学生对此并不介意，而公司将会不得不做出同样的决策。

就像其他外包关系一样，云服务是基于信任的。如果发生什么事情，那这个交换关系中的信任也随之荡然无存。试着只和值得信任的服务供应商做生意，并且签署合同以确保它们的诚信度。对于那些你没有协商能力的情况，推动政府出台法规来建立可信度的基线。反对允许政府秘密访问云数据的法律。云计算是计算机行业的未来，我们需要确保它是安全可靠的。

尽管我有自己的选择，但我相信在大多数情况下，云计算的好处超过了风险。我的公司 Resilient Systems 也使用云服务来运行业务，托管我们售卖的产品。对于我们来说这是最明智的选择。但是我们花了许多精力来确保与我们合作的是可信任的云服务提供商，并且对于我们的顾客来说，我们就是值得信任的云服务提供商。

云计算是计算机行业的未来。专业化和服务外包使得社会更加高效和可扩展，计算机行业也是如此。

但是我们为什么不这样做呢？用西蒙·克罗斯比（Simon Crosby）的话来说，为什么我们不“与它友好相处呢”？我已经讨论过一些原因：失去控制、新出现的且无法量化的安全风险，以及最重要的——缺乏信任。正如没有拥抱云服务的公司的数量所显示的那样，简单地打折销售是不足以让这些公司接受云服务的。考虑需要做什么来填补这个信任差距才是更有用的。

各种各样的机制都能够让人产生信任。昨晚，当我在一家餐馆就餐时，我从来没有担心过食品安全问题。这种盲目的信任大部分是因政府法规而产生的。这些法规能确保我们吃的食物是安全的，油漆符合环保标准，我们乘坐的航班是安全的。像克罗斯比先生所写的那样，云计算公司“将会投入大笔资金来保证能满足复杂的监管规定”，这并没有什么问题，但这是以我们有全面的法规为先决条件的。目前很多服务还是免费的，我们也不太可能弄清楚云上的安全是如何运作的。当出台健全的消费者安全法规支持外包时，人们才能信任这些系统。

对于任何类型的外包服务来说，这都是适用的。律师、税务代理人和医生都需要取得从业资格，同时受到政府和行业组织的强监管。我们信任医生，会让他们为我们做手术，是因为我们知道他们是专业的。在云计算领域，我们也需要类似的专业人士。

名誉是信任的另一个重要组成部分。我们会根据口碑和专业评论来决定购买什么样的汽车或在哪些餐馆就餐。但是没有足够的透明度，这些口碑和评论都不会起作用。安全就是一个例子。克罗斯比先生写道："云服务商将安全融合到它们的系统中，并且投入大量资源来保护客户"。或许一些公司做到了这一点，但也有很多公司没做。没有足够的透明度，云服务用户就无法讲出各服务商之间的区别。你可以向 AWS 或 Salesforce 公司询问它们的安全准备工作的细节，甚至可以要求当它们的网络上发生数据泄密事件时给予赔偿，但对于免费的云服务，像 Gmail 和 iCloud 等，情况可能会糟糕一点。

我们需要信任云计算的性能、可靠性和安全性。我们需要公开的标准和规则来允许我们删除云上的数据，并且保证如果需要，我们可以在不同的云服务之间迁移。

无论在何种情况下，我们原本都应该信任那些能够访问我们的数据的人。但某个评论家写道："在斯诺登事件后，使用云计算的想法是荒谬的。"他不是抛出技术论据——通常企业的数据中心的安全防御不比云服务提供商更好，而是抛出一个法律论据——在美国法律以及其他国家类似的法律体系下，政府能够强迫你的云服务提供商提供你的数据，并且不需要你知晓和同意。如果你的数据存储在自己的数据中心，你至少可以看到法院命令的一份副本。

对公司进行监管也是非常关键的。许多云服务公司挖掘并销售你的数据，或是通过这些数据来诱导你购买产品。如果想让云服务得到客户的信任，阻止政府和企业的大范围监控，以及废除允许政府访问数据的秘密法律和命令是至关重要的。

在未来，我们会在云上执行所有的计算，包括商品计算和需要各种专业知识的计算。但是只有当我们设法在云上建立信任时，这个未来才会变成现实。

物联网中的安全经济学

最初发表于 Vice Motherboard（2016 年 10 月 6 日）

布莱恩·克雷布斯（Brian Krebs）是网络安全领域颇受欢迎的记者。他定期地曝光网络罪犯和他们的战术，因此也经常成为他们的目标。上个月，他写了一篇关于在线出租攻击服务的文章，使两名经营者被捕。受此影响，他的网站遭受了大规模的 DDoS 攻击。

从很多方面来看，这种攻击没有什么新意。DDoS 攻击是导致 Web 站点以及其他联网系统崩溃的攻击手段之一，它通过使用流量来让系统超载。“分布式”意味着互联网上其他不安全的计算机被“招募”到某个僵尸网络，并且不知不觉地参与了攻击，这样的计算机有时会达到数百万台之多。DDoS 攻击已经存在很久了，曾有黑客用它进行恶作剧，有网络罪犯用它勒索钱财，政府也会用它来进行测试。针对 DDoS 攻击，我们有防御措施，也有公司能够提供缓解服务。

基本上这是一个比大小的游戏。如果攻击方能够“拼凑”出大量的数据，并且超出防御方的能力范围，那么攻击方赢。如果防御方在面对攻击时能随之增加防御能力，那么防御方赢。

针对克雷布斯的攻击中，新特点是攻击者使用大规模的、特殊的设备——他们不再使用传统的计算机来组成僵尸网络，而是使用闭路电视摄像头、数字摄像机、家庭路由器以及其他可以作为物联网一部分的联网的嵌入式计算机。

有很多文章已经描述了物联网有多不安全。事实上，用于攻击克雷布斯的软件是简单的、业余的。这次攻击表明，物联网的经济性意味着它将继续保持不安全状态，直到政府介入，解决问题。这是市场化的失败，因为其自身不能解决问题。

我们的计算机和智能手机是一样安全的，因为有安全团队的工程师可以解决问题。像微软、Apple 和 Google 这样的公司在发布代码前投入了大量的时间来测试代码的安全性，并且当发现漏洞时快速地打补丁修复。这些公司能支持这样的安全团队，是因为这些公司直接或间接地依靠其软件提供的服务赚取了大量利润，并且在某种程度上，安全也是竞争力。但对于数字摄像机或家用路由器这样的嵌入式系统，情况就不是这样了。这些系统以十分低廉的价格售卖，并且经常由国外的第三方开发。相关公司没有相应的专业知识来让系统更加安全。

更糟糕的是，这些设备大多数无法打补丁。即使用来攻击克雷布斯的僵尸网络的源代码已经公之于众，我们也无法更新受影响的设备。微软每个月向你的计算机发送安全补丁，Apple 也会发送，但不是以固定的频率发送。但是对于你来说，要更新家用路由器的固件，唯一的方式就是扔掉它并且买一个新的。

计算机和手机的安全性也源自我们定期更新它们这个事实。每隔几年，我们会购买新的笔记本电脑，购买新手机的频率甚至更高。但对于嵌入式物联网系统来说不是这样的。它们会被持续使用数年，甚至几十年。我们可能每 5 年或 10 年购买新的 DVR，每 25 年更换一次冰箱，几乎永远不会更换恒温器。银行也总是这样处理嵌入在 ATM 中的 Windows 95 系统的安全问题。同样的问题也会发生在物联网上。

市场无法解决这个问题，因为买方和卖方都不在意。经济学家称这种不安全性为“外在效应”：它只会影响到做出购买决策主体以外的人，可以把它看作看不见的污染。

所有这一切意味着物联网会处于不安全状态，除非政府介入并解决问题。当市场化失败时，政府是唯一的问题解决者。政府可以要求物联网设备制造商遵循安全法规，迫使它们确保自己生产的设备是安全的，即使它们的顾客不在乎。可以让制造商承担责任，允许像布莱恩·克雷布斯这样的人起诉它们。这些措施都会提高不安全的成本，并且激励企业去投入资金来让设备更安全。

当然，对于一个国际化的问题来说，这只是一个本土化的解决方案。互联网是全球性的，并且攻击者能够很容易地用物联网设备组成僵尸网络。长期来看，我们需要建造能够抵抗像这样的攻击的互联网，但这是一个漫长的过程。同时，你可能会看到更多利用不安全物联网设备的攻击事件。

第8章

人与安全

人机信任失败

最初发表于《IEEE 安全与隐私》(2013 年 9 月 10 日)

上个月，我拿了出入华盛顿特区艾森豪威尔行政办公大楼的访客证。该访客证是电子的，当你通过安全检查时，它会被激活。你可以将访客证一直挂在脖子上，并在离开时将其放入卡槽中。

在离开的时候，我没有上交访客证。我用我的身体遮挡着，把访客证放入卡槽中之后，又重新拿了回来，卡槽还是发出了正常的允许离开的声音。然后守卫就让我通过了。

不过，我后面的人离开时出现了问题。系统的某些部分出现了问题，并且不让她通过。最终，警卫不得不手动操作才让她离开。

我讲这个故事的目的不是要演示我是如何破坏安检系统的安全性的——我确信我的这枚访客证会很快被停用，并出现在我名字旁边某个记录丢失访客证信息的日志中——而是要说明人机信任的失败如何造成安全漏洞。从我出门到跟在我后面的那个人出门之间发生了问题。系统知道问题是什么，但是无法向警卫充分解释。警卫知道存在问题，但不知道细节。因为我后面的人试图离开大楼时出现了问题，所以警卫认为这是她的问题。当他们排除了她存在不当行为的可能性之后，便将责任归咎于系统。

在任何混合安全系统中，人需要信任机器。为此，双方都必须了解每种状态的预期行为，比如系统发生故障的原因以及出现这些故障时的表现。机器必须能够传达自己的状态，并且能够在预期的状态转换未发生时向人发出警报。不管是偶然的故障还是攻击导致的系统错误，人类都需要实时对系统进行故障排除，这需要人类对系统有充分的了解。每次出现问题并且机器部分无法正常工作时，人们对系统的信任程度就会降低。

这个问题不是安全系统特有的，但引起这种混乱是攻击系统的好方法。当攻击者比系统操作人员更了解系统，尤其是机器部分时，攻击者就会利用机器的运行机制攻击系统。许多社会工程学攻击都属于此类。失败也会以其他方式发生。当系统中的人为部分影响机器时，即使它没有意义，要相信“计算机永远是正确的”。

人与机器具有不同的优势。人类很灵活，富有创造性思维，但机器不能。但是人类很容易上当。机器比人类更精确，可以处理状态变化和流程。但是机器不善于处理异常。如果人类要充当安全传感器，那么他们需要了解所感知的内容（这就是“你看到了什么就说什么”这一要求经常失败的原因）。如果让机器自动处理输入，它需要标记清楚所有未预料到的情况。

安检机器的自动化程度越高，并且在没有人为干预的情况下机器执行安全检查的能力越强，安检机器被攻击成功后的影响越大。如果这听起来像是一个关于界面简单程度的争论，那它确实是。机器设计必定会更加复杂：更具弹性，能进行更多的错误处理和更多的内部检查，但是人机交互必须清晰明了。这是让人们信任和理解安全系统的最佳方法。

政府保密与代沟

最初发表于《金融时报》(2013年9月5日)

政府的秘密越多，需要的保密人员就越多。根据美国国家情报局的数据，截至2012年10月，美国有近500万人通过了安全审查，其中140万人为绝密级别或更高级别。

这些人中的大多数人获得的内部信息不如下面这些人多，比如NSA前员工爱德华·斯诺登，他成了泄密者，再比如美国前陆军士兵切尔西·曼宁（Chelsea Manning，他的另一个名字是布拉德利），他因向WikiLeaks提供材料而被定罪。其中有许多人都泄密了，这是政府的致命弱点。保守秘密和其他任何事情一样，都是忠诚的举动，而这种忠诚在年轻人中越来越难找到。如果NSA和其他情报机构要以目前的形式生存，他们就不得不找出减少秘密数量的方法。

正如作家查尔斯·斯特罗斯（Charles Stross）所解释的那样，保守情报秘密的老方法是使保守秘密成为终身文化的一部分。情报界将在人们职业生涯的早期就招募他们，并为他们提供终身的工作。那就像一个私人俱乐部，里面充斥着暗号和秘密信息。

你可以在斯诺登泄露的文件中看到其中的一部分。NSA拥有自己的术语，文件上满是代号，比如会议、奖项的名称和表彰文字。从事情报工作意味着你可以进入一个新的世界，外界的普通人完全看不到这个世界。这个私人俱乐部的会员资格意味着人们忠于自己的组织，组织也忠于他们。

那些日子已经一去不复返了。是的，仍然有代号和秘密信息，但是很多忠诚度已经消失了。现在许多情报工作已经外包了，企业也没有让员工终身在某个公司工作的这种文化了。公司雇员的工作可以互换，人员流动的情况非常常见。

当然，员工也可以在政府的这些外包公司中长期工作，但这不能保证。年轻人在成长过程中将会知道，任何地方都没有就业保障。他们从朋友身上或周围发生的事情中看到了这一点。

许多人也会相信开放性，特别是NSA需要招募的这些黑客。他们认为信息本质上应该是自由的，安全性来自公共知识和讨论。是的，虽然有一些重要的原因使NSA需要对一些情报保密，而且NSA每天都在加强保密性，但这是一群习惯了开放的人。他们多年来一直在互联网上写文章，在Twitter上发私信，在Facebook上发照片。加入NSA之后，他们不能这么做了。他们必须克服自己以往的习惯并以最稳妥的方式分享知识。要说服这些黑客相信政府的保密权胜过公众的知情权是非常艰难的。

从心理上讲，当一个举报人是很难的。忠于我们的同伴群体也让我们面临着一种压力：遵守他们的信念，而不是让他们失望。忠诚是人类的天性，它是我们在复杂的社会中生存的社会机制之一。这就是为什么有时好人会因为工作做坏事。

当某人成为举报人时，他是在有意回避这种忠诚。从本质上讲，他们认为对社会忠诚胜过对同事忠诚。这是困难的部分。他们知道自己的工作伙伴的名字，但是“整个社会”是无定形且匿名的。当你发现你的老板最终不会在乎你，做出这种转变会变得更加容易。

举报是信息时代的公民的反抗。这是没有权力的人可以有所作为的一种方式。事实是，在信息时代，所有内容都存储在计算机上，只需敲击几次键盘或鼠标便可以访问，这也使举报比以前更容易。

斯诺登今年30岁，而曼宁今年25岁。他们是我们所教导的一代人，我们教导他们不要期待从雇主那里得到长期的回报。因此，雇主也不应对他们有长期的期望。做一个举报人很难，但对于这一代人来说，要比以往容易得多。

关于美国政府分级过度问题的文章有很多。长期以来，人们一直认为这样做是反民主的，也是政府监督的障碍。现在我们知道这也是一种安全风险。NSA等组织需要改变其保密文化，并将安全工作集中在真正需要保密的事情上。它们对所有内容进行分类的做法已不再适用。

NSA，你遇到问题了。

选择安全密码

最初发表于 Boing Boing（2014年2月25日）

很多密码都是不安全的，但它们短期内不会消失。我们每年都有越来越多的密码需要处理，并且密码变得越来越容易破解。你需要一个密码策略。

要解释如何选择好的密码，最好的方法是解释它们是如何被破解的。通用攻击模型是所谓的脱机密码猜测攻击。在这种情况下，攻击者从人们想要验证的地方获取加密密码文件。他的目标是将加密文件转换成可用于身份验证的未加密密码。攻击者通过猜测密码，然后查看密码是否正确来做到这一点。攻击者可以使用计算机快速地尝试猜测并且可以使用并行方法进行攻击，如果猜测正确，就可以立即得到确认。目前有多种方法可以阻止这种攻击，这就是为什么我们仍然可以在ATM卡上使用四位数的PIN，但这种方法是破解密码的最常用的方法。

还有一些商业软件可以进行密码破解，这些软件主要出售给警局。也有黑客工具可以做同样的事情。这些工具很好用。

密码破解的效率取决于两个基本独立的因素：能力和效率。

能力就是指电子计算机的计算能力。随着计算机的运行速度越来越快，它们每秒能够测试的密码也越来越多，比如有的程序每秒可以破解八百万个密码。这些密码破解程序可能在多台机器上同时运行数天。对于一个备受瞩目的案件，密码破解可能会持续几个月的时间。

效率是指更有效地猜测密码的能力。按照从 aaaaaaaa 到 zzzzzzzz 的顺序排列每个八个字母的组合是没有意义的，那将是 2000 亿个可能的密码，其中大多数密码基本不可能有效。密码破解者通常会首先尝试最常用的密码。

典型的密码由一个根和一个附属词组成。词根不一定是字典中的词，但通常是可发音的词。附属词可能是后缀（90% 的概率），也可能是前缀（10% 的概率）。我看到的一个破解程序是从包含约 1000 个常见密码的字典开始的，例如 letmein、temp、123456 等。然后，用大约 100 个常见的后缀对它们进行了测试，如“1”“4u”“69”“abc”“!”，等等。仅使用这 100 000 个组合，就覆盖了大约四分之一的密码。

Cracker（指密码破解者）使用不同的字典：英语单词、名称、外来单词、音标等作为词根；两位数字、日期、单个符号等作为附属词。他们使用各种大写字母和常用替换词来生成字典：“$”表示“s”，“@”表示“a”，“1”表示“l”，等等。这种猜测策略很快就破解了三分之二的密码。

现在的密码破解者会将词典中的不同单词进行组合：

> 下面几种类型的密码是在破解密码过程中发现的人们经常使用的密码组合。它们包括诸如“k1araj0hns0n”“Sh1alabe0uf”“Apr！l221973”“Qbesancon321”“DG091101%”“@Yourmom69”“ilovetofunot”“windermere2313”“tmdmmj17”“BandGeek2014”之类的密码。列表中还包括“all of the lights”（是的，许多网站的密码都允许有空格），“i hate hackers”“allineedislove”“ilovemySister31”“iloveyousomuch”“Philippians4：13”“Philippians4:6-7”“qeadzcwrsfxv1331”。“gonefishing1125”是 Steube 在他的计算机屏幕上看到的另一个密码。在这个密码被破解几秒之后，他指出：“如果使用简单的暴力破解方式，你永远不会破解成功。”

有一个生成密码的策略叫作 XKCD，它的意思是直接把多个单词拼接在一起，如“correcthorsebatterystaple”。了解了攻击者是如何攻击我们的密码之后，我们就明白了为什么 XKCD 策略已经不好用了。现在的密码破解者已掌握了这一技巧，并可以对这类密码进行高效的破解。

攻击者将向密码破解者提供他所能获得的关于密码创造者的任何个人信息。一个好的密码破解者将会使用通信簿中的名称和地址、有意义的日期以及其拥有的任何其他个人信息来生成字典并进行密码破解。邮政编码是常见的密码后缀。如果可能的话，攻击者将为对方计算机硬盘驱动器建立索引，并创建一个包含每个可打印字符串（包括已删除文件）的字典。如果你曾经保存过加密的电子邮件，或将其保存在了某个文件中，或者你的程序曾经将密码存储在内存中，那么通过前面的操作，攻击者就会得到这些密码。它还将加快找回密码的速度。

去年，Ars Technica 向三位专家提供了一个包含 16 000 个输入项的密码文件，并要求他们尽可能多地破解这些密码。在几个小时之内，破解密码最多的人破解了这些密码的 90%，最少的也破解了 62%。这与我们在 2012 年、2007 年及更早时看到的情况相同。如果有什么不同，那就是这种事情比人们想象的要容易得多。

几乎所有可以记住的内容都可以被破解。

还有一种方案可行。早在 2008 年，我就提出了“ Schneier 方案”：

> 如果你希望密码难以猜测，则应选择在破解过程中容易被漏掉的内容。我的建议是选择一个句子，然后将这个句子变成密码。像“这只小猪进入市场”(This little piggy went to market) 之类的句子可能会变成“tlpWENT2m”。这个 9 个字符的密码不会出现在任何人的字典中。当然，不要用这个，因为我已经把它写出来了。你可以选择一个自己容易记住的句子。

这里有些例子：

- WIw7, mstmsritt ... = When I was seven, my sister threw my stuffed rabbit in the toilet.
- Wow···doestcstt =Wow, does that couch smell terrible.
- Ltime@go-inag~faaa! = Long time ago in a galaxy not far away at all.
- uTVM, TPw55:utvm,tpwstillsecure = Until this very moment, these passwords were still secure.

现在你应该明白如何设置密码了。选择一个自己难忘的句子，并使用自己很难忘记的方式将其转换成一个长度很长密码。当然，这个网站必须支持所有这些并非全部是字母和数字组成的以及任意长的密码。否则，设置密码要困难得多。

更好的方法是使用随机的、难记的字母、数字组成的密码（如果网站支持，还会加上特殊符号），并使用密码管理器（如 Password Safe）来创建和存储这些密码。Password Safe 这款软件具有随机生成密码的功能。告诉它你想要多少个字符（我的

默认值是 12 个字符），它将为你生成密码，例如 y.)v_ | .7)7Bl，B3h4 _ [%} kgv) 和 QG6,FN4nFAm_。该程序支持剪切和粘贴，因此你实际上并不需要经常输入很多字符。我建议使用 Windows 版本的 Password Safe，因为第一个版本是我编写的，并且我也认识当前负责 Windows 版本的 Password Safe 的研发人员，并信任其安全性。也有一些其他操作系统版本的 Password Safe，但那些版本我不太了解。当然现在也有很多其他密码管理器可供挑选。

想要保证密码安全，不只是简单地选择一个好密码这么简单，还有其他需要注意的地方：

- 切勿重复使用你的密码。即使你的密码十分安全，网站也可能由于自身的安全问题而泄露密码。你肯定不希望攻击者能用从 A 网站获得的密码登录 B 网站。
- 不要频繁更新密码感到厌烦。如果网站要求你每隔 90 天（或任何其他天数）必须升级密码，那么网站这么做弊大于利。除非你认为自己的密码可能已被盗用，否则请不要更改它。
- 当心“秘密问题”。如果你为了找回密码而设置的问题比你的密码更容易破解，那么请不要使用这个功能。其实使用密码管理器很明智。或将密码记在一张纸上，然后保存好这张纸。
- 如果网站提供双重身份验证，请认真考虑使用它。这肯定可以提高安全性。

Heartbleed 漏洞事件中人的因素

最初发表于 *Mark News*（2014 年 5 月 19 日）

4 月 7 日的公告令人震惊。一种名为 Heartbleed 的新型互联网安全漏洞可能会让攻击者窃取你的登录名和密码。这个漏洞影响了一个安全软件，该软件已在全球 50 万个网站上使用。对其进行修复非常困难：既给安全基础设施带来很大的压力，也十分考验用户的耐心。

这是软件不安全问题，但出现这个问题完全是人为的。

软件具有漏洞，是因为它是由人编写的，并且人会犯错——成千上万的错误。这个特殊的错误是 2011 年一名德国研究生导致的，该研究生是 OpenSSL 的志愿者。软件的更新得到了一位英国顾问的批准。

回想起来，这个错误应该是显而易见的，但令人惊讶的是没有人发现它。但是，即使世界各地成千上万的大型公司免费使用了这一关键软件，也没有人花时间在代码发布后对其进行审查。

该错误是在2014年3月21日左右发现的，并在4月1日由Google安全团队的Neel Mehta进行了上报，他很快意识到了这一错误的巨大危害。两天后，非常巧合的是一家叫作Codenomicon的安全公司的研究人员独立发现了它。

当研究人员发现广泛使用的软件中的重大漏洞时，通常会负责任地披露该漏洞。为什么？漏洞一经公开，犯罪分子便会开始使用它来入侵系统，窃取身份并制造混乱，因此，在漏洞发布后，我们必须共同努力迅速修复漏洞。

研究人员悄悄地警告了一些较大的公司，以便他们可以在公开漏洞之前修复其系统（谁告诉谁是另一个非常人性化的问题：如果你说得太少，可能没有起到真正的帮助作用，但是如果你说得太多了，那么秘密就可能泄露出去）。然后，Codenomicon宣布了此漏洞。

在安全社区中，我们面临的最大问题之一就是如何公布这些漏洞。这些漏洞都是技术性的，而且人们常常不知道如何应对风险。在这种情况下，Codenomicon的研究人员就做得很出色。他们创建了一个公共网站，以简单的术语解释了该漏洞以及如何修复该漏洞，并创建了一个徽标——一颗流血的红色心脏的图案——每个新闻媒体都用它来报道该漏洞。

第一周的报道各不相同，有些人感到恐慌，有些人则并不认为这是严重的威胁。人们有这种反应并不奇怪：这个漏洞的风险存在很多不确定性，而且漏洞的严重程度并不明显。

大型互联网公司迅速修补了易受攻击的系统。个人更新密码的可能性较小，但是总的来说，这是可以的。

像往常那样，攻击者在此消息公布后的几分钟内就开始利用此漏洞。我们猜测政府也尽可能利用了该漏洞。我确定NSA已提前发出了警告。

到现在，这已经基本结束了。互联网上仍然有许多未修复的系统（它们中的许多是无法修复的嵌入式硬件系统）。攻击的风险仍然存在，但风险很小。最后，尽管恢复安全性的代价很大，但实际损失并不大。

但问题仍然存在：将来会发生什么呢？还会有更多的类似Heartbleed漏洞一样的安全问题吗？

是的，将来还会有。我们使用的软件中包含成千上万个错误，其中有许多安全漏洞。许多人正在寻找这些漏洞：研究人员正在寻找它们，犯罪分子和黑客也正在寻找它们，美国、英国、俄罗斯和其他地方的国家情报机构也正在寻找它们。软件供应商本身正在寻找它们。

漏洞被发现后会发生什么样的情况取决于找到漏洞的人。如果供应商找到它，会悄悄地修复它。如果研究人员找到了它，则会警告供应商，然后将其报告给公众。如果某个国家情报机构发现了该漏洞，则会悄悄地使用它来监视其他国家，或者（如果我们很幸运的话）警告供应商。如果罪犯和黑客发现了它，他们会使用它，直到安全公司发现这个漏洞并警告供应商，然后这个漏洞通常会在一个月内得到修复。

Heartbceed 漏洞很特殊，因为没有单一解决方案。该软件必须进行更新，然后网站必须重新生成其加密密钥并获得新的公共密钥证书。在那之后，人们也必须要更新自己的密码。这个多阶段的过程必须公开进行，这就是为什么要用这种形式进行公布。

是的，类似漏洞会再次出现。但是在大多数情况下，这些漏洞处理起来会比 Heartbleed 漏洞容易。

数据删除带来的安全性

最初于发表于 ArsTechnica.com（2015 年 1 月 12 日）

成千上万的文章称 12 月对索尼影业的攻击敲响了业界的警钟。无论攻击者是报道中提及的朝鲜政府，还是心怀不满的索尼前雇员，或者是一群黑客，这次攻击都表明大型组织有多脆弱，这些组织的私人通信、专有数据和知识产权会造成多么严重的破坏。

当公司意识到应该提升自身的安全性时，还有一个同样重要但很少被重视的问题，那就是公司应该制定积极的删除策略。

当前商业和社交的计算机化是社会的趋势，但问题也随之而来，计算机化使我们将所有数据都保存了下来，缺少了暂时性。我们过去经常当面或在电话里交流，现在都通过电子邮件、短信或在社交网络平台上交流。我们以前看完就扔掉的备忘录现在会保存在我们的数字档案中。现在大数据技术日益普及，这意味着我们需要尽可能多地把客户的信息保存下来，以便将来可以对这些数据进行分析利用。

现在所有事物都是数字化的，而且存储这些信息也很便宜，那么为什么不把这些信息全部保存起来呢？

索尼被攻击说明了为什么不能这样做。黑客公开了索尼公司高管的历史电子邮件，这些电子邮件给索尼公司带来了巨大的负面影响。黑客也公开了员工的历史电子邮件，这些邮件也使一些员工十分难堪。最终因为泄露的信息，这些员工对索尼公司发起了集体诉讼。黑客不仅公开了历史邮件，还公开了他们得到的一切数据。

保存数据，尤其是电子邮件和非正式聊天记录，是一种负担。

这也是一种安全风险：暴露风险。暴露可能是偶然的。就像索尼一样，这可能是数据盗窃的结果，也可能是诉讼的结果。无论出于何种原因，应对这些突发事件的最佳方案都是从最开始就不保存这些数据。

如果索尼采取了积极的数据删除政策，那么这些数据就不会被盗，当然也不会被公开。

制度化的数据删除策略非常重要。一旦客户数据不再有用，应立即删除。内部电子邮件可能会在几个月后被删除，IM 聊天数据应该更快被删除，而其他文档可能会在一到两年后被删除。当然有例外，但它们应该仅仅是例外。个人应该将需要长期保存的文件加以标记。但是，除非法律要求组织需要在规定的时间段内保存特定类型的数据，否则正常状态下应该删除这些数据。

数据应该被定期删除，但是在大数据时代，许多组织已经忘记了这一点。随着数以千计的索尼的敏感数据被毁灭性泄露，我希望大家现在都意识到这个问题。

生活在“黄色状态”

最初发表于 Fusion.net（2015 年 9 月 22 日）

在 20 世纪 80 年代，手枪专家杰夫·库珀（Jeff Cooper）发明了一种称为“颜色代码”（Color Code）的方法来描述他所谓的“战斗思维定式”。以下是摘要：

> “白色状态”表示你没有做好准备，也没有准备采取致命行动。如果你在白色的状态下遭到袭击，除非对手非常笨拙，否则你可能会丧命。
>
> “黄色状态”表示你意识到自己的生命可能处于危险之中，并且需要采取一些行动。
>
> “橘色状态”表示你已经确定了特定的对手，并准备采取可能会导致其死亡的行动，但你并未处于致命的状态。

“红色状态”表示你处于致命模式，如果情况允许，你将射击。

库珀虽然描述了人们处于“黄色状态”下的思维状态，但并未写明处于“黄色状态”时人们心理上的负担。这很重要。我们的大脑不能一直处于这种戒备状态。我们需要停机，需要放松。这就是为什么我们需要可以让我们放下警惕的朋友，以及可以向外界关闭大门的房屋。我们只希望偶尔跟外界接触。

自“9·11”事件以来，越来越多的美国人处于“黄色状态”，我们认为危险已经迫在眉睫。这种情况对我们个人和整个社会都是有害的。

我并不是要低估实际危险。由于本国政府的失败，有些人确实生活在“黄色状态”的世界中。即使在这种状态中，我们也知道，面对持续的危险时，他们要长期保持警惕性有多么困难。心理学家亚伯拉罕·马斯洛（Abraham Maslow）为此写了一篇文章，将安全性作为其需求层次结构中的基本层次。缺乏安全感使人们感到焦虑和紧张，如果受到这种状态的长期影响，将使人衰弱。

当我们认为自己生活在一个不安全的环境中时（即使并非如此），也会产生相同的影响。用心理领域的术语来说就是过度警惕。面对想象中的危险时，过度警惕会引起压力和焦虑。这反过来会改变人脑中海马体的功能，并导致人体内的皮质醇过多。通常情况下皮质醇在小剂量的情况下是非常有益的，它可以让你看到老虎时知道恐惧并跑开。但是，如果皮质醇长时间分泌过多，则会对你的大脑和身体造成损伤。

长时间处于“黄色状态”不仅会损害你的身体，还会改变你与环境互动的方式，影响你的判断力。你会忘记正常情况，仿佛在各处都能看到敌人。恐怖主义实际上就是依靠这种反应进行控制的。

这是去年《华盛顿邮报》的一个例子：“我正在给女儿们拍照，一个陌生人认为我在利用她们。”一位父亲写道，他和一位不当班的国土安全部（DHS）工作人员发生了冲突，这位工作人员对一张普通的家庭照片产生了曲解，并继续骚扰和教训这家人。这位工作人员之所以这么做，很大程度上是因为种族因素——孩子的父母是白人，而女儿是亚洲人。

《华盛顿邮报》报道的这件事情是一个凡事都从最糟糕的角度去考虑的一个例子。这位 DHS 工作人员平时的工作就是随时注意最坏的情况，并出手干涉，所以当他看到这件事之后自然而然地就把这个父亲当成了罪犯。这件事情提醒我们眼见也不一定为实。我认为这件事背后的原因是这位工作人员的心理状态一直处于“黄色状态”，因此他觉得任何事情都非常可疑。

我称这些为“电影剧情威胁”，这些场景在电影中经常出现，但是几乎不可能出现在真实的生活中。“黄色状态”的世界中充斥着这样的威胁。

去年12月，前DHS局长汤姆·里奇（Tom Ridge）谈到了在洛杉矶机场附近建造NFL体育场的安全隐患。他的报告中充满了“电影剧情威胁”，包括恐怖分子击落飞机并将其撞入体育场。他的结论是在距机场几英里的范围内修建一个体育馆实在太危险了，他这么想实在是太荒谬了。他在“黄色状态”下生活得太久了。

我们的大脑不是为在“黄色状态”下生活而进化的，这是有道理的，因为真正的攻击很少发生。在大街上朝你走来的人不是攻击者。即使有人做的事情有些出人意料，他也不是恐怖分子。劫持飞机撞击体育馆那样的场景往往出现在电影《虎胆龙威》中，而不是现实世界中。(真的会有人会这么想吗？)

大多数人，包括上面例子中的那个DHS工作人员在内，都无法区分什么是无害的行为，什么又是真正危险的行为。真正的攻击事件是很稀少的，但错误警报的数量十分惊人。这就是“看到什么，报告什么”这类程序存在的根本问题，它们可能浪费大量的时间和金钱。

那些幸运地生活在“白色状态”中的人往往在各个方面都表现出色，也会得到更好的服务。我们需要从个人交往和国家政策等多方面来调整。自“9·11”恐怖袭击以来，许多反恐政策都暗示人们自己并不安全，他们需要始终处于戒备状态。我们不能一直处于“黄色状态”，需要领导人带领我们脱离这种状态。

安全设计：停止让用户改变

最初发表于《IEEE安全与隐私》(2016年9月10日)

每隔几年，安全研究人员就会在公司或者机构周围扔U盘，他们等着看是否有人会捡起U盘并插入计算机，一旦有人这样做了，那么这个特制的U盘就会在他的计算机中植入恶意程序。这些研究往往会使安全研究人员感觉良好。借助这样的例子，研究人员一方面可以展示自己的安全专业知识，另一方面又可以对其他人进行教育。他们说：“如果每个人都对网络安全有更多的了解，并接受更多的安全培训，那么互联网将是一个更加安全的地方。”

够了。问题不在于用户，问题在于我们把计算机系统的安全性设计得非常糟糕，以至于需要要求用户做这些违反直觉的事情。用户为什么不能选择容易记住的密码？

为什么不能毫无顾忌地点击电子邮件中的链接？为什么不能将U盘插入计算机而又不用担心面对无数种病毒？为什么我们要让用户注意而不是解决潜在的安全问题？

一般情况下，我们认为安全性和可用性不可兼得：更安全的系统功能更少，更不便，而灵活且功能强大的系统则不太安全。这种“二选一”的想法导致系统既不可用，也不安全。

我们的行业中到处都是这样的例子。

第一：安全警告。尽管研究人员的出发点是好的，但这些警告只是让人们注意它们，没有什么实际的价值。我已经阅读了数十篇有关如何使人们注意安全警告的文章。比如，我们可以调整其措辞，将关键部分突出显示为红色，又比如我们可以在计算机屏幕上适当调整它们的位置，但是由于用户知道这些警告总是毫无意义的，因此无论怎么做都无济于事。用户看到的不是“证书已过期；您确定要转到此网页吗？”他们看到是“我是一条令人讨厌的消息，阻止您阅读网页。单击此处摆脱我。”

第二：密码。强迫用户为他们每年仅登录一次或两次的网站生成密码是没有意义的。用户意识到这一点后，他们选择将这些密码存储在浏览器中，或者甚至从来没有想过要记住它们，当用户登录网站发现忘记密码时，他们会使用“忘记密码”链接完全绕过系统——网站账号的安全性取决于邮箱账号的安全性。

第三：网络钓鱼链接。用户在互联网上可以随意点击链接，直到遇到钓鱼网站的链接。然后，每个人都想知道如何训练用户不要点击可疑链接。但是，在过去的20年中用户一直被教育如何点击链接，因此教用户不去点击某些链接是非常困难的。

我们必须停止让用户改变自己来实现安全性。我们永远无法通过这样的手段达到目的，对这些目标的研究只会掩盖实际问题。可用的安全性并不意味着“让人们去做我们想做的事”。这意味着制定的安全方案应该是有效的，无论用户做什么。安全解决方案应该保证用户的安全，而用户无须承担像19世纪的荷兰密码学家Auguste Kerckhoffs说过的“精神压力或一长串的规则知识”。

这句话我已经说了很多年了。安全专家（也是本期的特约编辑之一）M.Angela Sasse多年来也一直在强调这一点。普通用户和开发人员终于开始倾听。用户不必手动更新系统，因为现在安全补丁都是自动安装的。在Google文档中打开Word或Excel文档会将其与用户的操作系统隔离开，因此不必担心嵌入式恶意软件。程序可以在沙盒中运行，而不会损害整个计算机。我们已经走了很长一段路，但是我们还有更多路要走。

当然，“责备受害者”的思想比互联网更古老。但这并不正确。“信息时代”对所有人来说都应该是安全的，而不仅仅是那些具有“安全意识”的人才安全。

安全编排和事件响应

最初发表于安全情报博客（2017年3月21日）

上个月在RSA大会上，我看到许多公司出售安全事件响应自动化系统。它们的承诺是通过机器学习或其他人工智能技术代替人工，并以计算机的运行速度应对攻击。

尽管这是一个值得称赞的目标，但短期内这样做存在一个根本问题：你只能自动执行确定的操作，但网络安全领域仍然存在大量不确定的事件。自动化事件响应应在网络安全中占有一席之地，但重点应放在提高网络安全从业人员的工作效率上，而不是替代他们。我们的目的是实现安全编排，而不是自动化。

这不仅仅是单词上的不同，也是哲学上的差异。美军在20世纪90年代经历了这一过程。所谓的军事革命（RMA）应该改变战争的方式。卫星、无人机和战场传感器可以为指挥官提供实时的战场情报，而联网的士兵和武器则可以使部队进行前所未有的协调。简而言之，传统战争中的迷雾已经被信息拨开。过去的战争中充满了不确定性，未来战争则由于信息获取充足而不存在这种情况。美军也相信，确定性将极大地推动自动化，并在许多情况下允许科技取代人类。

当然，完全依赖科技也是不行的。在阿富汗和伊拉克战争中，美军也意识到其情报搜集系统和协调系统都存在很多漏洞。无人飞机在战争中起到重要作用，但是它们不能代替地面部队。军事革命为美军带来了巨大的优势，相较于没有进行军事革命的国家来说，这个优势更加明显。但这也不意味着美军与这些国家发生冲突时一定能获胜，战场仍然充满了不确定性，地面士兵仍然是控制领土的唯一有效方法。

但在这个过程中，我们了解了确定性是如何影响军事思维的。上个月，我听了H.R. McMaster的主题演讲。这场演讲是在他成为特朗普总统的国家安全顾问之前进行的。那时，他担任陆军能力整合中心（Army Capabilities Integration Center）的主任。他的演讲涉及许多主题，他一度提及RMA的失败。他在演讲中提及军事战略家错误地认为情报数据会给他们带来确定性。他进一步概述了这种依赖会在军事战略家思考现代冲突时带来怎样的影响。

McMaster的观察结果与互联网安全事件的反应直接相关。与美军军方在20世纪

90 年代犯的错误相同，我们也曾被误导，相信数据会带给我们确定性。在充满不确定性的世界中，理解是非常重要的，因为指挥官需要弄清楚正在发生的事情。在确定性的世界中，知道发生了什么就变成了简单的数据收集问题。

在互联网安全方面我们也犯了同样的错误。参加 RSA 大会的许多公司都承认在搜集和利用用户信息，他们认为这些信息可以帮助他们解决一切问题。事实却不是这样。数据不等于信息，信息不等于理解。我们需要数据，但重要的是我们必须先了解已拥有的数据，而不是收集更多的数据。与大规模监视用户的问题非常相似，“收集全部数据”的方法比收集有用的特定数据提供的价值更小。

在充满不确定性的世界中，重点是执行。在确定的世界中，重点是计划。这种情况也适用于互联网安全。我自己的 Resilient Systems（现已成为 IBM Security 的一部分）使事件响应团队能够管理安全事件和网络入侵事件。虽然该工具可用于计划和测试，但其真正的重点始终是执行。

不确定性要求主动，而确定性要求同步。在这方面，我们再次走错了路。所有事件响应工具的目的都应该是使事件响应人员的工作更加有效。事件响应人员不仅需要有能力应对这些事件，更需要能高效处理这些事件。

当情况不确定时，你希望将系统去中心化。在确定的情况下，中心化更为重要。优秀的事件响应团队知道，去中心化与主动性是相辅相成的。最后，不确定性世界优先考虑命令，确定性世界优先考虑控制。同样，高效的事件响应团队也知道这一点，高效的管理人员也不必担心释放和委派控制权。

就像美国军方一样，在事件响应领域我们已经为了确定性付出了太多。我们已将数据收集、预计划、同步、集中化和控制列为优先事项。你可以通过人们谈论互联网安全的未来的方式中看到这一点，也可以在 RSA 会议展厅里提供的产品和服务中看到它。

自动化也是固定的。事件响应必须是动态且敏捷的，因为你无法确定并且你的对手也在不断地调整、适应。你需要一个具有人工控制并可以即时修正自身的响应系统。自动化只是不允许系统在当今环境中做到这一点。就像军队从试图取代士兵转变为训练最优秀的士兵，我们也需要这样做。

一段时间以来，我一直在根据 OODA 循环讨论事件响应。这是一种思考实时对抗关系的方式，该关系最初是为飞机混战而开发的，但经过发展，其适用范围更广。OODA 代表 Observation，Orientation，Decision，Action，这是人们对网络安全事件的响应不断在做的事情。我们需要能够增加这四个步骤中每个步骤的工具。这些工具需要在充满不确定性的世界中运行，那里永远没有足够的数据来了解正在发生的一切。我们需要优先考虑理解、执行、主动、权力下放和指挥。

同时，我们将必须做到规模化。关于确定性和自动化的最诱人的承诺是，它可以扩大防御规模，但问题是我们现在还做不到完全自动化。我们可以自动化和扩展IT安全性的部分，例如防病毒、自动打补丁和防火墙管理等，但是我们还不能扩展事件响应。我们仍然需要人。我们需要了解什么可以自动化，什么不能自动化。

我更喜欢“编排”这个词。安全编排意味着人员、流程和技术的结合。可以利用计算机完成的，就通过计算机自动化完成，否则就在必要时进行人工协调。它是一个人们能理解并有能力执行的由多个部分组成的网络系统。这使得事件响应的最前线人员可以成为最有效的人员，而不是尝试使用计算机替换他们。这是我们拥有的最佳网络防御方法。

自动化自有它适用的地方。如果你仔细考虑过这些自动化机制适用的场景，那么你就会发现这些场景都是充满确定性的。自动化适用于防病毒软件、防火墙、补丁管理和身份验证系统。虽然这些领域的自动化系统都不是完美的，但是这些系统几乎始终都是正确的，并且我们已经开发了辅助系统来解决错误的情况。

自动化机制在事件响应领域并不适用，是因为事件响应领域存在很多不确定性。一旦人们了解了正在发生的事情，动作就可以自动化，但是仍然需要人工参与。例如，IBM的沃森网络安全解决方案基于其在大量各种格式数据中提取和查找信息的能力，为事件响应团队提供有价值的建议。但它不会对这些提取的信息进行加工来帮助人们摆脱困境。

在业务流程模型中，比如仪表板、报告模块等，自动化功能非常强大。但那些模块都是以人为中心的，其结果是确定性的。在其他领域，如果你会盲目地信任机器，当不确定的过程自动化时，结果可能很危险。

随着技术在不断进步，需要响应的事件也在不断变化。最终，计算机将变得足够智能，可以在实时事件响应时代替人类。但是我的猜测是，计算机不会通过收集足够的数据来达成这一目标。更有可能的是随着人工智能以及机器学习的不断发展，计算机将发展出理解力来应对充满不确定性的世界可能出现的情况。但这是一个艰巨的目标。

是的，今天，所有这些更像是科幻小说中的情节，但这不是毫无根据的科幻小说，它可能在我们孩子这一代中成为现实。在此之前，我们需要人们参与。编排是实现这一目标的一种方法。

第9章

信息泄露、黑客入侵、秘密曝光、公开检举

我们需要政府检举人来公开政府的秘密

最初发表于《大西洋月刊》(2013年6月6日)

昨天，我们知道NSA收到了Verizon提交的一份自4月以来3个月的客户通信记录。除了没有实际的语音内容，这份记录基本上涵盖了几百万人的通信细节，包括谁打给了谁，他们都在哪里，他们打了多久电话。这一"元数据"使政府能够跟踪这一时期每个人的动向，并建立一个谁与谁通话的详细关联图。这和司法部收集的美联社记者的数据完全一样。

《卫报》在收到一份关于此事的秘密备忘录副本后公布了这一消息，这份备忘录可能来自一名告密者。我们不知道其他电信公司是否也把数据交给了NSA。我们不知道这是一次性需求还是会不断更新的需求；这个命令是在波士顿爆炸案的嫌疑人被警方抓获几天后开始执行的。

我们不太了解政府如何监视我们，但我们知道一些事情。我们知道FBI已经发布了数以万计的国家机密安全信件，收集了数百万人的各种数据，并一直在滥用这些信息监视云计算用户。我们知道它可以在没有搜查令的情况下从互联网上收集大量的个人数据。我们还知道，在过去20年里，FBI一直在没有搜查令的情况下截获手机数

据，除了语音内容外，其他所有数据都被截获了下来，我们猜测可能在有搜查令的情况下，才能将一些已关机手机上的麦克风用作房间窃听器。

我们知道 NSA 有许多国内的监视和数据挖掘项目，它们的代号有“开拓者”“星际风”“拉格泰姆”，它们故意在类似的项目中使用不同的代号，以妨碍监督，掩盖其真正的目的。我们知道 NSA 正在犹他州建造一个巨大的计算机设施来存储所有数据，以及用更快的计算机网络来处理所有数据。我们知道美国网络司令部已经为此招聘了4000 名员工。我们知道国土安全部也在收集大量的人口数据，当地的警察部门正在运行“融合中心”来收集和分析这些数据，并通过这些数据来掩饰它们的失败。这都是警务军事化的一部分。

还记得 2003 年，美国国会否决了一项令人毛骨悚然的全面信息识别计划吗？这个计划并没有终止，只是换了个名字，分成了许多小项目。我们知道，众多大公司都在为政府做各方面的间谍活动。

我们知道这一切并不是因为政府诚实守信，而是有三个背后渠道：政府官员在听证会和法庭案件中直接承认或无意中暗示，从根据《信息自由法》收集的政府文件中提取的信息，以及政府检举人。

我们不知道的还有很多，而且我们知道的往往也已经过时了。我们从 2000 年的一次欧洲调查中了解了很多 NSA 的梯队计划，以及国土安全部从 2002 年开始的全面信息识别计划，但对这些计划的后续进展却知之甚少。我们可以根据各种来源的数据、公示的成本和采购设备的功率要求等内容，对 NSA 在犹他州部署的设备情况进行推测，但这些最多只是粗略的猜测。在很多情况下，我们完全处于迷茫之中。这是错误的。

美国政府正在进行一场秘密狂欢。它对信息过度保密。我们从各种材料里一次又一次地了解到，我们的政府经常对信息进行分类，不是因为它们需要保密，而是一旦这些特殊分类的信息被公开了，会很尴尬。

知道政府如何监视我们是很重要的。这不仅是因为其中有很多是非法的，或者乐观地看，是基于对法律的新的解释，而是因为我们有权知道。民主需要公民落实知情权才能正常运作，而透明度和问责制是其中必不可少的部分。这意味着我们必须知道政府以我们的名义对我们做了什么，并以此判断政府是否在法律的约束下运作。否则，我们和犯人没有区别。

我们需要政府检举人。但作为检举人，泄露了信息而不被抓是很困难的。在互联网时代，保持隐私是特别难的一件事情。WikiLeaks 平台似乎是一个相对安全的方式，布拉德利·曼宁（Bradley Manning）被抓不是因为平台的技术漏洞，而是因为被他信任的人出卖了，美国政府似乎成功地摧毁了这个平台。迄今为止，其他类似的平台似乎并没有发挥效用。《纽约客》(*The New Yorker*) 最近发布了用于提交检举信息的平台 Strongbox，虽然上线没多久，但是也不失为一个好的渠道。该平台中也包含了如何通过电话、电子邮件或信件向媒体发送信息的最佳建议。美国国家举报中心也有一个专门的页面申明了检举人的权利。

泄露信息也非常危险。奥巴马政府对这些检举者发动了一场战争——在追查这些告密者身份的同时，也在法律上控告他们，程度比以往任何一届政府都深。马克·克莱因（Mark Klein）、托马斯·德雷克（Thomas Drake）和威廉·宾尼（William Binney）都因揭露我们监视状态的技术细节而受到制裁。布拉德利·曼宁因泄露国务院机密而受到残酷和不人道的对待，有消息指出其可能遭受酷刑。

奥巴马政府对美联社的行动，对朱利安·阿桑奇（Julian Assange）的迫害，以及对曼宁“援助敌人”这些史无前例的起诉，都表明了政府要对举报人以及与他们交谈的记者施加压力。

但检举是至关重要的，甚至比政府监视更广泛。它是一个运作良好的政府的核心，也是我们抵御暴政的保护伞。

我们需要所有 FBI 间谍能力的细节。我们不知道它经常收集公民的哪些信息，它在各种观察名单上收集的额外信息，以及它为其行为援引的法律依据。我们不知道它在将来如何开展数据收集的计划。我们也不知道过去或未来有什么丑闻和非法行为被掩盖。

我们还需要了解 NSA 收集了哪些数据，无论是国内的还是国际的。我们不知道它秘密收集了多少数据，其中又有多少依赖于与不同公司的协议。我们不知道 NSA 用什么方式来破解加密数据，也不知道利用系统漏洞的技术程度，不知道它是否在想要监控的系统中插入后门，有没有得到通信系统供应商的许可。

我们需要相关组织对这类分析技术的解读。我们不知道它们在收集信息的时候会很快地挑选出哪些，不知道存储了什么信息以备日后分析，也不知道这些信息存储了多长时间。我们不知道它们做了什么样的数据库分析，它们的闭路电视和监视无人机分布的范围，它们的行为分析做到了什么程度，或者对追踪目标社交圈的探查深度有多深。

我们不知道今天美国的监控机构有多大，无论是从成本和运维人数的角度，还是从被监控的人数或收集的数据量来看。现代技术使监视更多人成为可能，昨天被披露的关于NSA的信息显示，它们能轻而易举地监控所有人，且比人工监视做得更好。

接受检举是当权者对不道德行为的道德回应。其中的重点是政府的程序和方式，而不是个人数据。我知道我正在鼓励人们去做一件可能比较危险的事，希望那些试图挖掘秘密和非法程序的人务必小心谨慎。

如果你看到了类似的事情，请说出来，一定有美国人会感激你。

对其他人来说，我们可以通过抗议这场针对检举者的战争来提供帮助。我们需要迫使政治家不要惩罚他们，而是调查虐待行为，并确保那些受到不公正迫害的人能够得到补偿。

美国政府把自身利益置于国家利益之上，这种情况需要改变。

防止信息泄露

最初发表于Bloomberg.com（2013年8月21日）

自从5月斯诺登从NSA拿走数千份保密电子文档，人们指责的焦点就集中在政府的安全漏洞上。然而，这场失败说明了组织内部的信任关系充满挑战。

这个问题很好描述，一个组织需要可信赖的员工，但组织不一定知道这些人是否值得信任。这些人是必不可少的，但这些人也随时可能背叛组织。

那一个组织该如何保护自己呢?

保护受信赖的员工需要3个基本原则，正如我在*Beyond Fear*中提到的。第一个原则是区域化。信任不一定是全信任或是零信任，而是只给相关的工作人员完成任务所需的访问权限、能力和信息。在军队里，即使获得了必要的许可，也只会被告知他们“需要知道的事情”。同样的政策也自然适合用在公司中。

这不仅仅是一个给予高级员工更高程度信任的问题。例如，只有经过授权的运钞车人员才能解锁自动取款机并将钱放进去，即使银行行长也不能这样做。把员工看作在一个信任范围内工作的人——他或她有权使用一些资产和功能。组织通过让这个授权范围尽可能小来获取最大化利益。

这个做法的好处是，如果有人被证明是不值得信任的，那么其带来的损失仅限于他的工作范围内。这就是NSA在斯诺登事件中的失败之处。作为系统管理员，他需要访问该机构的许多计算机系统，他可以访问这些计算机上的所有内容。这样他可以复制一些他不需要看到的文件。

确保信任的第二个原则是纵深防御：确保一个人不能危害整个系统。NSA 局长基思·亚历山大（Keith Alexander）表示，他正在 NSA 内部实施所谓的“两人控制”机制：在高度机密的系统中，总会有两人执行系统管理任务。

纵深防御降低了一个人背叛组织的能力。如果这个体系已经建立，斯诺登的上级在他每次下载保密文件的时候就会收到相应的通知，那么在斯诺登离开之前，他可能就已经被抓了。

最后一个原则是努力确保受信任的人实际上是值得信任的。NSA 通过审查程序做到了这一点，在领导层加入了测谎测试（即使它们不起作用）和背景调查。许多组织在雇用新员工时，都会要求展示推荐信、接受信用检查和药物测试。公司可以拒绝雇用有犯罪记录或非本国公民的人；它们可以只雇用那些有特定证书的人或某些专业组织的成员。但是一些措施后来被证明并不十分有效——很明显，人格特征分析并不能告诉你任何有用的信息。而一般的做法是通过核对他提供的资料验证他的能力，测试那个人对事情的反应，以增加他被信任的机会。

这些措施都很昂贵。美国政府花了大约 4000 美元每人的成本让相关员工获得绝密许可。即使在一家私营公司中，背景调查和信息筛选也很昂贵，给招聘过程增加了相当长的时间。在一个需要不断变化的敏捷组织中，只让员工获得他们需要的信息会阻碍他们。通过安全审计来确保安全是非常昂贵的，两人控制的做法甚至更昂贵。我们总是要在安全和效率之间做出权衡。

最好的防御措施是限制组织内可信任人员的数量。尽管为时已晚，美国国家安全局局长亚历山大正在做这件事，他试图将系统管理员的人数减少 90%。这只是问题的一小部分；在美国，多达 400 万人（包括承包商）持有最高机密或更高的安全许可。

斯诺登算是一个特例，历史上能带走如此大信息量的人屈指可数。他的独特之处在于，他之前的几任管理员都没有泄露相关信息，且为此敢于检举相关部门的人更是少之又少。

下面是最后一条建议，特别是对于检举者。在一个网络化的世界里，保密是很难做到的一件事情，检举已经成为信息时代的非暴力反抗运动。一个公共或私人组织对检举者最好的防御措施是不要去做会被当作头条报道的事情。这可能会对一个以市场为基础的体系造成冲击，人们总是试图去找道德和法律方面的漏洞来获取利益。

不过任何组织，无论是受委托保护客户数据隐私的银行、意图统治世界的犯罪集团，还是监视其公民的政府机构，都不想其秘密被公开。然而在这个信息化的时代，信息被泄露可能是无法避免的。

为什么政府应该帮助那些泄密者

最初发表于CNN.com（2013年11月4日）

在信息时代，我们比过去更容易盗取并公开数据。企业和政府必须定期调整秘密公开的时间间隔。

当大量的政府文件被泄露时，记者们会对其进行筛选，以确定哪些信息是有新闻价值的，并与政府机构商讨哪些信息需要修改。

要管理这一情况，需要政府积极应对，与泄露机密的新闻界人士接触，帮助保护这些机密，即使这些机密最终都必须被发布。帮助那些想要泄露你秘密的人似乎是令人厌恶的，但这是确保真正需要保密的事情不被公开的最好方式——有选择地公开那些可以公开的信息。

WikiLeaks的电文就是一个很好的例子，说明政府不应该介入这种大量数据泄露的事件中。

WikiLeaks曾表示，它要求美国当局修订文件发布前应公开的内容，尽管一些政府官员对这一声明提出质疑。WikiLeaks的媒体合作伙伴确实修改了许多文件，但最终因为疏失还是泄露了未经修订的25万条电报。

损失远没有政府官员最初宣称得那么严重，但这是可以避免的。

今天，我们仍有大量机密文件在各个地方保存着。斯诺登带出NSA的泄露信息和美国国务院监听的电报重要得多。就算发生以上事件，美国政府也没有采取措施来防止大规模数据泄露行为。

政府会介入新闻发表工作中，像《卫报》《华盛顿邮报》《纽约时报》都是在经过与政府的沟通和讨论的情况下来发布斯诺登相关事件的报道的，这是政府一贯的做法。美国媒体在发表可能造成巨大社会影响的文章之前，会经常与政府磋商。2006年，《纽约时报》与NSA和其代表的布什政府进行了磋商，之后发表了马克·克莱因关于NSA在AT&T主干电路上的窃听丑闻。在保持新闻的透明和公开的前提下，我们的目标是尽量减少对美国安全的实际伤害，同时确保新闻界仍然能够发布符合公众利益的报道，即使政府不希望这样做。

在这种隐私不受重视、检举作为一种非暴力反抗、数据已经被大量泄露的环境中，仅仅就几个报道进行磋商是不够的，政府需要制定一项协议，积极帮助新闻机构安全、负责任地向公众披露信息。

当斯诺登事件发生后，政府应该迅速告知记者和新闻机构关于这些被泄露的信息的处理方式："是的，你们获得了这些泄露信息。我们知道我们无法阻止这件事情的发生，不过请允许我们能够协助你们保护这些信息不受到二次泄露，并在报道完成之后安全地处理这些文件。"

能接触到斯诺登文件的人说，他们其实并不希望这些文件以原始形式公开，也不希望它们落入敌对政府手中。但各种疏漏不可避免，而且记者也没有受过正规的军事保密训练。

但现状是，斯诺登泄露的文件的副本正在迅速被记者和相关人士传递出去，每一份数据副本、每一个人、每一天都可能导致数据在互联网上二次泄露，只有建立一个妥善的系统性检举制度才能防范数据泄露产生的次生风险。

我敢肯定，这个建议对一个反对公开检举的政府来说，听起来是可憎的，而这个政府会认定斯诺登是个罪犯，而写这些报道的记者则是在"帮助恐怖分子"。但这个建议是有意义的，哈佛大学法学教授乔纳森·齐特兰（Jonathan Zittrain）将这种情形比作辩诉交易。

警方定期商议对已供认罪行的罪犯进行从轻量刑或缓刑，以便将时间用于对更重要的罪犯定罪。他们和各种讨厌的人做交易，给了他们本不该得到的好处，因为这样做的结果是好的。

在斯诺登案件中，达成协议将保护NSA最重要的机密不受其他国家情报机构侵犯。这将有助于确保真正的秘密信息不被泄露，进而切实保护美国的利益。

为什么记者会同意这样做？有两个原因。第一，他们确实希望报道的同时可以确保这些文件安全；第二，他们也确实想公开地向公众传达这个意愿。

为什么政府不以确保文件安全为借口收集所有文件，然后删除它们呢？基于同样的原因，他们不会违背辩诉交易，因为下次没有人会相信他们。当然，聪明的记者也可能会将加密副本置于自己的控制之下。这是一场博弈。

我们离这个体系真正付诸实践还很远，但它该如何运作是很值得认真思考的。政府需要建立一个半独立的组织，比如一个数据泄露管理部门，它可以充当中间人。由于它与泄密的源头机构隔离开来，其官员就不会为此担负责任，也不必为此迁怒于检举者。随着时间的推移，它将建立声誉，制定出一套记者可以遵循的工作方法。在未来，大家都会知道数据泄露事件，但它发生的频率还是极小的。但我们不能期望每个机构在未来的发展过程中都去着重考虑如何专业地处理数据泄露事件，这是不现实的。

如果新闻界和政府能建立其足够的信任，那每个人都会受益。

索尼被入侵事件的教训

最初发表于《华尔街日报》旗下的《首席信息官杂志》(2014年12月19日)

本月早些时候，一个自称“和平卫士”的神秘组织入侵了索尼影业娱乐公司（简称“索尼”）的计算机系统，并开始泄露好莱坞电影公司许多最核心的秘密，包括从未发行的电影的细节，到令人尴尬的内部电子邮件，再到员工的个人数据，包括工资和业绩评估等。FBI表示，有证据表明此次袭击的幕后黑手已被锁定，索尼在黑客做出一些荒谬的恐怖威胁后，取消了要发布的影片。

如何应对这种大规模的黑客攻击取决于你是否精通信息安全技术。如果你不精通这项技术，你可能会想这到底是怎么一回事；如果你精通这项技术，那么你将知道这可能发生在任何公司，但仍会讶异于如索尼这般庞大的公司，其防御系统竟然这么薄弱。

要了解黑客事件，你需要了解你的对手是谁。我花了几十年的时间对付网络黑客（就像我现在在公司里做的那样)，并学会了如何把随机攻击和有针对性的攻击分开。

你可以用两个维度来描述攻击者：技能和专注度。大多数攻击都是低技能和低关注度的，他们通过使用通用的黑客工具攻击全球数千个网络。这些低端攻击包括向数百万个电子邮件地址发送垃圾邮件，希望有人能够收到并点击恶意链接。我把这视作互联网的“背景辐射”。

高技能、低专注度的攻击影响会更严重。这些攻击包括在软件、系统和网络中使用新发现的“零日”漏洞实现更复杂的攻击。这类攻击会影响类似塔吉特、摩根大通这样的大公司，以及大多数你听过的著名商业网络。

但最可怕的是高技能、高专注度的攻击，就像索尼被入侵这个案例中的这种攻击。在这个案例中，我们猜测其中包含国家情报机构操控的复杂攻击，使用了一些间谍软件和有政府背景的恶意软件。

这类攻击者中还包括私人参与者，比如对互联网安全公司 HBGary Federal 发动索尼式攻击的黑客组织“匿名者”，以及从苹果 iCloud 窃取并发布了名人照片的不知名黑客。如果你听过 IT 界的术语 APT（高级持续性威胁），那么没错，我们讨论的就是它。

这些类型的黑客攻击有一个关键的区别。在前两类中，攻击者是机会主义者。入侵家得宝网络的黑客似乎并不太关心家得宝公司，他们只是想要一个庞大的信用卡号码数据库。对黑客而言，其实他们不在乎被攻击的公司是什么。

但是一个攻击技能熟练的、目标明确的攻击者想要攻击一个特定的对象，其原因可能是政治上的——损害卷入地缘政治斗争的政府或领导人的利益，或者道德上的——惩罚黑客痛恨的行业，比如石油业或制药业。也有可能这个被攻击对象只是一个黑客主观上痛恨的公司（索尼就属于这一类，自 2005 年以来，索尼的一些行为一直在激怒黑客，当时该公司将恶意软件放在其 CD 上，企图阻止恶意复制以防止侵权，但失败了）。

低专注度的攻击更容易防御：如果家得宝的系统得到更好的保护，那么黑客就会转而攻击更容易攻击的目标。然而，对于技术娴熟且高度专注的攻击者来说，重要的是目标公司的安全性是否优于攻击者的技术，而不是纵向比较各种公司的安全措施。我们有一些大企业的安全措施确实比小企业的安全措施做得好，但是你把每一个大企业拿出评估它的安全性，其实也未必那么安全。我们通常只敢说“相对安全”，而不是“绝对安全”。

这就是为什么安全专家对索尼公司的事件并不感到惊讶。我们知道做渗透测试的那些专家只要放开所有限制，进行全面的攻击，就没有什么网络和系统是攻破不了的。对于一个足够熟练、有资金和动机的攻击者，所有网络都是脆弱的。但企业和组织的安全部署使许多攻击更加困难、成本更高、承担的风险更大。对于技术不够熟练的攻击者，良好的安全部署可以将其挡在门外。

我们很难用金钱来量化安全性，因为安全性本身足以让你确信，你令人尴尬的电子邮件和人事信息不会在网上某个地方被发布，但索尼显然在安全建设方面有疏漏。它的安全性被证明是不合格的。索尼遗留了太多无用的信息，并且对于数据泄露的响应相当迟缓，也给了攻击者足够的时间去拿走数据。

对于那些担心索尼的遭遇会发生在自己身上的人，我有两条建议。第一条建议是，对一个组织或企业来说，首先是认真看待安全，它是保护、检测和响应的结合，你需要通过防范低专注度攻击来使攻击难度提升。你需要部署各种检测设备才能发现那些已经突破防护的攻击者。你需要及时对攻击做出反应，把损失降到最低，恢复安全部署，并控制后果。

在攻击发生之前，如果索尼的高管没有开种族主义的玩笑，没有侮辱公司的明星，或者它的系统反应足够敏捷，在黑客拿走一切之前就把他们拒之门外，索尼的境况将会好很多。

第二条建议是给个人的——了解数据泄露的风险，数据其实非常脆弱，尽可能在不操作的时候退出应用程序和平台。我们看到在索尼被攻击的事件里，信息泄露事件并没有发生在高管和相关明星身上，而是发生在使用公司电子邮件系统的无辜员工身上。也正因为如此，他们的私人信息被黑客获取。媒体可能没有发布这些信息，但是他们的亲朋好友可能“偷看”到了这些信息，很多悲剧或许正在上演。

这种情况可能发生在任何人身上。我们别无选择，只能相信为我们提供服务的公司和企业还是安全的，毕竟我们还需要使用电子邮件、Facebook、短信实现基本的社交；我们也只能将财务细节委托给那些零售商，把我们的云服务交给 iCloud 和 Google Docs。

所以我们都要聪明点，去了解这里面的风险，知道你的数据是易受攻击的。尽可能要求政府干预，以确保组织或企业像保护你一样保护你的数据。不要奢求这个世界上所有问题都能通过技术和市场来解决。

谈索尼被入侵之后

最初发表于 Vice 科技主板栏目（2014 年 12 月 19 日）

根据报道，对于索尼被入侵事件的幕后黑手，我们可能会先想到这是政府行为，然后我们觉得这可能是几个黑客的阴谋，但我们后来又认为是政府做的，不过这种猜测其实也站不住脚。有人指责这是网络恐怖主义，甚至上升到网络战争的层面。我听到有人要求我们用导弹和炸弹来反击。在我们关注舆论动向的同时，能做的最好的事情就是冷静下来仔细思考。

首先，这不是恐怖主义行为。一家公司因信息被泄露给公众而陷入尴尬境地并承受了经济损失，但只是在网上发布未公开上映的电影还无法达到恐怖主义的范畴。

其次，偷窃和公布一个公司的专有信息也不是战争行为。如果有人偷偷把所有东西都影印了出来，我们不会认为这是开战的讯号，而这个事情发生在互联网上的时候，我们将它和战争画上等号也是毫无意义的。被定义为战争的门槛要高得多，我们不会在军事上对此做出回应。之前出现类似情况时我们没有为此而开战，当然现在也不会。

最后，我们不确定这些入侵和攻击是否由他国政府批准和发起，但美国政府已发表声明将攻击事件与某一国家联系起来，但没有正式指责，也没有官员提供相关证据。早在这次攻击之前，我们就知道一些国家有网络攻击能力，但发起方未必来自政府，也可能是一次为了民族主义发起的网络攻击事件。我们有很多这样的例子，这些攻击都是有民族自豪感的普通黑客进行的，他们试图通过这种方式来表达政治诉求。当然，这次攻击也可能来自任意一个针对索尼的黑客。

黑客是在媒体报道之后才开始谈论索尼公司的电影的。也许 NSA 根据一些秘密信息将这次袭击归咎于他国政府，但除非 NSA 拿出证据，否则我们应该对此保持怀疑态度。我们不知道是谁干的，可能永远也不会得到答案。从我个人角度来看，这可能是由一个心怀不满的前雇员发起的，但我也没有更多的证据来证明我的观点。

我们遇到的是一个非常极端的黑客攻击案例。所谓“极端”，指的是从索尼网络内部窃取的信息数量，而不是攻击的质量。攻击者似乎很厉害，但也仅止于此。索尼的安全部署存在短板让情况变得更糟糕。

索尼的反应看起来和其他毫无准备应对此事的公司一样。据我所知，索尼的每一位高管都处于极度恐慌的状态。他们面临着数十起诉讼：来自股东、投资这些电影的公司、被暴露了医疗和财务数据的员工以及每个受影响的人。他们可能面临罚款，因为泄露了财务和医疗信息，还被认为可能与其他工作室串通攻击 Google。

如果说之前的重大黑客攻击事件有什么指导意义的话，从对事件的处置中我们看到，公司的利益和管理公司的人的利益是不一样的，高管因此被解雇，而索尼的普通员工会为自己的工作感到担心。这可以很好地解释我们看到的一些反应。

撤档电影或许完全是错误的做法，因为没有对应的威胁，只会让黑客胆子更大。但索尼公司也无计可施，只能通过这种方式补救损失。

出于政治动机的黑客攻击并不新鲜，类似索尼事件中这样的黑客攻击也并非史无前例。2011 年，黑客组织 Anonymous 对互联网安全公司 HBGary Federal 做了类似的事情，揭露了公司机密和内部电子邮件。几十年来，这类事情屡见不鲜，随着越来越多的企业信息迁移到互联网，它的破坏性变得越来越大。毫无疑问的是，这类事情一定还会发生。

但这种情况并不经常发生，而且这种趋势不太可能改变。大多数黑客都是普通罪犯，他们对内部电子邮件和公司机密不太感兴趣，而是对能赚钱的个人信息和信用卡号码更感兴趣。这些罪犯的攻击都是投机型的，与索尼遭受的有针对性的攻击截然不同。

当黑客在互联网上公开个人的隐私信息，这被称为“秘密曝光”。当它发生在一家公司中时，我们还没有为此命名，但索尼遭受的就是这样的攻击。公司需要意识到，一个检举者、一个有公民意识的黑客，或者仅仅是一个想让它们难堪的人，都可能会入侵它们的网络并发布其私有数据。公司还需要认识到，其内部频繁的私人电子邮件交流和内部备忘录都将成为头版新闻。

在互联网时代，任何事情，包括我们认为非常短暂的对话，都有可能受到公众的监督。公司需要确保它们的计算机和网络安全达到了可实现的最好程度，它们制定的事件响应和危机管理计划可以处理这类事情。但它们也应该记住这种袭击是多么罕见，而不是为此恐慌。

网络空间中的攻击归因

最初发表于《时代周刊》(2015年1月5日)

当你被导弹攻击时，你可以沿着它的轨迹找到它发射的地方。当你在网络空间里受到攻击时，找出是谁干的要困难得多。国际网络空间中互相攻击的现实将改变我们看待国防的方式。

许多计算机安全领域的人都对美国政府的说法表示怀疑，美国政府声称找到了对索尼大规模开展黑客攻击的罪魁祸首，但美国联邦调查局给出的证据都是间接的，这并不令人信服。攻击者在记者报道之前从未提及这部成为舆论中心的电影。更有可能的是，罪魁祸首是一个十多年来一直厌恶索尼的黑客，也可能是一个心怀不满的内部人士。

另外，大多数人认为，如果FBI没有确实可信的证据，不会说得如此肯定。这种推断的潜台词是政府掌握着部分机密的证据。几周前，我为《大西洋月刊》撰文说：

“NSA 试图窃听他国政府的通信，可以合理地假设和推断，NSA 的分析人员研究得已经非常深入了，可能掌握了有关黑客攻击计划的相关情报。他们可能窃取到了讨论这个项目的电话，或是每周的 PPT 报告。但根据伊拉克战争的情况，我也高度怀疑政府在情报方面造假，其实我本可以在 2003 年入侵伊拉克之前，就伊拉克的大规模杀伤性武器计划写同样的文章，因为我们都知道政府在为合理化战争而编造理由。”

NSA 极不愿意透露它的情报能力，也不愿意透露它所谓的“来源和方法”，只是为了让我们大家相信这个结论，因为如果透露这些，就等于告诉受监听的一方，你们不安全。同时，在没有看到证据的情况下，我们有理由怀疑政府对于所有攻击归属的界定。最近一次重大情报失败的例子，就是神奇地发现伊拉克存在大规模杀伤性武器。美国历史上很多战争都是由所谓的秘密情报引起的，引导我们对其他国家进行攻击，但后来我们才知道所谓的秘密情报，要么是错误的，要么是子虚乌有的。

网络空间从两个方面加剧了这种情况。首先，很难对网络空间中的攻击进行归因。攻击数据包中没有准确的返回地址，而且你无法确保源计算机本身没有被黑客攻击过。更糟糕的是，我们很难区分由几个单独的黑客发动的攻击和由国家军队发动的攻击。如果我们知道了是谁干的，通常是因为黑客承认了这次攻击，或者经过了长达数月的溯源调查。

其次，在网络空间，攻击比防御容易得多。我们对网络空间军事攻击的主要防御措施是反击，这种反击带来一种威慑效果。

这一切意味着，宣称拥有不可置疑的归属权将符合美国的最佳利益。最重要的是，这些负责人希望向其他国家发出信号：如果你对美国发起攻击，试图遮掩和拒绝负责都是不可能的，你尝试攻击了什么，美国都会知道，并将迅速、有针对性地进行报复，这也是为什么美国一直对是否造成朝鲜 12 月底互联网中断保持谨慎态度。

这也可能是一个有效的虚张声势的做法，但不能经常使用。否则，国家就会失去国际信誉。FBI 已经开始含糊其词，称其他人可能参与了袭击。如果有真正的攻击者浮出水面并能证明他们是独立行动的，那么很明显 FBI 和 NSA 对他们的攻击归因过于自信了。但是事实证明，FBI 已经失去了公信力。

解决这一问题的唯一办法是，对于索尼的黑客攻击和任何其他我们将计划反击的网络侵略事件，政府要更加坦率地提供证据。NSA 的消息来源和信息获取方法的保密性将不得不在公众知情权前适当妥协。在网络空间中，我们将不得不接受一个令人不安的事实，那就是我们不知道的事情太多了。

关于有组织的秘密曝光

最初发表于CNN.com（2015年7月7日）

最近，WikiLeaks发布了50多万份沙特阿拉伯外交部秘密电报和相关文件。这是一个巨大的宝藏，记者们已经在撰写有关这个高度保密的政府的报道。

沙特阿拉伯正在经历的事情并不常见，但未来这很可能会成为一种趋势。

就在上周，不明身份的黑客入侵了网络武器制造商Hacking Team的网络，并公布了400GB的内部数据，除此之外，还有其向世界各地极权政府出售互联网监控软件的情况。

去年，索尼在互联网上发布了数百GB的敏感数据，包括高管薪酬、公司电子邮件和合同谈判文书等。据报道，这起事件中的攻击者是他国政府。2010年，美国网络武器制造商HBGary Federal也成为受害者，其攻击者是一个名为LulzSec的松散黑客团体的成员。

2013年，爱德华·斯诺登从NSA偷走了数量不详的文件，并交给了媒体曝光。切尔西·曼宁从美国国务院窃取了75万份文件，交给WikiLeaks公布。我们猜测窃取沙特阿拉伯政府文件的人可能是一个检举者或内部人士，但有人认为更有可能是一个想借此惩罚整个国家的黑客。

组织或企业越来越多地受到黑客的攻击，这些黑客不再是那些想盗取信用卡号码或账户信息以实施欺诈的罪犯，而是一心想盗取尽可能多的数据并发布这些数据的人。法律教授和隐私专家彼得·斯威尔（Peter Swire）提到“保密信息的半衰期在下降”，在信息时代，保守秘密就更难了。对于重视隐私的人来说，这是个坏消息，但对于组织或企业来说，可能会有隐藏的好处。

保密性的下降意味着透明度的提高。组织透明度对任何开放和自由的社会都至关重要。

政务公开法和信息自由化法让公民知道政府在做什么，并且能够履行监督政府活动的民主义务。公司信息披露法在私人领域也发挥着类似的作用。当然，公司和政府都需要保密，但越是公开，我们就越能明智地决定是否信任他们。

这使得如何取舍保密和公开变得复杂，且比处理一般的个人隐私问题更加复杂。发布一个人的私下作品和谈话是不妥当的，因为在一个多元化的社会里，人们应该有私人的空间来思考和行动，如果公开的话，会让他们感到难堪。

但组织不是人，虽然有合法的商业秘密，但它们的信息应该是透明的。我们认为让政府和企业的内部行为接受公众的监督是好事。

大多数组织机密只在短期内有价值：谈判、新产品设计、股票发行前的收益数字、申请专利之前，等等。

当然也有永不公开的商业秘密，比如可口可乐的配方。唯一的例外是丑闻。如果一个组织必须假设它所做的任何事情都将在几年内公开，那么该组织内的人在实施保密方面措施的时候，可能都会不太一样。

NSA 将不得不权衡其数据收集计划将面临公众监督的可能性。如果索尼付给女性高管的薪酬明显低于男性高管，那么索尼将不得不考虑公众将如何看待它。HBGary 公司在对一名不喜欢的记者发起恐吓行动之前会三思而后行，Hacking Team 也不会就向苏丹出售监控软件而向联合国撒谎。以上丑闻的发生，可能都是因为聘用了思路“清奇”的 CEO。

不过，我不想暗示这种对外强制透明是件好事。过度披露的风险在于会削弱言论自由的氛围，除了会减少那些非法的、令人尴尬或反感的言论，还会减少诚实和坦诚的言论和谈话。组织或企业中的人需要有写出和说出他们不想公开的事情的自由。

国务院官员需要能够介绍外国领导人，即使这些介绍并不吸引人。电影业管理者需要能够对他们的电影明星说些不友善的话。如果他们做不到，他们的组织就会受到影响。

除了少数例外，我们的秘密信息都存储在易受黑客攻击的计算机和网络上。入侵网络比保护网络要容易得多，大型组织网络非常复杂，充满了安全漏洞。用一句话概括就是：如果有足够的技术、资金和动机的人想要窃取一个组织或企业的秘密，他们大概率会成功。这些人就包括了各种黑客专家、外国政府和值得信赖的内部人士。

组织或企业的秘密不太可能在网上公布给所有人看，但被泄露的风险总是有的。

我们意识到随着组织或企业的保密信息越来越容易被泄露，也认识到有报复和检举意图的人将会非常容易到达他们的目的。虽然一些黑客让记者在新闻报道中将涉及个人信息的部分隐去，但并非所有人都会这样做。

无论是政府还是企业，都需要假设他们的秘密比以往任何时候都更容易暴露，而且暴露得更快。他们应该尽其所能保护自己的数据和网络，也必须意识到，他们最好的防御措施可能是避免做一些容易上头条的坏事。

第三方数据的安全风险

最初发表于《大西洋月刊》(2015年9月8日)

很多人因自己邮箱地址不存储在Ashley Madison数据库里而感到庆幸，但也不要高兴得太早。不论你有什么秘密，甚至你都不觉得那是秘密，都有可能被公布在互联网上。这不是你的错，但你对这部分信息其实毫无掌控力。

人们进入了一个有组织地曝光秘密的时代。

有组织地恶意发布敏感信息，也就是从组织的网络盗取数据并不加选择地公开在互联网上，正在逐渐变成一种黑客攻击的流行手段。由于我们的数据和互联网直接相连，并存储在公司网络中，因此我们其实都暴露在这个潜在攻击的范围之下。虽然说所有信息都被泄露的风险很低，但是我们仍旧要考虑更大范围的数据泄露将会如何影响我们，这可能比提升安全性来得更迫切。

我们不知道为什么匿名黑客入侵了Avid Life Media网络中并且窃取和发布了3700万份数据，也就是那些使用AshleyMadison.com的用户的数据。黑客表示不认同该公司的理念，也和这些注册过网站的“道德垃圾”划清界限。但他们声称主要的攻击目标还是该公司本身。那些花花公子被曝光，婚姻被破坏，人们被迫自杀，都是这个攻击事件的副作用。

据报道，去年11月，他国政府从索尼窃取并发布了数百GB的该公司的电子邮件。这是一个更大的泄密事件的一部分，通过披露信息，旨在惩罚该公司制作了一部影射其领导人的电影。新闻界关注的焦点是索尼的企业高管，邮件里他们谈论名人出场的报价，还开种族主义的玩笑。但这些邮件的披露，辜负了数千名员工的信任和爱，也造成无数隐私的暴露和不可估量的损失。媒体对这些邮件不感兴趣，也对这些后果不感兴趣，我们对这件事情导致的个人悲剧都一无所知。其实他们都是这个事件的受害者。

互联网不仅仅是我们获取信息或与朋友联系的一种方式，它已经成为我们存储个人信息的地方。我们的电子邮件存储在云端，通信录和日历也是如此，无论我们选择的是Google、苹果、微软还是其他公司。我们把要做的事记在Remember the Milk上，把笔记记在Evernote上，Fitbit和Jawbone等健身手环存储着我们的健身数据，Flickr、Facebook和iCloud是我们个人照片的存储库，Facebook和Twitter存储了我们很多私密的对话。

我们在使用互联网的时候总会有一种感觉，似乎所有人都在收集我们的个人信息。智能手机应用程序收集我们的位置数据。Google 可以从我们的互联网搜索中描绘出我们正在思考的事情。约会网站、医疗信息网站和旅游网站都有我们的个人信息数据和我们要去哪里的数据。零售商保存我们的购物记录，这些数据库存储在互联网上。数据经纪人有更详细的信息，可以包括以上提到的那些和更多额外的数据。

许多人一开始并不认为这种信息存在安全隐患。他们可能会意识到收集这些信息是出于广告和其他营销目的，甚至可能知道政府会掌握这部分数据，并且根据国家的不同，获取这些数据的容易程度也会有所不同，但人们通常不会认为个人信息会如此容易获得。

事实上，我们使用的所有网络都容易受到有组织的秘密曝光的影响，而且大多数公司的系统都没有 Ashley Madison 和索尼的安全。我们可能在某天早上醒来后，找到我们 Uber 的行程、亚马逊购物的清单以及网站订阅的详细信息等，基本上涵盖了我们在互联网上做的任何事情。以上描述的场景看起来不太可能一起发生，但从最坏的角度来看，也是有可能会发生的。

现在，你可以在 Ashley Madison 公司的数据库中搜索任何电子邮件地址，并阅读某人的详细信息。你可以搜索索尼的数据存储，阅读公司内部的聊天记录。虽然这些信息可能很诱人，但有很多原因让你并不会去 Ashley Madison 的数据库搜索熟人。我其实最想关注的是事情的来龙去脉。你发现一个电子邮件在这个数据库里，可能有很多原因。如果你发现你的配偶或朋友的邮箱在数据库里，你不一定知道前因后果。索尼员工的电子邮件也是一样的，来自任何一家公司的数据都有可能被篡改。你可以阅读这里面的数据，但是如果没有完整的背景，你很难对你所读的内容做出判断。

即便如此，人们仍然会去看这些数据。记者会为了销量去寻找公众人物，个人会从中寻找他们认识的人。秘密随着不断被阅读而快速传播。很多情况下这会给人们带来痛苦和尴尬。在某些情况下，生命也会受到威胁。

隐私不代表要隐藏什么，它是我们向世界展示自己的一种尺度。它允许我们在保持公众形象的同时有自由的想法和行为，这关乎个人尊严。

有组织的秘密曝光对组织或企业来讲是一种威力巨大的攻击，由于这种攻击手段高效而直接，黑客或犯罪分子会继续使用这种手段作为主要攻击方式。尽管网络所有者和黑客们可能出于各自的原因而争斗，但我们的数据却变成了两方争夺的奖品。当黑客占据优势时，我们认为私有信息变成了公开的和可搜索的。这其实是信息时代发展的结果，但人们还没有充分认识到这一点，也还没有准备好面对这一点。

政治秘密曝光的抬头

最初发表于Vice科技主板栏目（2015年10月28日）

上周，CIA局长约翰·O. 布伦南（John O. Brennan）成为新的受害者。据称，一名黑客入侵了他的美国在线（AOL）账户，并公开了一些电子邮件和文件，其中许多都是私人的和涉及敏感信息的。在互联网上，这似乎已经成为一种骚扰人的流行方式。

这叫作“信息曝光”，它的词源其实是“文档”（dox）一词。它在20世纪90年代是一种黑客报复的策略，此后则作为工具在互联网上持续地骚扰和恐吓人们，目标主要是女性。我们想象一个场景，有一批恶徒，他们专门找身体上有缺陷的女性作为目标，并在网上煽动别人骚扰她们，将她们的个人信息发布在网上，以此表达以下类似的意思：我知道很多关于你的事，譬如你在哪里工作，在哪里生活。这种恐吓对于一般人来说非常有效，也会让普通人觉得很可怕。

布伦南被曝光这件事则略有不同。攻击者有更大的政治动机。他不是要恐吓布伦南，而只是想让他难堪。他的私人文件被公之于众，成为炙手可热的媒体素材。这种攻击成为一种政治行为，我们越来越多地看到类似的事情。

去年，有黑客入侵了索尼的网络，窃取了大量的数据，并将其向公众发布。其中包括未发行的电影、财务信息、公司计划和个人电子邮件。这对索尼的声誉造成了巨大损失，估计达4100万美元。

今年7月，黑客窃取并公布了网络武器制造商Hacking Team的敏感文件。同一个月，不同的黑客对交友网站Ashley Madison做了同样的事情。2014年，黑客入侵了超过100位名人的iCloud账户，并发布了他们的个人照片，其中甚至包含一些裸照。2013年，爱德华·斯诺登对外公布了NSA的机密信息。

这不是这种攻击的第一个例子，并有逐步变多的趋势。当公众都意识到这是一种相当有效的攻击，并且不用耗费太多人力就可以对有权势的人或机构造成很大的损害时，我们将会看到更多这样的攻击。

在互联网上，攻击往往比防御简单。我们生活的世界其实充满着各种各样具备技能和目标并能绕过网络安全系统的黑客。更糟糕的是，很多互联网安全机构认为我们需要防范的是那些会找到网络的最薄弱处，并通过入侵这里获得大量的信用卡号码的攻击者。而对于有针对性的攻击者，例如目标是索尼、Ashley Madison 或者是约翰·布伦南的这种攻击者，他们对于我们来说也是全新的课题，也更难防御。

这意味着我们将在未来看到更多政治性的针对个人和机构的秘密曝光，这可能成为一种选举工具，用于抬高自己贬低对手。这也将是反公司激进主义的因素。更多的人会发现他们的个人信息被暴露在世界面前：政治家、企业高管、名人以及那些引发争议和直言不讳的人。

当然，他们不会全部都被曝光秘密，但有些人会。有些人可能直接就成了受害者，比如布伦南。他们中的一些人将可能是针对 Ashley Madison 这种公司的秘密曝光攻击中的受害者，他们的信息被存储起来，就像那些拥有 iPhone 账号的名人和 Ashley Madison 所有的客户一样，然后被曝光秘密。不管采用何种防御手段，许多人仍将不得不面对原本希望保密的个人信件、文件和信息被公开。

最后，秘密曝光是一种以小博大的策略。它可以用来检举社会不公，也可以作为社会变革的工具。它可以用来骚扰和恐吓别人。但水能载舟，亦能覆舟，特别是在这样一个难以起诉秘密曝光者的世界里。

现在的我们，暂时没有一种既能行使我们的权利，又能保护无辜的人不受伤害的折中手段。从隐私权的角度来看，我们都应该远离秘密曝光。但事实并非如此，那些暴露在公众眼中的人别无选择，只能重新思考和处理这些暗藏在互联网上的各种数据。

数据是有毒资产

最初发表于 CNN.com（2016 年 3 月 1 日）

窃取个人信息并不罕见。每周都会有攻击者入侵网络并窃取数据，通常一次窃取的数据一般都是以千万记。大多数情况下，进行诈骗犯罪需要足够的信息，就像 2015 年 Experian 公司和 IRS 遭遇的那样。

有时，窃取数据只是为了损害组织名誉或胁迫公司，就像 2015 年发生在 Ashley Madison 和美国人事管理局的案件那样。后者的案件将影响数百万政府雇员的个人，敏感数据，并可能暴露给外国人。这类事件总是和我们的信息息息相关，我们总是期待这些数据的接收方能够妥善地保管这些信息，但总是事与愿违。

电信公司 TalkTalk 承认，其去年的数据泄露导致犯罪分子利用客户信息实施欺诈。对于一家在过去 12 个月内被黑客攻击 3 次的公司来说，这是雪上加霜的消息，而且我们已经看到了丢失客户数据带来的一些灾难性影响，比如 6000 万英镑的经济损失和 10 万名客户的流失，同时 TalkTalk 的股价也受到重创。

很多人把 2015 年称为数据盗窃之年。我不确定去年的信息泄露量是否比往年更多，但今年肯定是有关数据盗窃新闻的“大年”。我认为这一年安全行业开始意识到数据是一种有毒资产。

“大数据”一词指的是一种概念，即看似随机的关于人的大数据是有价值的。所以零售商保留了我们的购买习惯，手机公司和应用程序提供商保存了我们的位置信息。

电信供应商、社交网络和许多其他类型的公司保存着我们的交谈和共享信息。数据中间商保存着一切它们可以得到的数据。而这些数据被保存、分析、买卖，并用于营销等目的，而这一切的目的大众似乎都认为是合乎情理的。

因为保存这些数据的成本是低廉的，那么企业没有理由不尽可能多保存一些，最好是能永久保存下去，但是识别出哪些是值得保存的是非常困难的。也因为数据价值有延后性，而存储数据没有明显弊端，所以何乐而不为呢？但随着过去一年数据泄露问题的发生，企业的想法改变了。

这些数据泄露事件提醒我们，数据是一种有毒资产，尤其当这些数据又属于个人信息时，保存这些数据会非常危险。

定位数据会显示出我们生活、工作的位置，并提示我们生活的轨迹。如果我们都有一个类似手机这样的定位器，通过关联分析数据，就可以知道我们和谁在一起。

互联网的搜索数据会显示出哪些是我们最近关注的重点，包括我们所期望的、恐惧的和需要保密的。通信数据则显示出谁和我们关系亲密，我们又是如何看待彼此的。我们的阅读习惯，购买数据，或是来自各种传感器摄像头的数据，所有的这些都和我们息息相关。

存储这些数据非常危险的原因就是，很多利益方想要获得它。首先，企业当然很想获得这部分数据，所以它们乐于在第一时间进行收集。政府也想要这些数据。在美国，NSA 和 FBI 通过秘密交易、胁迫和法律手段来获取数据。外国政府更便捷，只要进来窃取就可以。当一家拥有个人资料的公司破产时，数据也是被出售的资产之一。

另一个原因是，对企业来说，它非常难以保护。基于很多原因，计算机和网络很难做到绝对安全，因为攻击者比防守者具有一个固有的优势，就是一个足够熟练的、拥有资金和有目的性的攻击者总能入侵成功。

最后，当这些数据不再安全，其造成的损失和后果都是灾难性的。它会降低企业的利润和市场份额，重挫股价，并失去公众信誉，在一些情况中，还可能导致昂贵的法律诉讼甚至刑事指控。

所有这些都让数据成为有毒资产，它在企业的计算机和网络中存在的时间越久，“毒性”就越大。数据本身非常脆弱，容易被黑客和政府机构攻击，企业也是。企业雇员的工作疏忽对数据的保存来说也是致命一击，只要有一点数据泄露了出来，可能百万人都会受到影响。2015 年雅典的健康数据泄露事件影响了 8000 万人，2013 年 Target 公司的数据泄露事件则影响了 1.1 亿人。

这些有毒资产作为组织性资产会存续很久。从美国人事局泄露的数据来看，一些数据是几十年前的。你知道哪些公司还有保留着你最早的邮件，或者哪些已经关闭的社交网站还存着你最早的帖子吗?

如果数据是有毒资产，为什么那么多组织和企业还要保存它呢?

这里有三个原因，第一，我们处于大数据技术正当红的时代。企业和政府仍醉心于数据，他们疯狂地相信就是数据存在价值。研究表明，随着采集数据量的提升，并不一定得到更好的结果，而且当受广告影响的个性化数据作为补充纳入分析时，回报率会严重下降。

第二，许多企业仍然低估了风险。有些人根本不知道数据泄露会造成多大的破坏。一些人则认为，他们可以完全保护自己不受数据泄露的影响，或者企业的法律和公共关系团队可以在事件发生时将损失降到最低。虽然公司在技术上可以做很多事情来保护数据，但是没有比删除数据更安全的做法了。

第三，一些组织能理解以上两个原因，但无论如何都要保存数据。这可能就是一些风投创业公司的企业文化——通过一种极端的冒险行为来获取盈利。这些公司的特征就是它们总是很缺钱，也清楚地知道公司何时走向终结。

这些企业远远没有盈利能力，因此它们生存的唯一希望就是获得更多的钱，这意味着它们需要向创业投资基金公司展示出快速增长或不断增值的能力，这也促使这些公司承担那些更大、更成熟的公司永远不会承担的风险。这些公司可能会对我们的数据采取极端的冒险态度，甚至无视法规，因为它们实际上已经没有什么可失去的了。而且，往往最赚钱的商业模式就是风险最大、最危险那种。

我们可以采取更聪明的做法，并且需要规范企业在每个阶段可以对数据做什么，比如收集、存储、使用、转售和处理。我们可以让公司高管来承担责任，这样他们就知道冒险的坏处了。我们可以让那些涉及大规模监控的商业模式变得不那么引人注目，只要把一些商业模式设为非法就可以了。

Ashley Madison 公司的数据泄露事件对该公司来说是一场灾难，因为它保存了客户的真实姓名和信用卡号码。它其实完全不必这样做，公司可以适当处理这些信用卡信息，配置用户访问权限，然后删除所有具有个人标识的信息。

可以肯定的是，这将是一个完全不同的公司。它将不能每月向用户收取费用，丢失密码的用户将在重新访问其账户时进行更多操作。毫无疑问，它的盈利会减少，但对顾客来说这将会更安全。

同样，美国人事管理局也不必把每个人的信息都存储在互联网上，也不能让所有人能够访问到。它可以尝试脱机记录的方式，或者至少部署在具有更安全的访问控制权限的隔离网络中。没错，它不能立即将数据提供给做研究的政府雇员，但这样会安全得多。

数据是一种有毒资产。我们需要开始思考，还有什么其他的东西会产生“毒性”，而这种毒性可能会危及我们的安全和隐私。

凭证窃取成为一种攻击载体

最初发表于 Xconomy（2016 年 4 月 20 日）

传统的计算机安全关注自身的漏洞。我部署防病毒软件来监测那些可以利用漏洞的恶意软件，使用自动化的补丁系统来修复漏洞。我们争论 FBI 是否应该在我们的计算机软件中引入漏洞以确保其能在没有搜查令的情况下进入系统。当然，这些都很重要，但我们没有意识到软件漏洞并非最常见的攻击载体，凭证窃取才是。

所有黑客（包括为了犯罪目标的，为了实施黑客活动的，或者以国家形式的）最常见的入侵手法就是通过盗取并使用凭证入侵网络。最基本的就是窃取密码，实施中间人攻击来伪造成合法登录，或伪装成授权用户进行更聪明的攻击。这在很多方面是一种更有效的攻击途径：它不涉及寻找零日漏洞或未修补漏洞，隐蔽性更强，并且使攻击者在操作上更具灵活性。

NSA 获取特定情报行动办公室（TAO）负责人罗布·乔伊斯（Rob Joyce）可以算是美国的首席黑客，他在今年 1 月的一次会议上罕见地发表了公开讲话。他说零日漏洞的威胁程度被高估了，而盗取凭证才是黑客进入网络的普遍方式："很多人认为政府职能是不间断运行的，但这并不常见。对于大型企业网络来说，为了平衡稳定运维和战略重点，不会要求其运营方式不间断；有很多更容易、风险更低、效率更高的做法可以选择。"

这句话不仅对我们来说是真理，对黑客来说也是。2014 年犯罪分子通过窃取 Target 公司中央空调供应商的登录凭证实施了入侵攻击。入侵了网络武器制造商 Hacking Team 的黑客公布了该组织几乎所有的专有文件，用的就是被盗的凭证。

正如乔伊斯所说，窃取一个有效的凭证并使用它来访问网络，比使用现有的漏洞更容易，风险更小，并且从结果来看更有效率，即使是与利用零日漏洞来入侵和攻击相比，也是如此。

我们的防御观念需要适应这种变化。首先，组织需要加强它们的认证系统。这里有很多有用的措施：使用双因素身份验证、一次性密码、物理令牌、基于智能手机的身份验证等。这些措施都不是万无一失的，但都使凭证窃取变得更加困难。

其次，组织需要在数据泄露检测及事件响应方面重点投入。凭证窃取攻击倾向于绕过传统的 IT 安全软件，我们发现这种攻击是复杂且具有多步骤的。如果能够在进程中检测到它们，并快速有效地做出足够的响应，进而将攻击者拒之门外并恢复安全性，对于当今瞬息万变的网络安全至关重要。

修复漏洞对于安全来说仍然至关重要，如果新的漏洞被引入现有系统，仍然是一个灾难。但强大的身份验证和可靠的事件响应也同样重要。如果一个组织在这些方面吝啬，将发现自己无法保证网络的安全。

有人在学习如何毁坏互联网

最初发表于 Lawfare.com（2016 年 9 月 13 日）

在过去的一两年里，有人一直在研究那些运作互联网关键业务的公司，并试图了解这些公司的防御措施。这些研究以一种非常精准的形式进行，还会通过某种校准方式来进行相关的确认，旨在确定这些公司的防御能力有多强，以及需要采取什么措施才能让它们垮掉。我们不知道这个行动背后的支持者是谁，但这绝不是个人所能完成的。

首先是关于这个情况的一些技术背景。如果你试图让一个网络瘫痪，那么最简单的方式就是使用分布式拒绝服务（DDoS）攻击。就像这个名词所表示的那样，这个攻击会阻止合法用户正常访问网站。DDoS 攻击也有很多类型，但基本上它意味着目标网站承载了过量的数据，以至于它不堪重负，无法向外提供服务。这种类型的攻击并不是很新颖的攻击方式：黑客通过实施 DDoS 攻击来使他们不喜欢的网站瘫痪，罪犯则通过这种方式来进行勒索。这其实是有一个非常完整的产业链的，包括与之对抗的技术。在很多情况下，这种攻击的最终体现就是网络带宽问题。如果攻击者的流量大于防御者的出口带宽上限，攻击就能成功。

很多主流公司最近向外提供基础架构服务，导致互联网上的 DDoS 攻击呈现一种上扬态势，并且在这些攻击中，我们看到一种特殊的规律。这些攻击比以往发现的流量都要大，并且持续更久，也更复杂，攻击模式更像是一种探测。一周内，攻击将从特定的数量级开始，并在停止前缓慢增加。在下一周，它将从那个数量级最高点开始并继续按照上周的模式增加。似乎攻击者想通过这种攻击方式来找到一个确切的能使网络瘫痪的流量数值。

这些攻击的配置方式还可以评估出公司的总体防御能力。发动 DDoS 攻击的方式有很多种。你同时使用的攻击载体越多，防御者需要选择的防御方式就越多。这些公司从这些攻击中发现攻击者使用三四个不同的攻击载体。这意味着这些公司必须用尽一切手段来保护自己。它们什么也藏不住，攻击者能清楚地知道公司防御能力的底线在哪里。

我无法透露细节，因为这些公司都是在匿名的情况下与我沟通的。但这一切都与 Verisign 的报道一致。Verisign 是许多流行的顶级 Internet 域（如 .com 和 .net）的域名注册商。如果关闭，顶级域中的所有常见的网站和电子邮件地址都将被全球封锁。每个季度 Verisign 都会发布一份 DDoS 攻击趋势报告。虽然报告里所说的情况没有从那些公司听到的那么详细，但总体趋势是一样的："在 2016 年第二季度，攻击继续变得更加频繁、持续和复杂。"

其中一家公司告诉我，除了 DDoS 攻击之外，还有人试图通过不同的探测攻击来验证其掌控互联网地址和路由器的能力，并检验相关组织需要多久才会响应，等等。有人声称，这个组织试图通过各种测试来摸清关键基础互联网设施的公司的核心防御能力。

谁会做这种事呢？种种迹象表明，这不像是激进分子、罪犯或研究者会做的事。分析核心基础设施是间谍收集情报的常见做法，公司这样做是不正常的。此外，从这种探测调查的规模，特别是它的持续性来看，我更倾向于认为其背后有国家推动。这个态势感觉就像一个国家的军事网络司令部在网络战争中试图校准它们的武器。这让我想起了美国的冷战计划，通过在苏联上空驾驶高空飞机，迫使其启动防空系统，以绘制其防空能力图。

有人问，我们该怎么办？我们什么也做不了。我们不知道袭击是从哪里来的。NSA 对互联网主干网的监控比其他所有国家加起来都要多，但除非美国决定为此制造国际事件，否则我们看不到关于这些攻击的任何归因。

但这正在发生。我想人们有权知道。

谁在公布 NSA 和 CIA 的机密？原因是什么

最初发表于 Lawfare.com（2017 年 4 月 27 日）

至少有两个国家的情报部门内部发生了一些事情，但我们无法得知具体情况。

这样的猜测来自三点：第一，某个国家的情报组织正在从互联网上大量下载 NSA 的网络攻击工具；第二，可能还是同一个情报组织或其他组织也在试图获取 CIA 的攻击工具。第三，今年 3 月，NSA 副局长理查德·利吉特（Richard Ledgett）介绍了 NSA 如何通过渗透计算机网络进入俄罗斯情报机构，并宣称已监控到 2014 年它们攻击美国相关部门的痕迹。更明确地说，一个美国盟友（我的猜测是英国）不仅入侵了俄罗斯情报局的计算机，还入侵了它们大楼内的监控摄像头。官员说："他们（这个盟友）监视（俄罗斯）黑客在美国的系统中的操作，以及他们进出工作区的情况，并能看到人脸。"

一般国家不会对外展示其情报能力，特别是情报来源和情报搜集方法。原因是，这个展示会告诉对手如何去整改自己的问题，所以我们可以把这个行为视为一个深思熟虑的决定，相关机构觉得此举非常必要。不仅目标国家从一次揭露中吸取了教训，与此同时，当美国宣布它可以透过俄罗斯网络内部的摄像头看到相关网络攻击人员时，其他国家也立即检查了自己摄像头的安全性。

考虑到这些，让我们谈谈最近NSA和CIA的泄密事件。

去年，一个名为影子经纪人（Shadow Brokers）的组织开始公布NSA的黑客工具和文件。该组织今年仍在这样做，发布了五套文件，并暗示随后将放出更多机密文件。我们不知道这个组织是怎么拿到文件的。当影子经纪人第一次出现时，人们普遍认为有人发现并入侵了NSA外部的一个测试服务器，而这些服务器是NSA的TAO黑客用来发动攻击的第三方计算机。这些服务器都配有TAO的攻击工具。这种情况与泄露的信息匹配，泄露的内容包括一个"脚本"目录和工作攻击说明。我们不确定是因为NSA内部有人因为工作失误暴露了这些工具，还是黑客在缓存里翻出了这些内容。

当影子经纪人发布了新的工具和信息后，这个解释就毫无用处了，由于这其中包括针对Windows的攻击工具、Power Point演示文档和其他操作说明文档，而这些文档都不应该放在NSA外部测试的服务器上。据尼古拉斯·韦弗（Nicholas Weaver）的说法，影子经纪人正在发布通过不同途径收集来的NSA的数据。可能第一次泄露是来自外部测试服务器，但最近的泄露是来自NSA内部。

所以到底发生了什么？NSA内部有人在外部网络上错误地部署了服务器吗？这是有可能发生的，但发生的概率确实很小。有人试图入侵NSA吗？而凯文·鲍尔森（Kevin Poulsen）推测NSA内部会不会有间谍？

如果真有间谍，那么他现在应该已经被逮捕了。这些文档有足够的特征可以准确地指出它们的来源和时间。NSA肯定知道是谁拿走了这些文件，但没有哪个国家的情报机构会仅因为一个所谓的间谍公布了他传递的消息而惩治他，因为情报机构都知道，如果泄露了一个情报源，就再也找不到另一个了。

现在证据指向两个方向。一个猜测是这是来自哈尔·马丁（Hal Martin）的文档。他是NSA的一名承包商，今年8月因在家中存储机构机密长达两年而被捕。他不可能是所谓的泄密者，因为影子经纪人需要做生意，但是他在监狱里。也许泄密者是从他的藏匿处得到这些文件的：要么是马丁把文件给了他们，要么是他自己的系统被黑客入侵了。从文件的修改日期来看都相对一致，所以理论上是有可能的，但是文档的内容似乎被具有不同访问权限的人使用过。在对马丁的公开起诉书中，我们没有发现任何涉及他向外国势力出售机密的起诉，但我认为按照NSA的常规做法，他们一定会公布这些发现。但也许是我多虑，可能就是他干的。

另一个方向的关键是第二次泄露的 NSA 网络攻击工具。我从《华盛顿邮报》中关于马丁的一篇报道上了解到："2015 年夏天发现了第二个未公开披露的网络工具泄露事件，是由 TAO 的一名员工实施的。那个人被逮捕了，但他的案子还没有公开。但"不认为他曾与另一个国家分享这些材料"并不等于他没有这样做。

另一方面，可能有人侵入了 NSA 的内部网络。我们已经看到 NSA 的工具可以对其他网络做这种事情。这个影响将是非常巨大的，并且解释了为什么去年有人呼吁解雇 NSA 局长迈克·罗杰斯。

中情局的泄密既有相似之处，也有不同之处。它是由一年前的一系列工具攻击完成的。最有意义的猜测是，这些数据来自一个基本确定的内部开发的 wiki 站点——协作平台服务器，要么是内部某个人被迫放弃了一个副本，要么是外部某个人入侵了中情局，弄到了一个副本。他们把副本文件交给 WikiLeaks，WikiLeaks 负责发布。

这对 CIA 来说是轩然大波，并造成了恶劣影响。我们发现攻击用的工具都很新，功能也非常强大。我了解到 CIA 正拼命雇佣程序员来替换丢失的文件。

对于这两个泄密事件来说，一个很大的问题就是事件归因：这究竟是谁干的？一个检举者不会留着工具好几年而一直不向公众发布，他的行为会更像斯诺登或曼宁，立即去发布文件，讨论美国正在对谁做什么，而不仅仅是公布一堆攻击工具而已。随机黑客或者网络罪犯也不例外。我认为这是由一个或多个国家在背后运作的。

从我的角度猜测，以上攻击事件都是由俄罗斯操纵发起的。我的理由是，多年前得到这些信息并泄露出去的人现在必须有能力入侵 NSA 或 CIA，并愿意公布这些信息。像以色列和法国这样的国家当然有能力，但却不会发表。有些国家可能没有能力。符合这两个标准的国家很少。

所以可能有攻击发起方窃取了这些机密，大概是用它们来检查自己的网络状况并入侵其他国家，同时把矛头转向其余国家。对它来说，公布这些情报的价值要低于 NSA 和 CIA 信誉受损的价值。这可能是因为美国已经发现自己的工具遭到了黑客攻击，甚至知道是谁在攻击，这将使这些工具在实际对抗美国政府目标时的价值降低，但对于第三方仍具有很高的价值。

在我看来，公布这些信息的意图似乎很清楚："我们对美国的业务了解非常深入，不在乎是否会损失这些几年积累的工具和能力，我们确实在技术方面领先于你，而你却对此无能为力。"

也许他所说的能力早已不复存在，所以在公开源代码和方法时不会有任何损失。

或者他在吹牛：公开说他不在乎他们是否知道。当然，他可能是在虚张声势，希望说服其他人相信美国拥有其对手所没有的情报能力。

我们其实不知道情报机构彼此开战时会发生什么，我认为美国和一些国家之间暗潮涌动，公众也只是管中窥豹。大多数人都不知道事情因何而起，也不知道下一步会走向何方，作为观众的我们也只能猜测。

影子经纪人是谁

最初发表于《大西洋月刊》(2017年5月23日)

2013年，一个神秘的黑客组织盗取了几个装满NSA机密的硬盘，并称自己为“影子经纪人”。从去年夏天开始，他们一直持续不断地在互联网上公布这些机密信息。他们公然羞辱NSA并损害了NSA的情报收集能力，并将获取到的网络武器无条件分发给任何需要的人。他们曝光了思科路由器、微软Windows、Linux邮件服务器的漏洞，并迫使这些公司和它们的客户争先恐后地进行补丁的更新和处置，并在本月用WannaCry勒索病毒利用代码用于感染全球成千上万的计算机。

在WannaCry勒索病毒爆发之后，影子经纪人称每个月都会披露NSA的机密信息，并给全世界的网络罪犯和其他国家提供漏洞和黑客工具。

这些人到底是谁？他们又是怎么窃取这些信息的？其实我们也不知道。但我们可以根据他们发表的材料做出一些有根据的猜测。

影子经纪人组织去年8月突然在互联网上出现，同时他们也发布了一系列来自NSA的黑客工具和计算机漏洞（通用软件中的漏洞）。这些内容可以追溯到2013年的秋天，并且都来自NSA外部的临时服务器，这台服务器归美国所有，但似乎和NSA毫无关系。我们可以理解为NSA的黑客把工作用的工具放在互联网上隐蔽的角落里，等需要的时候就拿出来使用，然后这个角落被却被影子经纪人挖了出来。

除了工具和漏洞之外，他们还发布了NSA的四套信息材料，包括如何通过路由器进行入侵和利用、搜集邮件服务器的工具集、针对微软Windows系统的工具集、NSA攻击银行SWIFT系统的工作目录。我们看了一下这些文件和材料的时间戳，它们都创建于2013年左右，而其中Windows攻击工具发布于上个月，或者一年以前，具体时间基于各个Windows版本的工具支持时间。

通过分析我们可以看到，这些文件的来源是非常分散的，但都出自NSA。像是

SWIFT 系统相关的来源看起来来自一个内部计算机，尽管它好像曾连接到互联网。微软相关的文件和邮件服务器、路由器的文件也不太相同，文件标识方面也不太一致。但从发布的内容来看，这些素材和工具都是未经修改的，没有像记者曝光斯诺登事件或 WikiLeaks 曝光 CIA 的机密时那样小心。他们还用蹩脚的英语发布匿名消息，但这些信息带有美国文化的色彩。

基于以上的分析，我不认为这名探员是告密者。一个内部检举者不会拖了三年才发布这些工具和漏洞，更有可能会像斯诺登或切尔西・曼宁那样，收集一小段时间以后就发布出来，并且明确和美国相关部门的关系，而不像我们现在看到的这样。从这些漏洞和工具来看，无法看到一般检举者关心的政治或种族意图，只有 NSA 关于 SWIFT 系统的操作记录和囤积各种漏洞用以建立武器库的意图。

我同样不认为这是一个无组织的黑客发起的针对美国或 NSA 的一次攻击，这样等待三年显得非常不合理。这些文件和工具如同网络世界的氪元素，任何人搜集它们无异于将自己暴露在情报机构面前，此外，发布公开的时间表对网络罪犯没有意义。犯罪分子会偷偷使用黑客工具，将这些漏洞融入蠕虫和病毒中，并从网络盗窃中获利。

这就留给我们一个很大的疑问：无论是谁在很多年前获得这部分信息，都代表着他们能入侵 NSA 并且愿意披露这部分信息。

公众普遍认为去年 8 月，当第一份资料被披露时，那时这还没有成为一个政治上有争议的事件，有关部门还怀疑是俄罗斯情报机构在背后操纵，是对奥巴马发出的警告信息，但这不符合逻辑，继续让工具和漏洞保密其实更有价值。俄罗斯可以通过这些信息来监测 NSA 的特定攻击，包括对俄罗斯和对外的所有攻击。而我们看到影子经纪人的态度，他们对让美国知道他们窃取了这些漏洞和工具毫不在乎。

是的，在一定程度上，通过这种交锋，攻击者和美国都对彼此有一定的了解，但是释放的线索都指向了一个没有战略思维的攻击者：一个单独的黑客或黑客组织，对民族国家概念不认同。

以上都是我的猜测，基于我与其他尚未接触这些机密信息的人的讨论。在 NSA 内部，有更多关于攻击者的信息。公布的许多文件包括操作说明和身份识别信息。NSA 的研究人员可以确切地知道哪些服务器受到了攻击，并通过这些信息知道攻击者可以访问哪些信息。不过，与斯诺登披露的文件一样，他们只知道攻击者可能拿走了什么，而不知道他们具体拿走了什么。但他们确实提前几个月就影子经纪人发布的

Windows漏洞向微软发出了警告。他们是否像攻击国务院时声称的那样，有窃听影子经纪人的内部信息的能力？我们要打个问号。

所以影子经纪人到底是怎么入侵的呢？是NSA内部的人员不小心在外部网络上挂载了错误的服务器？这是有可能的，但对一个情报和信息技术部门来说，发生这种低级错误的概率其实很低。那有没有可能是内部出现了间谍？

如果NSA知道这些文件来自哪里，它就知道谁有权访问这些文件，并有足够长的时间对所有相关人员开展调查，了解具体是谁有意或无意泄露了这些信息。我知道，许多人，无论在政府内部还是外部，都认为有境外势力参与，事情可能比我想象的要复杂。

这件事情还未结束。上周，影子经纪人又回来了，用一条含糊不清的带有嘲讽意味的信息宣布他们推出了一种“月度数据转储”的服务。他们计划出售未公布的NSA攻击工具，去年8月他们也曾尝试过出售，威胁说如果没人付钱，就要公布这些工具。该组织在宣传造势方面做得很好：在接下来的几个月里，我们可能会看到针对网络浏览器、网络设备、智能手机和操作系统（特别是Windows）的新漏洞。更可怕的是，他们威胁要发布NSA截获的原始信息，包括来自SWIFT网络和银行的数据。

不管影子经纪人是谁，他们如何入侵了NSA存储秘密的磁盘，也不管他们出于什么目的要公布这些信息，对于米德堡来说将非常难熬，对其他人来说也是如此。

关于征信机构Equifax的数据泄露事件

最初发表于CNN.com（2017年9月11日）

上周四，Equifax报道了一次涉及1.43亿美国客户的数据泄露事件，这个数量已占到美国人口总数的44%。这是一次非常严重的数据泄露事件，黑客可以知道客户全名、社保卡号、生日信息、地址、驾照号，基本上通过这些信息，黑客可以轻易冒充受害人到银行、信用卡公司、保险公司等办理业务，进行金融欺诈。

很多网站纷纷发布关于如何保护个人信息的指导手册来预防这种数据泄露导致的问题，但是要避免重复发生这种问题，唯一的办法就是让政府为此制定法律法规。

市场是无法改善这种情况的，市场运作依赖于买家挑选卖家，而卖家互相竞争。但在这个场景里你可能没有注意到，你并不是Equifax的客户，而是它的商品。

个人信息是有价值的商品，而Equifax的业务就是出售这些信息。这个公司不仅是一个信用评估机构，还是一个数据经纪人。它收集、分析我们的所有信息，并出售相关结果。

它的客户是那些想要购买信息的人或组织：银行希望你能向它们贷款，房东希望你能租借他们的房子，雇主希望聘用合适的员工，企业希望能确定哪些是可以为它们盈利的客户——每个人，每个组织甚至政府机构都希望你买点什么。

这不仅仅是 Equifax 一家公司的问题，虽然它可能是这个行业中最大的企业，但是同类型的数据经纪公司大约有 2500 ~ 4000 家，它们也在收集、存储、出售数据，而你可能从未听过它们或和其存在业务关系。

监控资本主义其实在某方面繁荣了互联网，有时它会让你感觉每个人都在监视你。几乎所有你访问的商业网站都被秘密跟踪。Facebook 就是人们建立的监控组织，而收集你的数据就是它的商业模式。我现在还没有 Facebook 账户，但 Facebook 仍然保存着一份关于我的相当完整的档案，以至于我到现在都不想注册。

我也没有 Gmail 账户，因为我不希望 Google 存储我的电子邮件。但我猜它至少有我一半的邮件，因为我联系的很多人都在用 Gmail。我甚至无法通过选择不写带有 gmail.com 的地址来避免，因为我无法知道其他人的邮箱是否托管在 Gmail 上。

而且，很多跟踪我们的公司都是在我们不知情和未授权的情况下秘密跟踪我们的。大多数时候我们不能选择退出。有时像 Equifax 这样的公司根本不给我们选择权。像 Facebook 这样的公司，由于其规模庞大，实际上是一家垄断企业。有时像我们的手机供应商都不可避免地跟踪我们，而不是向消费者提供良好的隐私服务来进行正当竞争。当然，我可以告诫人们不要注册电子邮件账户或使用手机，但对生活在 21 世纪的大多数人来说，这非常不现实。

收集和出售数据的公司不需要为了保持市场份额而保证数据的安全。它们不会对我们和它们的产品负责。它们只需在安全方面尽可能节省成本，在数据丢失后管理好舆论，这样的模式更有利可图。是的，当罪犯得到我们的数据，或者当我们的私人信息暴露在公众面前时，我们才是最终的受害者，而企业不一定会有损失，但归根结底，为什么 Equifax 必须关心数据安全性？

是的，这周某一家公司面临着巨大的麻烦。但很快，另一家公司将遭受大规模数据泄露，按照这种频率，很少有人会记得 Equifax 的问题。就像很少有人记得去年雅虎承认它在 2013 年泄露了 10 亿用户的个人信息，2014 年又泄露了 5 亿用户的个人信息。

这种市场监督失灵并非因数据安全领域所独有。在政府介入之前，任何行业的安全保障都没得到什么改善。想想食品、药品、汽车、飞机、餐馆等行业的问题。

这样的市场监督失灵只能通过政府干预来解决。通过规范公司安全存储数据的方法，并对不遵守规定的公司进行罚款，政府可以将不安全的成本提高到企业重视的程度，让安全部署的成本远低于罚款，促进公司选择一种更便宜、更能保护数据的方案来达成目标。政府也可以鼓励个人，让受这些违规行为影响的个人更容易起诉成功，并把暴露个人数据认定为一种伤害。

无论如何，在 Equifax 的数据泄露之后，采取官方建议的措施来保护自己的身份不被窃取，但要认识到这些措施只在一定范围内有效，而且大多数的数据安全都是你无法控制的。也许联邦贸易委员会之后会介入，但如果没有“不公平和欺骗性贸易行为”的证据，它们也无法有力地保护你。也许会有一场集体诉讼，但由于你很难在所遭受的数据泄露和具体损害之间建立直接关系，因此法院也不太可能站在你这边。

如果你不愿意让 Equifax 继续粗心地对待你的数据，不要浪费时间向 Equifax 投诉，要向政府投诉。

第10章

安全、政策、自由与法律

对新发现的风险的担忧

最初发表于Forbes.com（2013年8月23日）

我们惧怕风险。它是我们正常生活的一部分，但是我们越来越不愿意接受任何级别的风险。所以我们转而求助科技来保护我们。但问题在于技术安全措施不是免费的。当然，安全措施需要我们付费，但还需要我们付出其他成本。通常这些技术措施的安全性没有广告宣传的那么好——适得其反——它们经常增加其他方面的风险。当涉及犯罪、恐怖主义和诸如此类的风险时，这种问题将特别突出。尽管科技能让我们更安全地预防意外事故和疾病这样的自然风险，但在防范人为风险时，它就不那么奏效了。

举三个例子：

1）我们已经允许警方转变成准军事化的组织。他们会在一天内多次地调动特警队，却几乎总是在非危险的情况下。他们稍受挑衅就对人开枪，而且经常是在没有搜查令的情况下。这导致无端枪击事件的数量在上升。这些措施的结果之一是，某些无心之过，如搜查令上错误的地址或是一些人为的误解会导致无辜的人们遭受恐吓，以及本来只是与警方的非暴力对峙场面演变为更多人员伤亡的事件。

2）我们在学校采取零容忍的政策。这导致荒唐的情况发生，如年幼的孩子们因为手指比成手枪指着其他孩子，或是用蜡笔画有手枪的图画而被停课。高中学生因为相互赠送非处方的止痛药受到惩罚。这些政策的成本是巨大的，不仅包括落实的成本，还包括对学生的长期影响。

3）在过去的十年里，我们已经付出了超过一万亿美元和数千人的生命来和恐怖主义斗争。这些钱本可以更好地用在其他方面。现在我们知道NSA已经转变成国内大规模监控组织，而且它的数据也被其他政府组织使用，NSA却对此事矢口否认。我们的外交政策每况愈下：我们监视每个人，我们践踏国外的人权，我们的无人机可能会不分青红皂白地对人射击，我们的外交前哨要么关闭，要么变成了堡垒。在“9·11”事件后面的数月内，很多人选择开车而不是坐飞机。但恐怖分子攻击造成的死亡人数与开车导致的死亡人数相比简直是小巫见大巫，因为开车出行比坐飞机更加危险。

还有更多这样的例子，但是通常的观点是我们趋向于专注于某个特定的风险，接着做任何我们能做的事情来缓解该风险，包括放弃我们的自由。

对于这个现象，心理学上有一种微妙的解释。风险承受能力不仅与文化有关，而且依赖于我们周围的环境。随着科技的进步，我们已经减少了许多伴随数千年的风险。致命的幼儿疾病已经是过去式，许多成人疾病也是可治愈的，意外事故很少发生，人们的存活率更高，建筑物很少发生倒塌，由于暴力造成的人员死亡数量已经大幅下降，还有很多诸如此类的情况。纵观全球，我们的生活正变得更加安全。

我们对风险的观念不是绝对的，其更多的是基于它与我们认为的“正常”差多少。因此，随着我们对何为正常的认知变得更安全，残余的风险更加突出。当人们死于瘟疫时，保护自己免于偶然的盗窃或谋杀事件是一种奢侈，而当大家都健康时，这就成了一种必需品。

这种恐惧在一定程度上来源于对风险不完善的认知。我们不擅长准确地评估风险；我们趋向于夸大引人注目的、奇怪的或是罕见的事件，并低估普通的、熟悉的和常见的事件。这导致我们认为暴力对抗警方、学校枪击以及恐怖分子攻击这些事件比实际上更加常见和致命，并且导致我们认为军事化的警察、没有灵活性的学校监管系统以及没有个人隐私的被监控状态的这些事件的成本、危险性和风险没有实际上那么常见和致命。

这种恐惧部分来源于人们只负责评估风险的某一方面这个现实。没有哪个高级官员想因为没有批准SWAT团队一次逮捕行动而导致某个官员被枪杀。没有哪个学校校长想因为没有处罚某个学生而导致其最终成为一名枪手，无论其违规行为多么轻微。没有哪个总统想因为撤回反恐怖主义措施导致最终某次恐怖策划成功。这些掌权者自然会规避风险，因为他们个人肩负着如此重的责任。

我们也期待科学与技术可以缓解这些风险，正如它们已经缓解了许多其他类型的风险一样。这些安全措施在和科学技术融合时存在一个根本性的问题——这与它们要处理的风险类型有关。我们在生活中所面对的大部分风险是来自大自然的，如疾病、事故、气象灾害等随机发生的事件。随着科学的进步，我们更擅长于缓解此类风险并从其中恢复。这些科学中医学的发展是最为突出的，其他学科也同样发生了巨大变化。

安全措施与一种截然不同的风险进行斗争，即来源于人的风险。人们是聪明的，并且以大自然无法实现的方式来适应新的安全措施。在更安全的、新的建筑规范条件下，地震不会导致房屋倒塌。汽车不会导致新形式的交通事故来降低事故存活率，削弱医学上的进步。但是恐怖分子会改变其战术和目标来应对新安全措施。某个原本无辜的人会改变他的行为，这是对荷枪实弹的执法警察的一种反应。生活在被监视状态的我们都会改变。

当我们实施措施缓解这些随机风险的影响时，结果是世界更加安全。当我们实施措施减少人为风险时，人们随之进行调整，所以降低的风险比预期的要少。我们还会受到更多副作用的影响，因为我们都在适应环境。

我们需要重新学习如何识别风险管理中的利弊，特别是当风险来源于我们人类自身时。我们需要重新学习如何接受风险，甚至是“拥抱”风险，因为对于人类进步和社会自由来说，它是必不可少的。我们期待科技能帮助我们像防范大自然风险一样防范来自人的风险。这个期望值越大，未来我们就会牺牲越多的自由来徒劳地尝试获得这种安全感。

撤销互联网

最初发表于《卫报》(2013 年 9 月 5 日)

政府与公司已经背叛了互联网，还有我们。

NSA 通过在每个层级上颠覆互联网，让互联网变成一个庞大的、多层的以及健壮的监控平台，正逐步破坏基本的社会契约。我们不再信任那些建设和管理互联网基础设施的公司，那些生产并销售硬件和软件的公司，或是那些我们用来托管数据的公司。在我们眼中，它们不再是有道德感的互联网“管家”。

这不是我们需要的互联网，也不是互联网的缔造者所预想的。我们需要让它回归原来的样子。

这需要由技术工程师来完成。

是的，首先这是一个政治问题，政策上的事情需要政治力量干预。

但这也是一个技术问题，并且有好几件事是工程师可以做，并且应该做的。

第一，我们应该勇于曝光。如果你没有安全许可，并且也没有收到国家安全信函，你不会受到联邦保密需求或是言论禁止令的约束。如果NSA联系你要给某个产品或协议做手脚，你需要主动向媒体曝光。你的雇主的义务不包含非法或不道德的活动。如果你处理的是机密数据并且是真正有勇气的人，那么曝光你所知道的内幕。我们需要"吹哨人"。

我们需要精确地知道NSA与其他机构如何暗中破坏路由器、交换机、互联网骨干网、加密技术和云服务系统。我已经知道5个这样的故事，并且我只是刚开始收集。我想要50个。这个数量是安全的，并且这种形式的非暴力反抗是合乎道德的。

第二，我们能够设计。我们需要明确如何重构互联网来预防这种大规模的窃听行为。我们需要发明新的技术来防范通信的中介方泄露私人信息。

我们能让监控成本再次变得昂贵。特别的是我们需要开放的协议、开放的实现、开放的系统，这些将让NSA的暗中破坏更加困难。

定义互联网运行标准的组织是国际互联网工程任务组（The Internet Engineering Task Force，IETF），它计划于11月初在温哥华举行会议。该组织需要在下次会议上专门讨论这个任务。这是紧急情况，需要紧急响应。

第三，我们能影响政府治理。到目前为止我一直抵制这么说，并且这件事让我很难过，但是美国政府已经被证明是不道德的互联网"管家"。我们需要弄明白互联网治理的新方式，让技术强大的国家监控一切事情都更加困难。例如，我们需要强烈要求政府和公司增加透明度、监督和问责机制。

不幸的是，这将会直接落入极权主义政权的手中，它们甚至想要以更加极端的形式监控自己国家的互联网。我们也需要弄明白如何预防此类问题。我们需要避免国际电信联盟的错误，其已经成为将恶劣政府行为合法化的公开讨论场所。我们要创建真正国际化的政权，它不会被任何一个国家统治或滥用。

从现在起，经过数代以后，当人们回顾互联网早期的这几十年，我希望他们不会对我们感到失望。只有我们每个人以此事为先，并且参与讨论，我们才能确保他们不会失望。从道德上讲，我们有义务来做这件事，并且没有时间可以浪费。

废除这个监控状态不是一件容易的事。那些已经在大规模监控本国公民的国家会轻易放弃这个权力吗？那些实施大规模监控的国家会避免成为极权主义国家吗？无论发生什么，我们都要开辟新的天地。

再强调一次，这个任务的政治意义远大于技术意义，但是技术是极其重要的。我们需要要求真正的技术专家参与这些问题的关键治理决策。我们已经有太多完全不理解科技的律师和政客，当我们创建科技政策时，需要确保技术专家已经就位。

对于技术人员，我想说我们创建了互联网，而且我们中的一些人在帮助别人破坏它。现在，我们中那些热爱自由的人必须解决这个问题。

互联网中的权力之战

最初发表于《大西洋月刊》(2013 年 10 月 4 日)

我们身处在网络空间的史诗级权力之战中。一方是传统的、有组织的、体制性势力，如政府和大型跨国公司，另一方是分散的和灵活的，如草根运动、政治异己团体、黑客和网络罪犯。最初，互联网赋予后者权力。互联网提供了有效的协调和沟通的空间，而且让他们看上去是无法击败的。但是现在，更传统的体制势力赢了，并且胜出很多。长期来看，这两方进展如何，以及不属于任何一方的我们的命运如何，这些都是开放的问题，并且对于互联网的未来来说是至关重要的问题。

在互联网时代的早期，有许多关于它的“自然法则”的讨论，即它将如何颠覆传统势力的阻碍，赋予民众权力，并且在全世界范围内自由传播。互联网的国际化本质绕过了国家法律。匿名是很容易的。审查制度是很难实现的。警方有时对于网络犯罪毫无头绪。更大的改变是不可避免的。数字货币可能会损害国家主权。市民新闻会颠覆传统媒体、企业公关和政党。方便的数字复制将会毁灭传统的电影和音乐行业。线上的市场营销将会允许小公司与巨头企业进行竞争。这将会是新的世界的运行法则。

这是一个乌托邦式的想象，但是其中一些确实发生过。互联网营销已经商业化。娱乐行业已经由于 MySpace 和 YouTube 等的出现而发生转变，而且现在对外界更加开放。大众媒体已经发生了巨大变化，并且传播媒体中最有影响力的一些人来自博客世界。有新的政治组织和选举方式。众筹可以让数万个项目筹措资金，众包让更多类型的项目可以融资。Facebook 和 Twitter 真正地影响了政权。

但是这只是互联网颠覆性的一面。互联网同样也鼓励传统力量。

在企业方面，势力正在被巩固，这是当今计算机行业两大趋势的结果。首先，云计算的崛起意味着我们不再能控制自己的数据。我们的电子邮件、照片、日历、地址簿、消息以及文档都在属于 Google、Apple、Microsoft、Facebook 等这类公司的服务器上。其次，我们越来越多地使用那些控制力弱的设备来访问数据，例如 iPhone、iPad、安卓手机、Kindle、Chrome 笔记本和诸如此类的电子设备。不像传统的操纵系统，这些设备被供应商牢牢地控制着，它们可以限制能运行什么软件，可以做什么，如何更新，等等。甚至于 Windows 8 和 Apple 的 Mountain Lion 操作系统也正在朝着给予供应商更多控制权限的方向前进。

之前我把这种计算服务模式描述为“封建制”。用户们发誓效忠于这些强大的公司，反过来这些公司承诺保护他们免于系统管理员职责以及安全威胁的伤害。这种比喻说法在历史上和小说中经常见到，而且这种商业模式也渐渐地渗透到今天的计算机行业。

中世纪的封建制度是一种分等级的政治制度，双方都有要承担的责任。领主提供保护，而附庸者提供服务。这种领主和附庸者的关系是类似的，但有更大的权力差别。这是对危险世界的回应。

封建式安全巩固了少数人手中的权力。互联网公司像之前的领主一样，根据它们自己的利益行事。它们利用与我们的关系来提高利润，有时会损害我们的利益。它们为所欲为，也会屡屡犯错。它们有意地改变社会准则。中世纪的封建制度给予领主巨大的权力，让他们可以管理无地的农民，在互联网上我们也看到了类似性质的事情。

当然，这不完全是坏事。我们自己，特别是那些不擅长技术的人，喜欢供应商管理的设备提供的便捷性、冗余性、可移植性、自动化和可共享性。我们喜欢云备份，喜欢自动更新，不喜欢自己处理安全问题。我们喜欢 Facebook 就是因为在任何设备、任何地方都能使用它。

政府在互联网上的权力也在增加。相比之前，有更多的政府监控，更多的政府审查，更多的政府宣传，并且越来越多的政权在控制他们的“用户”在互联网上能做什么，不能做什么。极权主义的政权正在开展“网络主权”运动来进一步巩固其权力，而且网络战争军备竞赛已经开始，大笔资金被用于网络武器和网络防御措施的加强，这些都进一步增强了政府的权力。

在许多情况下，公司的利益与政府的权力是一致的。双方都受益于无处不在的监控，并且 NSA 利用 Google、Facebook、Verizon 和其他公司来访问它本来得不到的数据。娱乐业指望政府部门来强化其过时的商业模式。来自 BlueCoat 和 Sophos 这类公司的商业化安全产品正被高压政府用来监视和审查它的公民。迪士尼在它的主题公园使用的面部识别系统同样也能用于识别在 X 国的抗议者以及在纽约的占领华尔街运动的激进分子。可以把它看作一种公共 / 私营部门监控合作伙伴。

发生了什么？在互联网时代早期，我们会预料未来它会变成现在这个样子吗？

真相是，一般来说，科技会放大权力，但是采用率是不一样的。无组织的、分散的、社会边缘的、持不同政见的、无权势的人还有罪犯，他们能快速地利用新技术。当这些组织发现了互联网，他们突然拥有了权力。但随后当政府最终寻清楚如何治理互联网时，他们有更多的权力可以放大。这就是区别：分散的组织能更加灵活、快速地充分利用它们的新权力。尽管那些政府机构步伐更慢，但是能够更有效地使用其权力。

所以当有不同政见者使用 Facebook 来组织活动时，同样，政府也在使用 Facebook 来鉴别不同政见者并逮捕他们。

然而分布式力量并非一无是处。对于体制权力来说，互联网是某种程度上的改变。但是对于分散的势力来说，它是颠覆性的改变。互联网第一次让这些分散的团队能够协调配合。这可能产生难以置信的后果，正如我们在 SOPA/PIPA 法案辩论、土耳其 Gezi 公园的抗议活动、众筹的崛起中看到的那样。互联网能够逆势而上，即使在缺少监控、审查和使用控制的情况下。但是除了政治协调以外，互联网能同样让社会协作联合起来。例如散居的少数民族、性别少数群体、罕见疾病患者以及模糊利益群体。

这不是一成不变的：技术的进步不断为灵活的一方提供优势。在我的书 *Liars and Outliers* 中，我讨论过这个趋势。如果你认为安全是攻击方与防御方之间的军备竞赛，任何科技的进步都会给一方或另一方带来暂时的优势。但是在大多情况下，灵活的一方首先受益于新技术。他们不会被官僚主义所阻碍，也不会被法律或道德妨碍。他们能更快地进化。

我们在互联网中已经看到了这种现象。随着互联网开始被用于电子商务，新的网络罪犯出现了，他们能够很快地利用新技术。这需要警方花十年时间才能赶上。我们在社交媒体上也看到这种现象，正如在极权政体采取行动前，那些持不同政见的人已经充分利用了互联网的组织能力。

我把这种延迟称为“安全鸿沟”。当更多科技出现时，在科技快速发展的时代，差距会更大。基本上如果有更多创新的技术可以使用，就会有更多的破坏产生，这些破坏来自社会无法及时修复的所有漏洞。由于我们的世界拥有比以往更多的技术，科技发展的速度也比以前更快，我们应该会看到前所未有的安全差距。换句话说，灵活、分散的势力能够比缓慢的体制势力更好地利用这些科技，这个时间差在不断加大。

这是一场快者与强者之间的战斗。再回到之前中世纪的比喻，你可以把灵活的分散势力看作“罗宾汉”，无论他们是社会边缘人士、不同政见者还是罪犯。把笨重的体制势力看作封建领主，比如政府和公司。

谁赢了？未来几十年，哪一种力量将占据主导地位？

此刻，看上去传统的力量更有优势。无所不在的监视意味着对于政府来说，要分辨出持不同政见者比识别匿名者更加容易。数据监控意味着防火墙阻拦数据要比人们绕过它更加容易。我们使用互联网的方式让 NSA 更容易监控每个人，而不是维护人们的隐私。即使绕过数字复制保护是容易的，但大多数用户还是做不到的。

问题在于利用互联网的力量要有专业技能。那些有充分能力的人将会领先体制权力一步。无论是建立自己的邮件服务器，有效地使用加密和匿名工具，还是破解版权保护，总会有技术能够绕过体制权力。这就是为什么即使警方的警惕性提升，但网络犯罪仍然无处不在，为什么具备技术能力的告密者能造成如此大的破坏，为什么像 Anonymous 这样的组织仍然是一支独立存在的社会和政治力量。假设技术继续进步，总会存在技术领先的“罗宾汉”能运作的“安全鸿沟”，我们没有理由相信这种情况不会发生。

大多数人仍处在中间位置。这些人没有技术能力逃避政府和公司的监视，无法避开“掠食”我们的犯罪组织和黑客团体，或是加入任何抵抗运动或政治反对运动中。这些人接受默认的配置选项，任意的服务条款，NSA 安装的后门以及偶尔完全丢失的数据。随着政府和公司权力保持一致，这些人渐渐地被孤立。在封建制社会，这些人就是倒霉的农民。当封建领主或是任何势力间互相战斗时，情况会更加糟糕。正如《权力的游戏》中演的那样，当势力之间发生战争时，农民的利益被践踏，正如当 Facebook、Google、Apple 和 Amazon 在市场上争得你死我活时，或是当美国政府与恐怖分子开展斗争时，用户的权益有可能被侵害。

随着技术不断地发展，这种滥用的情况只会变得更加糟糕。在体制势力与分散势力的战斗中，更多的技术意味着更多的破坏。我们已经看到了这一点：比起那些不得不亲自去别人家抢劫的罪犯，网络罪犯能更快地“打劫”更多的人。数字盗版者能更快地制作出更多的副本。将来我们会看到，3D打印意味着对计算机限制使用的讨论将会涉及枪支，而不是电影。大数据意味着更多的公司会更加容易地识别和追踪你。正如我们对大规模杀伤武器感到恐惧一样：拥有核武器或是生化武器的恐怖分子比起使用传统炸药的恐怖分子破坏力更强。同样，拥有“大规模网络武器”的恐怖分子比那些拥有“网络炸弹”的恐怖分子能造成更大的破坏。

这是一个数字游戏。广义上说，由于人类作为一个物种和一个社会的行为方式，每个社会都会存在一定的犯罪率。有一个特定的犯罪率是社会能够忍受的。鉴于历史上那些效率低下的罪犯，我们愿意接受社会中存在一定比例的罪犯。随着科技的发展，单个罪犯也变得更加强大，我们能容忍的罪犯百分比也在下降。此外，请记住关于“大规模杀伤武器”的辩论：随着单个恐怖分子破坏能力的增加，我们需要逐渐做更多事情来防止单个恐怖分子成功。

技术越不稳定，人们的恐惧越多，机构的权力也会越强，这意味着愈加专制的安全措施，即使安全差距意味着此类措施慢慢变得无效，而且这会愈加挤压处在中间的“农民”。

没有封建领主的庇护，“农民”将会同时遭受罪犯和其他封建领主的“虐待”，但是公司和政府通常是合起伙来利用它们自身的权力为自己谋利，在这一过程中，它们很容易践踏我们的权利。如果我们没有技术能力去当“罗宾汉”，那么除了屈从于统治地位的体制势力外，我们别无选择。

那么随着技术进步会发生什么？极权国家是控制分散势力并保持社会安全的唯一有效方式吗？或者是随着科技增加“社会边缘人群”的力量，他们会不可避免地破坏社会吗？可能这两种情景都不会成真，但是找到一个稳定的中间立场是困难的。这些问题很复杂，而且依赖于我们无法预测未来的科技进步。但它们首先是政治问题，而且任何解决方案也会是与政治相关的。

短期来看，我们需要更多的透明度和监督。我们越了解体制权力正在做的事情，越能信任它们没有滥用自己的权力。我们很早就知道这个道理适用于政府，但是由于担忧恐怖主义和其他现代社会威胁，我们渐渐忽视了它。这个对于公司权力来说也是适用的。不幸的是，市场动态不一定会强迫公司透明化，我们需要法律来做这件事。

对于分散势力来说也是一样的，透明度是我们如何将政治异见者与犯罪组织区分开来的依据。

监督也是至关重要的，而且是另外一种我们早就知晓的用于审查权力的机制。它可能是一些要素的组合：法院担任倡导法律的第三方而不是奉命行事的组织，立法机构理解技术以及它们如何影响权力平衡，富有活力的公共媒体和监督组织分析和讨论这些掌权机构的行为。

透明度和监督给了我们信心，让我们信任体制力量在和分散势力中坏的一方进行斗争，同时允许后者中好的一方茁壮成长。因为如果我们打算把我们的安全委托给体制势力，我们需要知道它们代表我们的利益行动并且没有滥用权力。

从长远来看，我们需要努力减少权力差距。这些问题的核心在于对数据的访问。在互联网上，数据就是权力。对于无权访问数据的人来说，他们获得了权力。对于已经有权访问数据的人来说，他们进一步巩固了其权力。当我们希望减少权力失衡时，我们不得不着眼于数据：适用于个人的数据隐私权法案、适用于公司的强制性披露法案以及公开的政府法案。

中世纪的封建制度演化成一个更加平衡的关系，在这种关系中领主有权力也有责任。当今的互联网封建主义不仅是临时的也是单边的。那些掌控权力的人拥有许多权力，但是他们的责任和限制越来越少。我们需要重新平衡这种关系。在中世纪的欧洲，中央集权和法制的崛起提供了封建主义所缺乏的稳定性。《大宪章》首次强制规定政府的责任，并且让人们朝着民有、民享的政府道路走下去。除了重新支配政府权力，我们还需要对公司权力施以类似的限制——在21世纪聚焦于滥用权力体制的“新宪章”。

如今的互联网是一个意外：缺少最初的商业利益，政府善意的忽视，军方对生存能力和恢复力的需求，以及计算机工程师创建的简单易用的开放系统，它是这些因素的组合。

关于互联网的未来，我们刚刚开始一些至关重要的讨论：执法部门的正确角色，无所不在的监控，对我们整个人生信息的收集和保留时限，自动化算法应该如何判断我们，政府对于互联网的控制，网络战争的交战规则，互联网上的国家主权，公司对我们的数据权力的限制，信息消费主义的后果，等等。

数据就像信息时代的污染问题。所有的计算机进程都产生数据。它持久保存。我们如何处理它，如何重复和循环利用它，谁能访问它，我们如何处置它，有哪些法律监管它，这些是信息时代如何运作的中心问题。正如我们回顾工业时代早期的几十年，想知道当时的社会如何能够忽视污染而急于建设一个工业化的世界，我们的子孙们也会回顾我们在信息时代早期的这几十年，并且判断我们是如何处理这些新数据所导致的权力重新平衡。

对于我们来说，现在不是能容易地把这些问题弄明白的年代。在历史上，权力的变迁从未容易过。公司已经把我们的个人数据变成巨大的收入来源，并且它们不会让步。政府也同样不会，它们会为了自己的目的治理同样的数据。但是我们有责任来解决这个问题。

我无法告诉你结果会是什么。这些都是复杂的问题，并且需要严肃的讨论、国际间的合作和创新的解决方案。我们需要决定如何在体制权力与去中心化权力之间进行正确的平衡，以及如何创建工具来增强好的一面，同时压制坏的一面。

NSA 如何威胁国家安全

最初发表于《大西洋月刊》(2014 年 1 月 6 日)

NSA 的秘密窃听事件还在媒体上发酵。有关这个曾经是机密项目的细节继续被曝光。最近国家情报局已经解密了一些额外的信息，并且总统评审小组刚发布它的报告和建议。

随着事态的继续发展，人们很容易习惯于 NSA 监控活动的广度和深度。但是通过这次曝光，我们已经知晓了关于该机构能力的海量信息，它是如何没有保护到我们，以及在信息时代我们需要做什么来重获安全。

首先，NSA 的监控状态是活跃的。从政治、法律和技术上看都是活跃的。我能说出 NSA 三个不同的项目来收集 Gmail 的用户数据。这些项目是基于三种不同的技术窃听技术。它们依赖于三个不同的执法部门，与三家不同的公司合作，并且这仅是涉及 Gmail 的监控。对于手机通信记录、互联网聊天记录，手机位置数据也是一样的情况。

其次，NSA 继续在其能力上撒谎。它使用像“收集”“偶然地”“目标”和“定向的”这样的词语来作为掩饰其行为的解释。NSA 使用多个代号隐匿其监控项目以便遮掩它的监控范围和能力。官员们作证说某个特殊的监控活动不是在特定的项目或当局授意下进行的，有意忽略了是在其他项目或当局授意下进行的这一事实。

最后，美国政府的监控行为不只是针对NSA。斯诺登曝光的文档已经告诉我们关于NSA监控活动更多的细节信息，但是现在我们已经知道CIA（美国中央情报局）、NRO（美国国家侦查局）、FBI（美国联邦调查局）、DEA（美国禁毒署）以及当地警方都参与了无所不在的监控行动，使用的是同样的窃听工具并且彼此定期地共享信息。

NSA收集一切信息的心态大部分源自冷战，当时其对苏联的监控活动已是常态。然而，这种针对"敌对"国家的定向监控活动是否真正有效还尚不明确。正如我们在今年年初知晓叙利亚使用化学武器一样，即使当我们获悉真实的机密消息，我们通常也不能对其做出任何反应。

无所不在的监控本应该随着冷战的结束而终结，但是在"9·11"事件后，情报机构担负着"永不再发生"的反恐使命。这种预防事件发生的异想天开式的目标逼迫我们试图知道发生的每一件事。这推动了NSA去窃听在线游戏世界以及真实世界中的每次通话。但是这可以说是枉费心机，因为通信方式实在太多了。

我们没有任何证据说明这种监控活动会让我们更加安全。NSA局长基恩·亚历山大在6月宣称其瓦解了54起恐怖阴谋来回应这种说法。10月，他将这个数字下调到13，接着又变成"一起或两起"。其中，唯一被阻止的"阴谋"是一名男子向某个索马里武装组织提供8500美元的资金。我们被不断地告知这些监控项目本来能够阻止"9·11"事件发生，然而NSA没有侦查到波士顿爆炸案，即使两名恐怖分子中的一名已经在观察名单上，并且另外一名已经在社交媒体上露出马脚。收集海量的数据和元数据并不是反对恐怖主义的有效工具。

这种无所不在的监控不仅是无效的，而且其成本是极其高昂的。我指的不仅仅是项目预算，虽然这项预算还会持续增长，还包括外交成本，因为一个接一个的国家知晓我们针对其公民的监控项目。我还在讨论社会成本，它破坏了社会中已经建立的如此多的体系：它破坏了我们的政治体系，因为国会无法提供任何有意义的监督，并且公民对政府做了什么一无所知；破坏了我们的法律体系，因为法律被忽略或是被重新诠释，并且人们无法在法庭上质疑政府的行为；破坏了我们的商业体系，因为美国的计算机产品和服务在世界上不再受到信任；破坏了我们的技术体系，因为互联网协议变成不可信任的；破坏了我们的社交体系，对我们来说，失去隐私、自由比偶然的、随机的暴力事件给社会造成的危害更大。

最后，这些系统很容易被滥用。这不仅是假想的问题。最近的历史阐明了许多此类信息曾经被滥用或是可能被滥用的情况。例如，胡佛及FBI间谍活动、麦卡锡主义、马丁·路德·金和民权运动、越南反战抗议者，还有华尔街占领运动。在美国之外还有更加极端的例子。建设这些监控系统使得人们和组织更容易滥用信息。

我们需要担心的不仅是国内的滥用行为，世界其他地方也是如此。我们越是选择窃听互联网及其他通信技术，就越容易被其他人窃听。我们不是在NSA能够窃听和不能窃听的两个世界之间做选择，而是在对于攻击者来说都是脆弱的世界与对于用户来说都是安全的世界之间进行选择。

解决这个问题将会是艰难的。我们早过了简单的法律干预就能奏效的阶段。国会限制NSA监控的法案实际上并不会对限制NSA监控起到多少作用。或许NSA会弄明白如何解读法律来允许其为所欲为。或许它会使用另外一种理由，使用其他方式窃听。或许FBI会监控并且给NSA一份副本，并且当被问及时它会对此撒谎。

NSA的监控就像二战前的马其诺防线：低效而且浪费。我们需要NSA公开地曝光监控了什么，以及已知的不安全问题。我们需要朝着安全的方向努力，建立一个自由世界组成的联盟，并致力于建立一个安全的全球化互联网。我们需要持续地抵制反对这个目标的坏家伙们，不管他们是什么背景。

保护互联网安全既需要法律也需要技术。这要求互联网技术能够保护数据，无论数据在哪里以及如何传输。这要求广泛的法律把安全的地位放在国内外监控之上。这需要额外的技术来强制执行这些法律，并需要世界范围内的执行部门来处理不良行为。这不是一件容易的事情，并且和其他国际问题，如核武器、化学武器以及生化武器的防扩散问题，小型武器非法交易问题，人口非法交易问题，洗钱和知识产权问题等有一样的症结。全球性的信息安全和反监控属于这类艰难的全球性问题，所以我们才能开始取得进展。

总统评审小组的建议大部分是积极的，但是力度还不够。我们需要认识到安全比监控更重要，并朝着这个目标努力。

谁应该存储NSA的监控数据

最初发表于Slate网站（2014年2月14日）

总统评审小组对NSA在情报与通信技术方面改革的建议之一是，政府部门不应该收集和存储原始的通话记录。如果你统计过这一建议被提出的次数的话，这已经是第五次了。相反，应该由私营公司，无论这类公司是电话公司还是第三方公司，来存储这些原始数据，并且只依据法庭的命令把这些数据提供给政府部门。

这不是新想法。在过去几十年中，好几个国家已经颁布了强制性的数据留存法律，要求公司保留客户的互联网访问记录或电话记录一段时间，以便政府部门调查时访问。但这有意义吗？12月，哈佛大学的法学教授Jack Goldsmith问道："我理解这个报告中提及的对政府存储海量原始记录的行为表示担忧，但是我不理解该报告暗示的假设，认为从隐私、数据安全或是可能的滥用角度看，由私人公司存储海量的原始数据行为是一种进步。"

这是个很好的问题，该报告发布后的近两个月里，它并没有得到足够的关注。我认为评审小组的建议在如下几个方面让事情更加糟糕。

首先，NSA在数据库安全方面会比公司做得更好。我这么说不是因为NSA具有任何特别棒的计算机安全能力，而是因为它在这方面经验更加丰富，并且资金充沛（是的，这是真的，即使爱德华·斯诺登能够复制很多的文档）。差别在于程度，而不是种类。两种选择都让数据容易受到内部人攻击，对于第三方数据库来说更是如此，因为将会有更多的内部人员。尽管两者都不完美，但我更愿意相信NSA能保护我的数据免于非授权访问，而不是相信一家私人公司能做这件事。

其次，授权访问也存在更大的风险。这种风险是评审小组最关心的。思路是如果数据是在私人公司手里，那么访问数据的唯一合法方式是在法庭允许时进行访问，对于NSA来说，超过其权力范围对数据进行大量的查询，或是访问允许范围外的更多数据是不太可能的。我认为这不是真的。任何存有NSA控制之外的数据的系统都会有用于紧急访问的条款，因为恐怖主义这个措辞足够吓到立法者，进而赋予NSA这个权力。NSA这样做早就通过了法律流程并且取得了秘密的FISA法庭的同意。增加另一方到这个流程中不会减缓这件事，也无法提供更多监督，或是以任何方式让其变得更好。比起信任NSA员工，我不再信任私营公司的员工不会把数据移交给NSA来分析。

从公司这边来看，对应的风险是这些数据将会被用于各种本来不可能的目的。如果政府强迫公司保留用户数据，它们会开始这样思考："我们已经为政府存储了所有客户的个人数据。为什么我们不挖掘它的价值，例如用于营销目的，或卖给数据经纪人呢？"至少NSA不会使用我们的个人数据用于大范围的商业目的——这就是Google和Facebook这类公司的商业模式。

总统评审小组的意见中给出的这样做的最后一种好处，就是把数据处于私有公司的控制之下将会让我们感觉更好。他们写道："知道政府已经访问了某人的通话记录能严重地让社交自由和表达自由的理念受挫，并且知道政府能轻易地访问这些信息这一事实能深刻地'以一种对社会不利的方式改变国民与政府间的关系。'"这些引用的话语来自法官索尼娅·索托马约尔（Sonia Soto-mayor）在琼斯 GPS 监控案（在该案例中，政府在犯罪嫌疑人琼斯的汽车上悄悄安装了 GPS 设备）中的观点。

评审小组认为把数据移交其他公司产生这些数据的公司或第三方的数据仓库会解决这个问题，但那是我们想真正解决的问题吗？政府让我们都处在无休止的和无处不在的监控之下，这一事实令人不寒而栗。这会限制言论自由，对社会是不利的，如果我们对他人隐瞒自己正在做的事或只是假装在解决问题，那么最终我们伤害的还是自己。

数据从哪里脱离我们的控制？如果公司为了商业目的已经开始存储数据，那么答案很简单：只有它们应该存储数据。如果公司还没有开始存储数据，那么总的来说，让 NSA 存储数据会更加安全，并且在许多情况下，正确的答案应该是没有人来存储数据。这些数据应该被删除，因为保留它们会让我们都不安全。

这个问题要比 NSA 的问题更加复杂。将会有各种数据（包括医疗数据、运动数据、交易数据），无论它们是聚合起来还是单独存在，对我们来说都是有价值的，而且应该是我们私有的。在每个这样的例子中，我们将会面对同样的问题：我们如何从数据中提取社会价值，同时又保护它们的私有属性？这是信息时代的关键挑战之一，清楚在哪里存储数据是这个挑战的主要部分。当然不会有单个解决方案能适用于所有案例，但是学习如何权衡不同解决方案的成本和好处将是利用大数据力量，并且不会对社会造成伤害的关键组成部分。

阅后即焚的 App

最初发表于 CNN.com（2014 年 3 月 26 日）

像 Snapchat、Wickr 和 Frankly 这样"阅后即焚"的消息 App 正在兴起，它们都以用户照片、消息或状态更新会在阅读一段时间后消失这个功能为宣传卖点。例如 Snapchat 和 Frankly 宣称会在用户完成阅读 10 秒后会永久地删除消息、图片和视频。在此之后，将没有任何记录保留。

这种理念特别受年轻人欢迎，并且这些应用是 Facebook 这类站点的"克星"。后者将永远保留你发布的内容，除非你自己把它们删除，但即使你删除了数据，也并不能保证这些内容无法访问。

这些“阅后即焚”的App是首批合作反对永久保留互联网聊天记录的App。当计算机开始介入通信时，我们便失去了短暂通信的能力。计算机会产生聊天记录，并且这些数据通常会被保存和归档。

从1987年的奥利弗·诺斯（Oliver North）事件到2011年的安东尼·韦纳（Anthony Weiner）丑闻，那些著名的、有影响力的事件已经从邮件、文本、推特和发帖这些方面被删除干净。我们中的大多数人已经陷入更多的令人感到难堪的事件中，我们讨论的这些事件的发生要么是因为数据保存的时间太长，要么是因为共享的范围太广。

对互联网通信这种永久保存的本质，人们的反应不一。我们已经尽可能地删除了已发布的内容，并且要求别人未经许可不要转发。“洗墙”是我们用来描述删除Facebook上帖子时的一种说法。

社会学家丹娜·博伊德（Danah Boyd）写过此类文章，是关于年轻人有组织地删除他们在Facebook上发布的每个帖子的。Wickr这类应用只不过是把这个过程自动化了，结果是产生了巨大的市场需求。

“阅后即焚”的聊天方式看起容易，但实现起来就很难了。2013年研究人员发现Snapchat没有像其宣传的那样删除图片，它只不过是修改了这些图片名以便它们不容易被看到。对于用户来说，这是否是个问题取决于他们“对手”的技术有多老练，但是这也表明了实现即时删除的困难程度。

问题在于，这些新的“阅后即焚”式的聊天不像真正的面对面聊天，或者像在发明手机和GPS接收器之前走在某个森林里聊天那样不留痕迹。

在最好的情况下，这些数据被记录、使用、保存，然后被专门删除。在最坏的情况下，这种“阅后即焚”的特性是伪造的。尽管用这些App发出的帖子、文本或消息很快就对用户不可见了，但后台可能没有立即擦除系统上的数据。即使这些数据最终被存储到备份磁盘上，也不会被擦除。

开发这些App的公司可能非常擅于分析数据并且向广告商提供分析结果。我们不知道有多少元数据被保存。在Snapchat中，用户可以看到元数据，但无法看到分析内容和了解其用途。如果政府通过秘密的NSA命令，或者更加正式的涉及雇主或学校的法律流程要求公司提供这些聊天记录的副本，那么这些公司除了交出数据外别无选择。

更糟糕的是，如果 FBI 或 NSA 要求美国公司秘密地存储这些聊天记录并且不告诉它们的用户，这些公司除了遵守别无选择，但这违反了公司向用户做出的删除承诺。

最后这一点不是我们的妄想。

我们知道美国政府对大公司和小公司都采取同样的做法。Lavabit 是一家小型的安全邮件服务公司，其设计的加密系统让公司自己也无法访问用户的邮件。去年 NSA 向它发出秘密的法令要求交出它的主密钥，这会危及每个用户的安全。Lavabit 因不愿服从 NSA 而关闭了它的服务，但是这对于大型公司来说并不可行。2011 年微软对 Skype 做了一些不为人知的改动，这让 NSA 更加容易进行窃听，但是它们对外宣传的安全承诺并没有变化。

这也是奥巴马宣称在某个特定法律授权下他将中止某个特殊的 NSA 收集项目的原因之一，这仅仅是开始解决问题：政府的监控是如此广泛，除非全面改革，否则并不会取得太大成效。

当然，Snapchat 用户不会介意美国政府是否在监控他的聊天，他们更在意学校的朋友和自己的父母。但是如果这些平台是不安全的，那么人们需要担心的就不只是 NSA 了。

持不同政见的人需要安全。如果他们依赖阅后即焚的 App，那么他们需要知道自己的政府无法保留他们的聊天记录的副本。甚至美国高校的学生也需要知道他们的照片会不会被偷偷地保存，并且在几年后被拿出来用于对付他们。

人们对"阅后即焚"式的聊天应用的需求不是什么怪异的隐私癖好，也不是想为网络罪犯隐藏信息提供便利。这种应用代表着人类隐私权的基础，以及在发明微型手机和录像设备前，我们每个人原本应该拥有的权利。

我们需要阅后即焚式的 App，但是开发这些应用的公司要可靠，能保证 App 是真正安全的，不会被政府暗中操作。

曝光漏洞还是囤积漏洞

最初发表于 TheAtlantic.com（2014 年 5 月 19 日）

关于美国政府，特别是 NSA 和美国网络司令部（United States Cyber Command）

是应该储备互联网漏洞还是曝光并修复它们一直存在争议。这是一个复杂的问题，并且阐明了在网络空间中将攻击与防御隔离开来的难度。

软件漏洞源于程序上的错误，它允许对手访问系统。Heartbleed 漏洞就是这样的例子，但是每年我们都会发现数以百计的新漏洞。

没有对外发布的漏洞称为“零日”（zero-day）漏洞，这种漏洞尚未被保护而十分有利用价值。拥有这种漏洞的人在一定条件下能在世界范围内随意攻击任何系统，又能逃避惩罚。

当有人发现这种漏洞时，他既能用它来防守，也能用它来进攻。防守意味着向厂商发出告警并让其修复漏洞。许多漏洞是由厂商自己发现并且悄无声息地修复的。其他的则是由研究人员和黑客发现的。补丁并不能让漏洞消失，但是大多数用户通过定期地给系统打补丁可以保护自己。

进攻意味着使用漏洞来攻击别人。这是零日漏洞的精髓，因为厂商甚至不知道该漏洞的存在，除非这个漏洞开始被罪犯或黑客利用。最终受影响的软件厂商发现这个情况并且发布一个补丁来关闭该漏洞，发布补丁的时间取决于这个漏洞被利用的范围有多大。

如果某个进攻性的军事网络部门或是网络武器制造商发现了漏洞，它们会对漏洞进行保密并用于交付网络武器。如果这个漏洞是秘密地使用，它可能会在很长时间内保持保密状态。如果没有被使用，那么会一直保持保密状态，直到有人发现它。

漏洞发现者能售卖这些漏洞。有很多零日漏洞市场（这里的漏洞常用于进攻），包括军事化和商业化的市场以及黑市。一些厂商为这种漏洞提供悬赏来激励人们展开防守，但是数量要少得多。

NSA 既能扮演防守方也能扮演进攻方。它既能对厂商发出告警并让处于保密状态的漏洞得到修复，也能继续手握漏洞并利用它来窃听国外的计算机系统。两者都是美国重要的策略目标，但是 NSA 必须做出选择：修复漏洞可增强互联网的安全性，以防范来自其他国家、网络罪犯和黑客的攻击；不修复漏洞则能更方便地攻击互联网上的其他人。但是每次利用漏洞都会冒着一定的风险，比如目标政府也知道了该漏洞的存在并加以利用，或者该漏洞被公之于众，并且网络罪犯也开始利用它。

没有办法实现在保护美国网络的同时让别国网络打开大门。人们使用同样的软件，所以修复我们的漏洞就意味着同时修复他们的漏洞，让他们容易受到攻击意味着我们也容易被攻击。正如哈佛法学教授杰克·戈德史密斯（Jack Goldsmith）写的："每种进攻性武器都是我们防御措施上潜在的裂缝，……"

网络空间一直存在军备竞赛，这让事态变得更加严重。一些国家也在寻找这种漏洞。如果我们不修复漏洞，就会冒着被攻击的风险，因为其他国家可能会独自发现漏洞并用在网络武器中。但是如果我们修复了所有发现的漏洞，就等于不再拥有这件可以用来针对其他国家的网络武器。

许多人在这个问题上都曾权衡利弊。在斯诺登事件后评审小组得出结论，应该只在极少的情形下短时间内囤积这些漏洞（建议是 30 个）。科幻作家科里·多克托罗（Cory Doctorow）把这称为公共健康问题，我也说过类似的话。丹·吉尔（Dan Geer）建议美国政府垄断漏洞市场并修复所有漏洞。FBI 和 CIA 都声称这种行为相当于单方面解除武装。

它看起来像是不可能解开的谜题，但是答案取决于漏洞如何分布在不同的软件中。

如果漏洞是稀疏的，那么很明显我们应该修复发现的每个漏洞，以此来提升安全性。即使某国政府已经知晓该漏洞的存在，我们也已经让这个漏洞变得不可利用，网络罪犯也不可能发现这些漏洞并且利用它们。我们提升了软件普遍的安全性，因为我们能发现和修复大部分漏洞。

如果漏洞是大量的（这种情况更像是真的），那么美国政府发现的漏洞与其他国发现的漏洞大部分会不同，这意味着即使修复我们发现的漏洞也不会明显提高网络罪犯发现其他漏洞的难度。我们曝光并修复漏洞并不会真正地提升软件普遍的安全性，因为我们发现并修复漏洞的数量相较于总数来说所占的比例是很小的。

尽管漏洞有很多，但是它们并不是均匀分布的。有些容易发现，有些很难发现。有工具能自动地发现并修复整个类别的漏洞，并且能通过编码安全实践消除许多容易发现的漏洞，极大地提升了软件安全性。当某个人发现漏洞时，很可能另外一个人很快地，或是刚刚也发现了同样的漏洞。例如 Heartbleed 漏洞两年都没有被发现，但两名独立的研究人员都发现了该漏洞，前后间隔不到两天。这就是为什么政府在曝光和修复漏洞方面要慎之又慎。

NSA 以及美国网络司令部试图在这场游戏中两边讨好。前任 NSA 局长迈克尔·海登（Michael Hayden）谈到 NOBUS（nobody but us）漏洞时是这样说的："除我们之外，无人知晓"。NSA 有一个分类流程来判断对漏洞应该采取什么措施——曝光并修复它发现的大部分漏洞，还是保留一些漏洞可以用于攻击目的的类似 NOBUS 的漏洞，我们不知道此类漏洞有多少。

这个方法看起来像一个合适的通用框架，但是问题藏在细节中。即使身处安全领域，很多人也不知道如何对 NOBSUS 漏洞做出决策，最近白宫的分类标准产生的问题比它解答的问题还要多。

谁来做这些决策，如何做决策？应该多久评审一次？这个评审流程是在国防部内开展，还是有更大的范围？无疑对每个漏洞都需要进行技术评审，但是关于囤积漏洞的类型应该也有对应的评审策略。我们是应该囤积这些漏洞直到别人发现它们，还是只保留很短的时间？我们应该储备多少漏洞？网络武器 Stuxnet 使用了 4 个零日漏洞。在一次军事行动中就使用 4 个零日漏洞意味着我们不只囤积了一小部分，而是 100 个或是更多。

有一个更加有趣的问题。网络武器是负载（payload）和其交付机制的组合。前者是武器执行破坏的部分，后者是让负载进入敌方网络所利用的漏洞。想象一下一个国家知晓了某个漏洞并在一个尚未发动的网络武器中使用了它，而且 NSA 通过间谍活动知晓此事。NSA 是应该曝光并修复这个漏洞，还是应该使用它来进行攻击？如果 NSA 曝光该漏洞，那么这个国家会找到一个 NSA 不了解的替代漏洞。如果 NSA 不曝光，那么就是有意让美国遭受该网络攻击。或许某天我们能在敌军使用漏洞进行攻击前更快地修复漏洞，但是如今我们离实现这个目标还差得很远。

美国的策略产生的影响可以在不同层次感受到。NSA 的行动已经导致了人们对美国产品和服务的不信任，这极大地影响了美国的业务。如果我们能证明自己把安全放在监控之上，就能恢复这种信任。通过使决策进程更加公开，我们可以展示自己的可依赖性和公开政务的价值。

未修补的漏洞让每个人都处在风险之中，但是程度不一样。美国和其他西方国家容易受到攻击，因为拥有关键电子基础设施、知识产权和个人财富。一些国家则不太容易受到攻击，所以它们没有动力来修复漏洞。修复漏洞不等于解除“武装”，而是让我们自己的国家更加安全，进而打造道德权威，就削减网络武器进行谈判：我们能决定不使用漏洞，即使别人使用。

不管我们对于囤积漏洞的策略是什么，我们能做的最重要的事情就是一旦发现漏洞，就快速地修复。这正是一些公司正在做的事情，即使没有任何政府的干预，因为很多漏洞是被犯罪分子发现的。

我们还需要在自动化发现和修复漏洞方面进行研究，并把构建安全和容易复原的软件放在第一位。近十年的研究已经让软件厂商发现并关闭几乎所有类型的漏洞。尽管许多情况下我们没有使用这些安全分析工具，但当使用它们时，安全性会得到提升。仅这个原因就值得继续曝光漏洞细节，而且 NSA 能做一些事以在世界范围内极大地提升互联网的安全性。所以，NSA 不得不制造一些工具，以便自动化地发现可以用于防守而不是攻击的漏洞。

在当今的网络战争军备竞赛中，未打补丁的漏洞和储备的网络武器是不稳定的，特别是因为它们只在有限的时间内有效。世界上的军事组织在发现漏洞方面投入的资金比商界在修复漏洞方面投入的要多。它们发现的漏洞会影响所有人的安全。无论网络罪犯做什么，无论其他国家做什么，我们需要站在安全的这一方，并且尽量修复我们发现的所有漏洞，但很难修复所有漏洞。

对警方托词的限制

最初发表于《大西洋月刊》(2014 年 12 月 17 日)

“下一次你因为家里的互联网服务出现问题而救助时，来到你家的‘技术人员’实际上可能是一名秘密的政府特工。他会悄悄断开你的互联网服务，因为他知道你会求助，并且当他伪装成一名技术人员出现在你家门口时，你会让他进来。他会走遍你家的每个房间，宣称这是为了诊断问题。实际上，他会偷偷把你屋内的所有情况记录下来。他不需要有理由怀疑你已经违法，更不太可能获得搜查令。但是这没有什么区别，因为你让他进入家门这个行为就意味着你已经‘同意’他对你家进行搜查。”

上面这个令人毛骨悚然的场景源自一个议案的第一段，该议案的目的是抑制警方以这种方式从酒店房间收集证据。让人难以置信的是，这种事情发生在美国，是由 FIB 做的。最终，我相信会有上诉，美国高等法庭将会决定这种行为是否是合法的。如果是合法的，那么警方会拥有比现有权力更多的不受约束的权力，这并不是我们所期望的。

事情是这样的：今年 6 月，两名富有的别国居民住在了拉斯维加斯的 Caesar’s Palace 酒店。酒店怀疑他们在房间内举行非法的赌博活动，于是寻求警方和 FBI 提供帮助，但是酒店无法提供足够的证据来让警方和 FBI 得到搜查令。所以，它们反复地断开这些客人的网络连接。当客人向酒店投诉时，携带着隐藏摄像头和录音机的FBI特工假扮成网络维修技术人员，并说服客人让他们进入房间。他们以维修互联网为借口拍摄并记录了一切，随后使用收集到的信获得了一份真实的搜查令。更加糟糕的是，他们在如何得到证据的问题上对法官撒了谎。

FBI声称他们的行动与常规的诱捕行动没有什么不同。例如，当警方卧底人员以购买毒品的借口被邀请进入嫌疑人的家里时，他可以合法地环顾四周并报告他所看到的一切。但是有两个十分重要的区别：一个是同意，另一个是信任。在这个特定的例子中，我们很容易得到前者，但是对于社会来说，后者更为重要。

你不会对自己不理解的事情表示同意。FBI特工并没有以非法赌博为借口进入酒店房间，而是伪造的借口进入，并且使用伪造的借口来掩盖他们真实的任务。这让事情变得不同了。酒店房间里的客人没有意识到他们允许谁进入了房间，也不知道这些人的真实意图。FBI知道这将会是一个问题。根据《纽约时报》报道，最初一位联邦检察官警告这些特工不要耍花招，是因为"同意权问题"。事实上，特工们之前的一次计划失败了，同为当时房间中的某位客人拒绝让他们进入。宣称客人同意互联网技术人员进入就是对警方搜查行为表示认可的这种说法毫无道理，这与那些同意后才能继续的互联网授权协议没有什么不同。这些你根本不会阅读的协议通常说的是一回事，然而实际含义是另外一回事。这种同意实际上是没有意义的。

更重要的是信任。信任是社会运转的核心。没有人能独自完成所有事，即使是居住在边远地区小木屋里最老练的户外生存专家也不行。人类需要互相帮助，并且我们中的大多数人都需要帮助。这需要信任。例如，许多美国人的家里到处都是发生故障时需要技术人员来维修的系统：电话、电缆、互联网、电力、供热和供水系统等。公民需要彼此间足够的信任来允许技术人员进入他们的酒店房间、他们的家或者他们的汽车。在美国就是这种生活方式。

不可能每次当我们允许这些技术人员进入家门时都表示同意警方进行搜查。再强调一次那个议案想阻止的问题："如果连接我们家与外部世界的每个物理设备都为政府实施秘密的、不引起人怀疑的、没有许可令的搜查提供现成的理由，那么我们的生活以及我们的私人关系不可能是私密的。"由此导致的信任崩溃将会是灾难性的。人们无法得到他们需要的帮助。合法的服务人员会发现要完成他们的工作会更加困难。每个人都会遭受损失。

所有这一切都和搜查令有关。通过搜查令，美国警方才能合法地进入我们的私人空间。这是合理的选择，因为警方需要这种权限以便解决犯罪问题。但是为了保护普通市民，法律要求警方让中立的第三方相信他们有合法的理由要求进行这种访问。当该中立的第三方（即法官）被警方说服后就会颁发搜查令。这种对警方权力的制约是为了保证美国人民的安全，并且是宪法的重要组成部分。

在最近几年，FBI一直以令人不安的和危险的方式扩大其无搜查令调查权力的边界。它收集数以百计的无辜民众的通话记录，在没有搜查令的情况下使用黑客工具来针对某个普通人。它伪装成合法的新闻网站。如果是由地方法院认可了FBI这种特殊的托词，我们需要把这个问题提出来，并且由最高法院撤销之前的裁决。

何时认为机器违法

最初发表于Edge.org，是2015年的问题："对能思考的机器你怎么看？"的答案之一（2015年1月28日）

去年，两名瑞士的艺术家编写了一个随机购物的机器人程序，它每周会消费100美元从某个购物网站上随机地购买物品，这都是为了在瑞士展览中的某个艺术项目。这是一个聪明的想法，但是存在一个问题。机器人购买的大部分东西是无害的，比如牛仔裤、棒球帽、储藏罐、运动鞋，但是它也购买了一本伪造的匈牙利护照。

当机器人违法时我们应该做什么？习惯上我们会让控制该机器的人负责。人们会犯罪，枪支、撬锁工具或者计算机病毒只不过是他们的工具。但是随着机器变得更加自主化，机器与控制者之间的联系变得愈加薄弱。

如果军方的自主式无人机意外地击杀了一群市民，那么谁该负责？是负责指挥此次行动的军方官员？是编写出错误辨识人群的侦测敌军软件的程序员？还是编写出执行实际击杀决策软件的程序员？如果这些程序员根本不知道他们的软件被用于军事目的呢？如果无人机能基于整个无人机编队在早期任务中的表现来改进算法呢？会怎么样？

或许法院能决定谁有罪，但那只是因为当前的无人机虽然是自主式的，但它们还不是十分智能。随着无人机变得越来越智能，其与当初开发它们的人类之间的联系变得越来越薄弱。

如果没有程序员，无人机也能自己编程该怎么办？如果它们既智能又自主，并且能同时对目标做出战略与战术的决策该怎么办？如果是某个无人机能随意决策该怎么办？比如该无人机不再对开发出它的国家保持忠诚并且行事反常。

我们的社会有许多办法来处理不遵守社会规则的人，包括使用非正式的社会规则和更正式的法律。对于轻微的违规行为，我们有非正式的机制，对于更严重的行为，我们有复杂的法律体系。如果你在我举行的宴会上表现得令人讨厌，那么我不会再邀请你。经常这么做，你会感到羞愧并受到众人排挤。如果你偷了我的东西，我可能会向警方告发你。如果从银行偷窃，那么你将会坐很长时间的牢。许多此类的事情看起来可能是随机发生的，并不是特定情况，但是人类花费了数千年来解决这些问题。安全不仅是政治和社会问题，还是心理问题。例如，门锁有效只是因为我们的社会和法律禁止偷窃，这让我们中的大部分人保持正直。这就是我们在这个星球上和平地生活在一起的方式，这种规模是其他任何种族中无法想象的。

当作恶者是拥有自己意志的机器时，上述体系该如何运转？机器不可能会有任何羞愧或赞美的观念。它们不会因为其他机器可能会怎么想而克制做一些事情。它们不会仅仅因为守法是正确的就去遵守法律，也不会自然地顺从权威。当它们偷窃被抓住时，该受到何种处罚？向机器罚款能意味着什么？关押它们有意义吗？除非它们是刻意地编程，使自己具有自保功能，否则用死刑来威胁它们不会有什么效果。

我们已经开始讨论将道德准则通过编程写入能思考的机器中，并且能想象将其他人类的偏好也编程写入机器中，但是我们肯定会出错。无论我们如何努力地去避免这种情况，总会有违反法律的机器。

这反过来会破坏我们的法律体系。从根本上说，我们的法律体系不能预防犯罪。它的有效性是基于能在事后逮捕罪犯并证明其有罪，对罪犯的处罚给其他人带来了一种威慑。如果没有有意义的处罚措施，这套体系将彻底失败。

在“9·11”事件后已经有过一些这样的例子，通过这些例子，大多数人第一次开始思考自杀式恐怖分子的行为，以及事后的安全对他们来说有多无足轻重。这只是在动机方面的一次改变，看一看这些行为是如何影响我们对安全的看法的。我们的法律将会遇到与会思考的机器一样的问题，甚至会遇到我们无法想象的相关问题。那些已经能有效地处理各种人类违规行为的社会和法律体系，将会在面对能思考的机器时以无法预料的方式遭遇失败。

能思考的机器不会总是以我们希望的方式来思考，而且我们还没准备好承受这种情况导致的后果。

网络攻击的大众化

最初发表于 Vice 的 Motherboard 版块（2015 年 2 月 25 日）

关于基础设施，大家都会用到它。如果它是安全的，那么每个人都是安全的。如果它不安全，那么可以说每个人都不安全。这迫使我们做出一些艰难的决策。

当我与《卫报》合作查看斯诺登提供的文档时，NSA 最不想我们曝光的绝密项目就是 QUANTUM。这是 NSA 的数据包注入程序，基本上是一种能让该机构入侵他人计算机的技术。

然而，事实证明不是只有 NSA 使用了这种技术。一些外国政府也使用该数据包注入技术攻击他国计算机。网络武器制造商 Hacking Team 把这种数据包注入技术卖给任何愿意为其出价的政府。网络罪犯也使用它，还有一些人通过黑客工具获得这种技术。

这些情况在我介绍 QUANTUM 之前都已经存在。NSA 通过利用自身的知识优势来攻击别人，而不是提高互联网的防御能力，这已经产生了让任何使用该数据包注入技术的人都可以入侵他人计算机的负面作用。

美国政府曾经的绝密攻击能力反而被用于针对自己，这样的案例并不是只有上面提及的这一个。StingRay 是一种特殊品牌的 IMSI（International Mobile Subscriber Identity）捕捉器，被用于拦截移动手机的呼叫和原数据。这种技术曾经是 FBI 的秘密，但现在已经不是了。许多这种设备分布在华盛顿以及美国的其他地方，由知情的政府或组织运行。FBI 接受这些设备存在漏洞的现实以便能利用它们来解决犯罪，但这必然也能让外国政府和网络罪犯使用该技术来针对我们。

类似地，在手机交换机上（对于那些喜欢技术术语的人来说是 SS7 交换信令）的漏洞长久以来一直被 NSA 利用来定位移动电话。同样的技术被美国公司 Verint 和英国公司 Cobham 卖给了第三世界的政府，而且黑客在大会上已经展示了同样的能力。这种内置在电话交换机中的窃听能力用于合法的拦截，其在 2004 年和 2005 年之间在希腊被用于目前仍然未知的非法监听。

当考虑确保所有可能被政府窃听的通信系统安全的建议时，这些故事是你需要牢记在心的。FBI 的 James Comey 和英国首相 David Cameron 最近都提出建议，限制安全的加密技术以便于它们破解。

但是这就是问题所在：技术无法基于道德、国籍或是合法性进行区分。如果美国政府能够使用某个通信系统的后门来监听它的敌方，那么他国政府也能使用同样的后门技术来监听它的政治异己。

更糟糕的是，现在的计算机技术本身就是大众化的。今天的NSA机密明天就会变成博士论文，后天就会变成黑客工具。只要我们使用的是同样的计算机、手机、社交网络平台和计算机网络，能让我们监听他人的漏洞同样也可能让我们被监听。

我们无法选择一个只有美国能监听他人，而别国不能监听美国，或者是政府能够监听而网络罪犯不能监听的世界。作为一种策略，我们需要选择的是，要么通信系统对于所有用户来说都是安全的，要么容易受到所有攻击者的攻击。安全与监控只能二者选一。

只要网络罪犯能入侵公司网络并偷走我们的数据，只要集权政府在监听它的公民，只要网络恐怖主义和网络战争仍旧是一种威胁，只要使用计算机技术的好处超过坏处，我们都必须选择安全。其他选项太过危险。

使用法律对抗科技

最初发表于CNN.com（2015年12月21日）

周四，一名巴西法官命令文本消息服务商WhatsApp关闭服务48小时。这是一次意义深远的行动。

WhatsApp是巴西最受欢迎的App，大约有一亿人使用它。巴西的电信服务商痛恨该服务，因为它使人们逐渐淘汰更加昂贵的传统文本消息服务，并且电信服务商数月来一直游说政府让其相信该App是缺乏监管和非法的。一名法官最终同意了此观点。

在这个发生在巴西的案例中，据称WhatsApp由于无法对法院的命令做出响应而被禁用。12小时后另外一名法官撤销了该禁令，但是这造成了一种范例。在埃及，沃达丰（英国电信企业Vodafone）向政府抱怨WhatsApp免费语音呼叫的合法性，同时印度的电信公司一直想游说政府抑制诸如WhatsApp和Viber这样的消息App发展。今年年初，阿联酋航空公司Emirates就限制了WhatsApp的免费语音呼叫功能。

所有这一切不只是在传统公司与新兴互联网公司之间正在进行的许多权力斗争的一部分，我们都在其波及范围之内。

这只是困扰我们25年之久的技术策略问题的一个方面：技术专家和策略制定者

彼此不理解，并且因此会给社会造成破坏。但是如今的情况更加糟糕。技术前进的速度让事态恶化，并且技术的各种类型，特别是目前无处不在的移动互联网设备、云计算、始终在线以及物联网让事态更加糟糕。

自从20世纪90年代中期互联网开始流行，它就一直在干扰和破坏存在已久的商业模式。传统行业也使用各种手段来进行抵抗。数十年来，电影和音乐行业一直致力于限制计算机行业发展，以防止其产品被非法复制。就书籍是否可以建立索引用于在线搜索这个问题，出版商们一直在与Google进行斗争。

更近一些的案例是市政的出租车公司和大型连锁酒店与诸如Uber这样的出行共享公司和Airbnb这样的住宿共享公司进行斗争。两种情况都是传统公司和新兴公司努力让法律偏向于己方意愿，以便超越对方。

有时这些公司的行为会危害到这些系统和服务的用户，并且结果看起来可能是疯狂的。为什么巴西的电信服务商想引起该国每个人的愤怒呢？它们是努力在保护自己的垄断能力。如果它们取得的胜利不仅是关闭了WhatsApp，而是还有其他电信公司和文本消息服务，它们的客户将会别无选择。这就是这些斗争的高风险所在。

这不仅是公司在市场上的竞争还是技术应该如何应用于商业的不同竞争理念之间的斗争，涉及传统的商业与“引起混乱”的新兴商业。最根本的问题是科技与法律存在冲突，并且在过去奏效的东西在当今渐渐地变得无效。

首先，科技和法律的前进速度正发生逆转。传统上，新的技术要通过数十年的时间慢慢得以采用。人们有时间搞清楚新技术，并且让它的影响逐渐渗透到社会中。立法机关和法院有时间来搞清楚用于这些技术的法规，以及它们应该如何与现存的法律框架进行集成。

但立法机关和法院不会总是做对的事情，美国版权法律的糟糕历史就是它们如何一次又一次地把事情搞砸的例子。但是至少在科技被广泛使用前，它们是有机会的。

但现实已经不再是这样了。新的技术能够在一年或更短时间内将用户数量从零发展到数亿。这对于政治或是法律进程来说真的是太快了。当立法部门被要求制定法规的时候，这些技术已经根深蒂固地在社会中发展起来了。

其次，科技已经变得更加复杂和专业化。这意味着立法者通过法律、监管机构基于这些法律制定规则，以及法院对这些规则提供二次验证的这套正常体系已经失效了。这些人当中没有人具备必要的专业知识来理解这些技术，更别提他们制定的规则所造成的微妙的、潜在的恶性结果了。

在政府与执法部门和军队之间我们看到同样的问题。在美国，我们期望策略制定者明白FBI与安全研究人员之间的辩论会使每个人都不安全。前者想要查看网络犯罪嫌疑人的加密邮件和计算机，后者希望维持给予嫌疑人的保密能力。我们期望立法者对NSA进行有意义的监督，即后者只能在特殊的房间内查看关于该机构行动的高度技术性的文档，并且没有任何可能精通这些问题的人的帮助。

结果是我们终结陷入了巴西所处的那种的局面。WhatsApp在五年内将用户数量从零发展到一亿。电信公司正在提出各种各样离奇的法律理由来让该服务被取缔，并且法官无法来将现实与虚幻分开。

这不是需要政府走开，并且让公司在市场上竞争的简单事情。这些公司是追求利润的实体，并且它们的商业模式是如此的复杂，以至于它们不会经常做有利于用户的事情（例如，记住你不是真正的Facebook顾客，你是它们的产品）。

事实上，人们在Google搜索他们的名字时，不超过10次点击就能有效地找到他的简历，这是欧洲提倡的“被遗忘权”想解决的问题。许多文章谈到，对于经常使用传统的出租车服务的人来说，Uber扰乱了市场，让事情更加糟糕。而且许多人担忧亚马逊在出版行业不断增加的统治地位。

我们需要更好的方式来监管新的技术。

这将会需要弥补技术专家与策略制定者之间的差距。双方需要互相理解，只有各自领域内的专家是不够的，需要具备足够的知识来参与有意义的对话和辩论。这也要求法律是灵活的、成文的，并尽可能地适应技术的变化。

我知道这是难以完成的任务，并且是每位技术策略制定者数十年来一直希望的。但是如今风险越来越高，问题出现得越来越快。不这样做，将会逐渐对我们所有人造成危害。

为FBI破解iPhone

最初发表于《华盛顿邮报》(2016年2月18日)

本周早些时候，一名联邦法官命令苹果公司协助FBI破解San Bernardino枪击案中枪手所使用的iPhone。苹果公司将在法庭上反对这一命令。

该政策的含义是复杂的。FBI想开创互联网公司帮助执法部门破解用户安全功能的先例，互联网公司害怕这种先例将会限制它能提供给用户的安全特性。FBI把这看作隐私与安全之间的争论，而互联网公司把它看作安全与监控之间的争论。

技术上的考虑更加直白，并且有助于解决政策问题。

这个事件中的 iPhone 5C 是加密的。这意味着没有密码的人无法访问手机上的数据。这是一项好的安全特性。手机是十分具有私密性的设备。你很可能用它来进行私人短信对话，并且它与你的银行账号相关联。位置数据则揭示了你去过哪里，与多个手机的通话关联揭示了你与谁有联系。如果你的手机被罪犯偷走，加密技术能保护你的手机。如果世界各地的政治异己者被当地警方带走，加密技术也能保护他们。这个特性保护的是你手机上的所有数据，以及渐渐控制你周围世界的那些 App 应用。

当然，这种加密技术依赖于用户选择了安全的密码。如果你使用旧款的 iPhone，你可能只是使用默认的 4 位密码，那只有 1 万种可能的密码，很容易被猜出来。如果用户启用了更加安全的含有字母和数字的密码，则更难猜。

苹果在 iPhone 上增加了两个更加安全的特性。首先，可以配置手机，实现当错误的密码猜测达到一定次数后擦除数据，并且强制执行密码猜测的时间间隔。如果用户是在输入错误的密码后再次输入正确的密码，这个延迟并不是很明显，但是对于尝试暴力破解手机密码的人来说，这就是一个巨大的障碍。

但是 iPhone 有一个安全缺陷。尽管数据是被加密的，但控制该手机的软件不是加密的。这意味着有人能编写破解版本的系统软件并安装在手机上，无须得到手机主人的同意并且不需要知道加密密钥。这就是 FBI 和法院正在要求苹果做的事情：FBI 想让苹果公司重写手机的操作系统以便它可能快速地、自动地猜出可能的密码。

FBI 的要求是针对某个手机的，如果不考虑该技术层面，FBI 的请求看起来是合理的：当局拥有这个手机是合法的，并且他们只需要帮忙查看手机上的数据以便知道 San Bernardino 枪击案的枪手是如何策划行动的。但是法院和 FBI 想让苹果公司提供的破解版的软件是常规性的软件，在同样型号的任何手机上它都会起作用。

不要弄错，这看起来就是后门。这使 iPhone 中的漏洞可能被任何人利用。

除了预算和人手问题，没有什么能阻止 FBI 自己编写那种破解版的系统软件。事实上，我们有很多理由相信世界某个情报组织已经编写出了此类破解版的软件。例如，有的国家编写了破解版的苹果操作系统，这个操作系统能记录通话并自动将数据转发给警方。它们需要窃取苹果的代码签名密钥以便手机会把破解的系统软件识别为有效的，但是政府部门在过去已经使用其他密钥对其他公司做了这种事。我们根本不知道谁已经拥有了这种技术能力。

尽管这类攻击目前仅限于在国家级的机构间进行，但要记住，攻击总是变得更加容易。技术被广泛地传播，以前困难的事情以后可能就变得轻而易举。今天的NSA机密明天就可能变成博士论文，后天就可能变成黑客工具。很快这个缺陷就将会被网络罪犯所利用，进而窃取你的财务数据。不管FBI要求苹果公司做什么，使用iPhone的每个用户都将面对风险。

FBI想做的事情将会让我们更加不安全，即使它是以保护我们的安全和让我们远离伤害的名义来做这些事。强有力的政府部门，不管是民主的还是集权的，都想访问用户的数据，以便执法和控制社会。我们不能只为了特定的政府部门或只因为某个特殊的法院命令而开发系统后门。

要么每个人都能获得安全保障，要么没有人是安全的。要么每个人都能访问数据，要么没有人能访问数据。当前的这个案例涉及一台iPhone 5C，但是这种情况将会适用于所有智能手机、计算机、汽车以及物联网。法院所提出的要求的危险之处在于，它为FBI强迫苹果和其他公司降低智能手机和计算机的安全级别铺平了道路，同样还可能涉及汽车、医疗设备、家用电器以及任何将会计算机化的设备的安全。FBI可能因为San Bernardino枪击案的射手而盯上iPhone，但是这种行为让我们都处于危险之中。

最初的文章中有一处重要的错误。

我写道："这就是为什么苹果在2014年修复了这个安全缺陷。苹果的iOS 8.0以及配有A7或更新处理器的手机能保护手机上的软件以及数据。如果你拥有的是更新的iPhone，你不容易遭受这种攻击。无论你居住在什么国家，都能保证你的手机并免于政府、网络罪犯和黑客的入侵。"我还写道："由于苹果已经修复了这个漏洞，那么我们都更加安全。"

这源于对苹果的Secure Enclave模块中的安全改动的误解。人们后来发现所有的iPhone都有这个安全漏洞：所有人都能在不知道密码的情况下更新他们的软件。当然，更新的代码必须用苹果的密钥签名，这增加了攻击的难度。

合法的入侵与持续的漏洞

最初发表于《华盛顿邮报》(2016年3月29日)

FBI与苹果公司的法律斗争结束了，但是对于人们来说，其结束的方式可能并不好。

联邦特工一直想迫使苹果公司破解 San Bernardino 枪击案中那个 iPhone 5C，苹果公司一直反对法庭要求其与 FBI 合作，并称当局的请求是非法的，而且开发能强行进入手机的工具对于世界范围内的每个使用 iPhone 的用户来说，其手机安全性都会受到影响。

上周，FBI 告知法院它已经了解到某种可能的方法来强行破解手机，无须苹果公司的帮助。FBI 使用的是第三方的解决方案。这周周一，由于此方案奏效，FBI 已经撤诉。我们不知道这个第三方公司是谁，也不知道它们使用了什么方法，或是该方法适用于哪些型号的 iPhone。看起来我们永远不会知道了。

FBI 计划将这种访问方法分类，并在其他刑事调查中使用这种方法来入侵其他手机。

将 iPhone 的这个漏洞与另一个漏洞进行对比，就在同一天，FBI 声称已经找到了进入 San Bernardino 枪击案中枪手手机的方法。上周，约翰·霍普金斯大学的研究人员宣布他们发现了 iMessage 协议中的重大漏洞。去年秋天，他们把该漏洞曝光给苹果公司，并且苹果公司在上周一发布了操作系统的更新版本来修复这个漏洞（是 iOS 9.3 版本，你们应该马上下载并安装）。在苹果公司发布补丁以前，这些研究人员没有公布他们的发现，所有的手机可以更新软件来保护自己免受这种漏洞的攻击。

这才是漏洞研究者应该发挥的作用。

漏洞被发现、修复，然后被公布。整个安全社区能够从研究结果中学习，并且更重要的是研究成果让每个人都更加安全。

FBI 做的却是相反的事情。它所使用的进入 San Bernardino 枪击案中枪手手机的漏洞一直是保密状态，我们的 iPhone 继续保持着容易遭受该漏洞攻击的状态。这包括由被选举出的官员和联邦工作人员使用的 iPhone，以及保护我们国家关键基础设施的人及执行其他法律职责的人所使用的手机，还包括许多 FBI 特工使用的手机。

这时我们必须权衡利弊：是把安全的优先级放在监控之上，还是为了监控而牺牲安全？

计算机漏洞的问题在于它们是普遍存在的。没有哪个漏洞会只影响一个设备。如果漏洞影响某个应用程序、操作系统或是硬件，那么它就会影响所有同样的副本或硬件。例如，Windows 10 中的漏洞就会影响到所有使用这一系统的用户。更糟糕的是，这个漏洞可能被知道它的任何人利用，比如 FBI、网络罪犯或者别国的情报机构。

一旦漏洞被发现，它就可能被用于攻击，就像FBI正在做的那样；或者是用于防御，就如约翰霍普金斯大学所做的那样。

在攻击者和入侵者多年的斗争中，我们已经学到了许多关于计算机漏洞的知识。它们是丰富多样的：在主流的操作系统中漏洞一直被发现和修复着。它们通常是被外部人员发现的，而不是被原始厂商或程序员发现。一旦漏洞被发现，就会被传播出去。就像我反复说的，今天的NSA机密明天就可能变成博士论文，后天就可能变成黑客工具。

对于美国政府来说，这种在攻击和防御之间的取舍并不是新鲜事，它们甚至有一个流程用于决定当发现某个漏洞时要做什么：是曝光漏洞来提高大家的安全性，还是保守秘密以用于攻击。白宫声称它们把防御放在首位，并且广泛使用的计算机系统中的漏洞都打过补丁。

无论FBI使用了什么方法来破解San Bernardino枪击案中枪手的手机，所使用的应该都是此类漏洞。FBI使用了现有的漏洞而不是强迫苹果公司开发一个漏洞，这在一定程度上是可取的，但是它应该把该漏洞曝光给苹果公司，并由其立即发布补丁进行修复。

这个案例中我们关注的更多的是公共关系的斗争和潜在的法律先例，而不是特定的手机。虽然法律层面的纠纷已经结束，但还会有其他类似案例，涉及其他法院和其他加密设备。总会有一些计算机设备，包括公司服务器、个人笔记本或智能手机是FBI想要破解的，我们需要保证这些设备是安全的。

关于本次争论最让人惊讶的事情之一是很多以前的国家安全官员站在苹果公司一方。他们理解我们很容易受到网络攻击，并且我们的网络防御措施应尽可能强大。

FBI将目光短浅地聚焦于本次案件调查，这虽然是可以理解的，但是从长远来看，它对我们的国家安全造成了破坏。

NSA正在囤积漏洞

最初发表于Vox.com（2016年8月24日）

NSA在对我们撒谎。我们知晓此事是因为NSA服务器上被窃取的数据已经在互联网上公布了。NSA正在囤积关于我们所使用的产品的安全漏洞信息，因为它想使用这些漏洞来入侵他人的计算机。

这些漏洞没有被公布，也没有得到修复，这让我们的计算机和网络都处于不安全的状态中。

8 月 13 日，一个自称为影子经纪人（Shadow Brokers）的黑客组织在互联网上发布了 300MB 的 NSA 网络武器源代码。很快，正如我们这些专家判断的，NSA 自己的网络并没有被入侵。可能发生的事情是 NSA 用于网络武器中的预发布服务器（staging server）在 2013 年被入侵了，NSA 用该服务器来掩盖其监控活动。

巧合的是数周前发生的斯诺登文档发布事件无意间拯救了 NSA。藏在下载链接后面的人使用非正式的黑客术语，并且提出一个奇怪的、不合情理的建议——以 1 比特币来拍卖其持有的剩余数据，并留言："网络战争的政府赞助者以及那些从中获利的人们注意了！你们愿意为敌军的网络武器出多少钱？"

然而，大多数人认为本次入侵是政府行为，并且传递出了某种政治消息：如果美国政府把民主党委员会入侵事件的幕后主使对外披露，或者披露其他更广受关注的数据泄露事件，攻击方将会反过来曝光 NSA 的漏洞利用行为。这或许是一个警告。

但是我想讨论的是数据。本次数据泄露事件中涉及的网络武器包括漏洞与"漏洞利用代码"，它们都可以用于攻击常见的互联网安全系统。攻击目标包括 Cisco、Fortinet、TOPSEC、Watchguard 和 Juniper 的产品，世界上的私营公司和政府组织大多都使用这些安全系统。自从 2013 年以来，这些漏洞中的一部分已经被安全研究人员独立地发现并修复，有些直到现在仍不为人所知。

尽管有 NSA 和其他美国政府议员的对外声明，但这些都是 NSA 将监控置于安全之上的例子。这类例子还有一个。安全研究员穆斯塔法·阿尔·巴萨姆（Mustafaal-Bassam）发现了一个代号为 BENIGHCERTAIN 的攻击工具，这个工具用于欺骗某些型号的 Cisco 防火墙，使其泄露包括认证密码在内的部分内存信息，然后这些密码可以用于解密专用网络或 VPN，能完全绕过防火墙的安全防护。自从 2009 年以来，Cisco 没有再销售过这些防火墙，但是如今这些防火墙还在被使用。

像这样的漏洞本来应该在多年前就得到修复。如果 NSA 信守承诺，在发现这些安全漏洞时就对相关公司和组织发出警告的话，那么这些漏洞早就应该被修复了。

在过去的几年中，美国政府的不同部门不断向我们保证 NSA 没有囤积零日漏洞。我们从斯诺登的文档中已经知晓 NSA 从网络武器军火商那里购买零日漏洞。2014 年初，奥巴马政府宣布 NSA 必须披露常见软件中的缺陷，以便它们可以被补丁修复（除非有"明确的国家安全或执法用途"）。

2014年晚些时候，国家安全委员会网络安全协调员兼总统网络安全问题特别顾问——迈克尔·丹尼尔（Michael Daniel）坚持认为美国没有囤积零日漏洞（除了上述同样狭义的豁免情形之外）。同年来自白宫的一份官方声明也表示了同样的观点。

影子经纪人组织曝光的数据显示事实不是这样。NSA在大肆囤积漏洞。

囤积零日漏洞是糟糕的想法，这意味着我们都不安全。当爱德华·斯诺登曝光了许多NSA的监控项目时，很多讨论是关于NSA对它发现的常见软件产品中的漏洞做了什么。在美国政府内部，用于明确对某个漏洞采取什么措施的体系称为漏洞评价流程（Vulnerabilities Equities Process，VEP）。这是一个跨机构的流程，而且很复杂。

在攻击与防守之间存在着根本性的矛盾。NSA对这些漏洞进行保密并用于攻击其他网络。在这种情况下，我们都处于某人发现并使用同样漏洞的风险之下。或许NSA可以把漏洞曝光给产品厂商并且看到其得到修复。在这种情况下，无论谁有可能使用这个漏洞，我们都是安全的，但是NSA无法利用该漏洞去攻击其他系统。

NSA一直在玩着有些过于迂腐的文字游戏。去年，NSA说它曝光了所发现漏洞中的91%。暂且不提剩下9%的漏洞是代表1个、10个还是1000个这个问题，更大的问题是什么样的漏洞才有资格被NSA看作“漏洞”。

并不是所有的漏洞都能转变为可利用代码。NSA曝光其不能利用的漏洞并不会损失任何攻击能力，并且这样做能让公布的漏洞的数量上升。这是一种很好的公共关系营销。我们关注的漏洞是影子经纪人所曝光的那些漏洞。我们在意这些漏洞，是因为它们才是让我们容易受到攻击的客观存在。

因为大家使用一样的软件、硬件和网络协议，所以没有办法在确保我们的系统安全的同时可以攻击其他人的相同的系统，无论“其他人”是谁。要么大家都更安全，要么大家都更容易受到攻击。

安全专家们一致认为我们应该披露并修复漏洞。而且NSA继续谈到的事情看起来也反映了这种观点。最近，NSA告诉大家不管怎么样，它都没有过多地依赖零日漏洞。

在今年年初的某次安全大会上，NSA的TAO负责人罗布·乔伊斯（Rob Joyce）罕见地发表了一次公开演讲。他谈到比起零日攻击，凭证窃取是更加有效的攻击方法：“许多人认为NSA依赖于零日漏洞来开展行动，但这不是常态。对于大型公司的网络来说，坚持和专注会让即使没有零日漏洞也能成功入侵。还有很多更加容易利用的攻击途径，它们风险更低并且更加富有成效”。

罗布所指的区别是利用软件的某个技术漏洞与等待某人成为一个“漏洞”，比如说使用密码时的草率行为。

在关于漏洞评价流程的讨论中，你经常听到的一个词语是NOBUS，这代表着“除了我们没人知道”。基本上当NSA发现一个漏洞时，它会努力弄清是否只有它有能力发现该漏洞，还是其他人也能发现。如果NSA认为没有人会发现这个问题，它可能不愿意将其公之于众。这是一种既傲慢又乐观的评估，并且许多安全专家对于它们这种只有某些美国人有能力进行漏洞研究的观点表示怀疑。

影子经纪人曝光的数据绝对不是NOBUS级别的漏洞。这些漏洞是普通的漏洞，任何人，如他国政府、网络罪犯、业余的黑客都可能发现，证据就是其中许多漏洞是在2013年数据被盗和今年夏天数据被窃取并被公布期间被发现的，这些漏洞是被世界各地的人们和公司所使用的常见系统中的漏洞。

所以我们会问，2013年藏在NSA秘密代码库中的这些漏洞被窃取后发生了什么？假设是别国政府窃取的，那他们用这些漏洞入侵了多少个美国公司？这才应该是漏洞评价流程要防范的事情，但很明显，它失败了。

根据白宫和NSA制定的标准，如果有漏洞应该被披露并且得到修复，那么这些漏洞都符合这一标准。在三年多的时间里，这些漏洞一直没有被修复，NSA知道这些漏洞并且利用它们。尽管罗布坚持认为这些漏洞不是非常重要，但这证明了漏洞评价流程存在很严重的问题。

我们需要解决这个问题。这恰好是国会进行调查时应该做的事情。整个流程需要更加透明，并受到监管和问责。这需要把安全的优先级置于监听之上。Ari Schwartz和Rob Knake在他们的报告中提出了一个好建议：这包括一个定义清晰并且更加公开的流程，受到国会和其他独立实体的更多监督，并且要强烈地倾向于修复漏洞而不是利用它们。

或许我是在异想天开，但我们真的需要将国家搜集情报的使命与保证计算机安全的使命分开：我们应该解散NSA。NSA的使命应该限于国家的间谍活动。对个人的调查应该是FBI工作的一部分，网络战争应该归美国网络司令部负责，关键基础设施防护应该是美国国土安全部的使命。

我怀疑今年我们能否看到任何国会调查，但是最终我们将会不得不把这个问题搞清楚。我在*Data and Goliath*（于2014年出版）一书中写道，无论网络罪犯做什么，无论其他国家做什么，身处在美国的我们需要修复发现的所有漏洞以便不在安全方面犯错误。我们国家的网络安全太重要了，不能让NSA牺牲它来获得对敌国的短暂优势。

WannaCry与漏洞

最初发表于Foreign Aflairs（2017年5月30日）

这个月初，在互联网上大肆传播的勒索软件WannaCry干扰了医院、工厂、企业和大学的运转，我们可以将其归咎于许多方面。首先，存在恶意软件编写者，他们阻止受害人访问自己的计算机直到他们支付费用。其次，是有许多用户没有安装可以防止攻击的Windows安全补丁，一小部分责任要归咎于微软，是因为它编写了的不安全的代码。当然会有人谴责影子经纪人团队，他们认为这个黑客团队窃取并公布NSA攻击工具，这些攻击工具包括WannaCry勒索软件所使用的漏洞代码。但是在责备这些人之前，我们应该知道NSA在多年前就发现了该漏洞，并且决定利用它而不是将它公之于众。

几乎所有软件代码中都会包含漏洞或错误。有些漏洞存在安全隐患，能让攻击者在未得到授权的情况下访问或是控制计算机。这些漏洞在我们常使用的软件中非常普遍。大型并且复杂的软件，如微软的Windows操作系统，它的一部分的代码都会包含数以百计或更多的漏洞。如果安装了补丁，这些明显可用于犯罪的漏洞就可能变得无效。现在的软件总是在打补丁，要么是定期修复，例如微软一个月打一次补丁；要么是在需要时修复，例如Chrome浏览器那样。

然而，当美国政府发现某个软件中的漏洞时，就像我多次提及的，它需要在两个相互矛盾的选择间进行决策。它可以对该漏洞保密并使用它去收集国外的情报，或帮助相关人员进行搜查，或是交付恶意软件，也可以向软件厂商发出警告，并确认漏洞被修复，进而保护这个国家，甚至保护世界免受来自国外政府和网络罪犯的类似攻击。这是一个非此即彼的选择。

WannaCry中的这个特殊漏洞被命名为“永恒之蓝”（Eternal-Blue)，它是被美国政府（很可能是NSA）在2014年发现的。之前《华盛顿邮报》报道了这个漏洞对于攻击来说是多么有用，以及NSA是多么担心这个漏洞被别人使用。这是一个合理的担忧：我们的许多国家安全系统和关键基础设施系统中包含这个容易被攻击的软件，如果不打补丁，将造成巨大的风险。然而该漏洞却没有被打补丁。

关于 VEP，我们还有很多不了解的东西。《华盛顿邮报》称 NSA 使用永恒之蓝漏洞“超过五年”，这意味着它是在 2010 年启动该流程之后被发现的。我们尚不清楚是否所有的漏洞都被这样考量过，或者是否定期检查漏洞以决定是否公布它们。也就是说，任何允许像永恒之蓝或是 Cisco 漏洞那样危险的漏洞保持未打补丁状态长达数年之久的 VEP 都没有很好地服务于国家安全，Cisco 漏洞是去年 8 月影子经纪人泄露的。正如某个前 NSA 雇员说的，收集到的情报质量可能是“虚幻的”。但潜在的破坏就是如此。NSA 必须避免囤积漏洞。

可能 NSA 认为没有其他人会发现永恒之蓝漏洞。那就是丹尼尔所说的另外一个标准：“其他人发现该漏洞的可能性有多少？”NSA 能发现其他人发现不了的漏洞吗？或者说 NSA 发现的漏洞有可能被别的情报机构或是网络罪犯发现吗？

在过去的几个月中，技术社区已经获得了关于这个问题的一些数据。在一项研究中，我和来自哈佛大学的两名同事检查了 4300 多个被曝光的常用软件的漏洞，并且推断出这些漏洞中有 15% ～ 20% 是在一年内被重新发现的。兰德公司（Rand Corporation）的研究人员单独查看了不同但是更少的数据样本集，并且推断出少于 6% 的漏洞是在一年内被重新发现的。在这两篇文章提出的问题稍微有些不同，并且结果不可以直接进行对比（我们都在 6 月的 Black Hat 大会上更加详细地讨论了这些结果）。但是很明显的是，需要进一步的研究。

NSA 内部的人对这些研究成果不以为然，称这些数据没有反映真实的情况。他们宣称 NSA 使用的是在研究领域无人知晓的整套漏洞，这让漏洞重新被发现变得不太可能。这可能是真的，但是我们从影子经纪人那里得到的证据表明 NSA 保守机密的漏洞与那些研究人员发现的漏洞并非始终不同。考虑到 NSA 和 CIA 的攻击工具都曾经被轻易地窃取这一情况，可以重新发现这些漏洞的人不会仅限于独立的安全研究人员。

很明显，即使很难就漏洞重新发现这一问题做出最终的声明，漏洞也是很多的。任何被发现并且用于攻击的漏洞应该尽可能早地公之于众。我提出过“六个月”的建议，在特别的情况下有权再请求额外的六个月。美国应该通过能稳定地发现新的漏洞来满足它的进攻需求，当漏洞被修复时也提高了国家的防御能力。

同样，VEP 需要进行改革和加强。去年阿里·施瓦茨（Ari Schwartz）和罗布·纳克（Rob Knake）在报告中提出了许多很好的建议，比如如何进一步标准化该流程，增加它的透明度和监管力度，并且确保定期地评审那些处于保密状态并被用于进攻的漏洞。这两个人之前在白宫的国家安全委员会的网络安全政策组工作。这些至少是我们能做的事情。最近在参议院和国会引入的法案中都在提倡这类建议。

在永恒之蓝的案例中，VEP 确实起到了一些积极的作用。当 NSA 意识到影子经纪人已经窃取了该工具后，它向微软发出警告，微软则在三月发布了补丁。当影子经纪人将该漏洞在互联网上曝光后，之前的那些补丁预防了真实的灾难。一个月后，只有那些没有打补丁以及微软不再支持的 Windows 版本系统才容易遭受 WannaCry 的攻击。尽管无论 VEP 有多好，或是 NSA 报告了多少漏洞以及厂商修复了多少漏洞，NSA 都有它应尽的责任，但除非用户下载并安装补丁，组织承担起更新软件和系统到最新版本的责任，否则安全性是不会提高的。这是我们应该吸取的重要教训之一。

NSA 的文件反映出有人尝试入侵选民投票系统

最初发表于《华盛顿邮报》(2017 年 6 月 9 日)

本周，媒体公布了有关黑客干涉 2016 年美国大选的新证据。周一，Intercept（First Look 旗下的在线网站）公布了 NSA 的绝密文件，这些文件描述了黑客尝试入侵美国的选举系统。尽管这些攻击看起来更像试探而不是实质性的，并且没有证据表明这些攻击产生任何实际后果，但这进一步阐明了选举系统所面临的真实威胁和漏洞，并指出了对应的解决方案。

该文件描述了黑客是如何攻击一个叫作 VR Systems 的公司的。根据公司网站介绍，该公司提供软件来管理 8 个州的选民投票。2016 年 8 月的攻击是成功的，10 月 27 日，攻击者使用从该公司网络窃取的信息发起了对 122 名本地参选官员的有针对性的攻击，这恰巧发生在选举前的第 12 天。

NSA 的分析就到这里。我们不知道这 122 起有针对性的攻击是否成功了，如果成功了，它们造成的后果是什么，也不知道除了 VR Systems 公司以外，其他选举软件是否也遭受了针对性攻击，或如果黑客有整体的计划，那么会是什么。当然，通过干扰选民注册流程或选民投票，有许多办法可以破坏选举活动。但是在选举日当天没有迹象表明选民发现他们的名字从系统中被删除，或是地址被篡改，也没有发生任何产生影响的事情。全国各地都是这样的情况，更不用说使用 VR Systems 公司软件的 8 个州了（选举日当天，北卡罗来纳州达勒姆县的选民投票发生了问题，但是这个问题看起来是常见的系统错误，而不是恶意的攻击行为，这个州也是 VR Systems 公司支持的8个州之一)。

在选举前的12天开始这样的行动，从时间上看起来太迟了(在许多行政辖区内，投票早已开始)。这就是为什么我感觉这次攻击像是试探性的，而不是一次实质性攻击行动的一部分。如果这些都是真的，那么黑客或许在观察他们能做到什么地步，并且想保留这些访问能力，以便将来使用。

据推测，这份文件是为司法部，包括FBI所准备的，它们是继续调查这些入侵行为的合适机构。我们不知道下一步会发生什么。VR Systems公司没有发表评论，并且被针对的当地选举官员的名字也没有出现在NSA的文件中。

所以尽管这份文件算不上确凿的证据，但它证明了去年有人曾试图对选举进行广泛干预。

据称，这份文件是以匿名的方式发送给Intercept网站的。NSA承包商雷埃利蒂·利·温纳(Reality Leigh Winner)在周六被逮捕，并被指控违规处理机密信息。美国政府很快就确认了她的身份，这对任何想要泄露美国官方机密的人来说都是一种警告。

Intercept网站在报道期间将该文件扫描了一份发给另一个信息来源。该扫描文件显示出原始文件上的一道折痕，这意味着是某人打印了该文件并且从某个被严密把守的场所中带出来。根据FBI指控温纳的证词，第二个消息来源把该文件交给了NSA。从这里开始，NSA的调查人员能够查看他们的打印记录，并且判定只有六个人曾经打印过该文档。政府部门也可能通过能鉴别打印机的密点(secret dot)追溯打印行为。温纳是这六个人当中唯一与Intercept网站有邮件联系的人。尚不明确是否有温纳使用NSA的邮件账号或她个人账号的证据，但是无论哪种情况，这种谍报技术都过于草率。

随着特朗普当选，去年黑客干预选举的问题已经变得高度政治化。1月，来自ODNI(Office of the Director of National Intelligence)的一份报告已经遭到白宫党派支持者的批评。有趣的是这个文件是由Intercept网站报道的，该网站在过去一直声称怀疑有黑客在干预选举(在它们的报道中也引用了我的话，并且在发布报道前，它们给我展示了一份NSA文件的副本)。泄密者甚至得到了WikiLeaks网站的创始人朱利安·阿桑奇(Julian Assange)的赞扬，朱利安直到现在一直对黑客干预选举这种论断持批评态度。

这些都展示出原始文件的能量。人们很容易忽视司法部官方的报告或总结性的报告。一份详细的NSA文件更加有说服力。现在一项联邦诉讼要求ODNI发布整个一月份的报告，而不只是非机密性的摘要。这些努力是至关重要的。

这次攻击必定会在参议院的听证会上被提及，前FBI主管詹姆斯·科米已经被安排在周四出庭作证。去年有好几则报道是关于选民数据库遭受黑客的针对性攻击的。去年8月，FBI已证实有人成功地入侵了伊利诺伊州和亚利桑那州的选民数据库。一个月后，某个未披露姓名的国土安全部官员表示黑客针对选民数据库的攻击涉及20个州。同样，我们不知道任何关于这些入侵事件的信息，但是期待科米会被要求说明这些事情。但不幸的是，他知晓的细节几乎都是机密的，并且不会出现在公开的证词里。

但是比这更重要的是，我们需要更好地保障选举系统的安全性，以继续前进。在我们的投票机器、选民投票和注册流程以及投票结束后的选票制表系统中都存在重大漏洞。1月，国土安全部把我们的选举系统指定为关键性国家基础设施，但是到目前为止，该目录还没有完整地公布。在美国，没有统一的选举系统。我们有50多个单独的选举系统，每个系统都有自己的规则和管理机构。联邦标准要求选民验证纸质选票并进行选举后审计，这对保护我们的投票系统，大有帮助。这些攻击事件证实了我们同样需要保障选民名册的安全。

进行民主选举有两个目的：首先是选举出获胜者，其次是要让失利者信服。在所有的选票被计数以后，大家需要相信选举是公平的，并且结果是准确的。针对我们选举系统的攻击会逐渐削弱这种信任（即使它们最终会是无效的）。修复这些漏洞的成本将会是昂贵的，这将会要求联邦政府参与管理那些一直被各州独自运行的系统。从国家的角度来说，我们别无选择。

通过司法保护我们的数据免于警方的随意搜查

最初发表于《华盛顿邮报》（2017年11月27日）

我们随身携带的手机是人类发明中最为完美的监控设备，而且我们的法律没有与现实情况匹配。这种情况可能很快就会改变。

本周最高法院会审理一起案件，这将会对接下来几年我们的安全和隐私产生深远影响。第四修正案禁止非法的搜查和抓捕行为，这对于保护我们免于警方越权行为的侵害是极其重要的。在计算机化与网络化的世界中，法院解读它的方式正在逐渐变得荒谬。最高法院可以更新当前的法律来反映现实世界，也可以进一步巩固不必要的和危险的警方权力。

这起案件的重点在于手机定位数据，以及警方要得到这些数据是否需要搜查令，或者警方是否能使用简单的传票，这更容易获得。目前的第四修正案的司法解释认为，我们自愿与第三方共享的任何数据都会失去隐私保护。在这种解释下，我们的移动网络提供商就是我们自愿与其分享一整天（可以追溯到数月前）行动的第三方，即使事实上我们根本无法选择是否要和它们共享数据。所以警方能要求移动网络运营商提供我们去过哪里的记录，而无须受任何司法监督。眼前的卡彭特诉美国联邦政府案（Carpenter v. United States）可能会改变这种情况。

习惯上来说，对我们最珍贵的信息往往是物理上离我们很近的那些信息，它在我们的身体里，在我们的家庭和办公室里，在我们的汽车里。正因如此，法律赋予这类信息特别的保护，而对那些存储在远处的信息，或是提供给他人的信息，只进行了很少的保护。警方的搜查一直是按照"第三方的司法解释"来管理的。这明确地表明了我们与他人共享的信息没有被视为私密的。

互联网已经颠覆了这种想法。我们的手机知道我们和谁交谈以及我们说了什么，无论我们是通过短信还是电子邮件来通信。它们持续地追踪我们的位置，所以它们知道我们在哪里居住和工作。因为看手机几乎是我们每天做的第一件事和最后一件事，所以它们知道我们何时入睡，何时醒来。因为每个人都有手机，它们知道我们和谁生活在一起。因为这些手机的工作原理，所以这些信息都自然地被我们与第三方共享。

更加普遍的是，从字面意义上来说，我们所有的数据都存储在属于别人的计算机上。这些数据包括我们的邮件、短信、照片、Google 文档等，所有这一切都在云上。我们把信息存储在那里不是因为它们不重要，而恰恰是因为它们是重要的。随着物联网把我们剩余的生活计算机化，甚至会有更多的数据将被他人收集：我们的健康追踪器和医疗设备中的数据，来自家庭传感器和设备的数据，来自像 Alexa、Siri 这样始终连接互联网的"倾听者"以及具备语音唤醒功能的电视的数据。

这些数据将会被第三方收集和保存，有时会保存数年之久。结果是这些有关我们活动的详细档案要比任何私家侦探或者是警方通过跟踪我们收集到的信息更加完整。

这里的问题不是警方是否应该被允许使用这些数据来解决犯罪问题（当然，应该可以这样使用数据），而是这些信息是否应该受到搜查令流程的保护，即要求警方有可信的理由来调查我们并且得到法院的批准。

搜查令是一种安全机制。它们预防警方滥用权力来调查并不是嫌犯的个人。它们防止警方进行“钓鱼执法”。它们保护我们的权力与自由，即使我们愿意为了执法部门合法的需要而放弃我们的隐私。

关于第三方的司法解释从来不是合理的。我可以与我的配偶、朋友或是医生分享我的私人秘密，但这并不意味着我不再认为它们是私密的。在如今这个“超连接”的世界中，这种看法更加说不通。最高法院早就承认了我最近一个月的行动轨迹属于隐私，并且我的电子邮件和其他个人数据应该得到同样的保护，无论它们是在我的笔记本电脑上还是在 Google 的服务器上。

推荐阅读

数据大泄漏：隐私保护危机与数据安全机遇

作者：[美] 雪莉·大卫杜夫 ISBN：978-7-111-68227-1 定价：139.00元

数据泄漏可能是灾难性的，但由于受害者不愿意谈及它们，因此数据泄漏仍然是神秘的。本书从世界上最具破坏性的泄漏事件中总结出了一些行之有效的策略，以减少泄漏事件所造成的损失，避免可能导致泄漏事件失控的常见错误。

Python安全攻防：渗透测试实战指南

作者：吴涛 等编著 ISBN：978-7-111-66447-5 定价：99.00元

一线开发人员实战经验的结晶，多位专家联袂推荐。

全面、系统地介绍Python渗透测试技术，从基本流程到各种工具应用，案例丰富，便于掌握。

网络安全与攻防策略：现代威胁应对之道（原书第2版）

作者：[美] 尤里·迪奥赫内斯 等 ISBN：978-7-111-67925-7 定价：139.00元

Azure安全中心高级项目经理 & 2019年网络安全影响力人物荣誉获得者联袂撰写，美亚畅销书全新升级。涵盖新的安全威胁和防御战略，介绍进行威胁猎杀和处理系统漏洞所需的技术和技能集。

网络安全之机器学习

作者：[印度] 索马·哈尔德 等 ISBN：978-7-111-66941-8 定价：79.00元

弥合网络安全和机器学习之间的知识鸿沟，使用有效的工具解决网络安全领域中存在的重要问题。基于现实案例，为网络安全专业人员提供一系列机器学习算法，使系统拥有自动化功能。